AF630940

Grundlagen zur produktionslogistischen Positionierung im Umfeld der Additiven Fertigung am Beispiel des Laser Powder Bed Fusion

Fundamentals of Production Logistics Positioning in the Area of Additive Manufacturing Using the Example of Laser Powder Bed Fusion

Von der Fakultät für Maschinenwesen
der Rheinisch-Westfälischen Technischen Hochschule Aachen
zur Erlangung des akademischen Grades eines
Doktors der Ingenieurwissenschaften
genehmigte Dissertation

vorgelegt von

Tobias Stittgen

Berichter/in:

Univ.-Prof. Dr.-Ing. Dipl.-Wirt.-Ing. Johannes Henrich Schleifenbaum
Univ.-Prof. Dr.-Ing. habil. Peter Nyhuis

Tag der mündlichen Prüfung: 29. Oktober 2021

Diese Dissertation ist auf den Internetseiten der Universitätsbibliothek online verfügbar.

ERGEBNISSE AUS DER ADDITIVEN FERTIGUNG

Tobias Stittgen

Grundlagen zur produktionslogistischen Positionierung im Umfeld der Additiven Fertigung am Beispiel des Laser Powder Bed Fusion

Herausgeber:
Univ.-Prof. Dr.-Ing. Dipl.-Wirt.-Ing. Johannes Henrich Schleifenbaum

Bibliografische Information der Deutschen Nationalbibliothek
Die Deutsche Nationalbibliothek verzeichnet diese Publikation in der Deutschen Nationalbibliografie; detaillierte bibliografische Daten sind im Internet über https://portal.dnb.de abrufbar.

Tobias Stittgen:

Grundlagen zur produktionslogistischen Positionierung im Umfeld der Additiven Fertigung am Beispiel des Laser Powder Bed Fusion

1. Auflage, 2021

Gedruckt auf holz- und säurefreiem Papier, 100% chlorfrei gebleicht.

Apprimus Verlag, Aachen, 2021
Wissenschaftsverlag des Instituts für Industriekommunikation und Fachmedien an der RWTH Aachen
Steinbachstr. 25, 52074 Aachen
Internet: www.apprimus-verlag.de, E-Mail: info@apprimus-verlag.de

Druck: CPI Druckdienstleistungen GmbH, Ferdinand-Jühlke-Straße 7 I 99095 Erfurt

ISBN 978-3-98555-026-5

D 82 (Diss. RWTH Aachen University, 2021)

Danksagung

Die vorliegende Arbeit entstand neben meiner Tätigkeit als wissenschaftlicher Mitarbeiter am Lehrstuhl Digital Additive Production der RWTH Aachen. Ich möchte hier all denjenigen danken, die maßgeblich zum Gelingen der Arbeit beigetragen haben.

Herrn Prof. Dr.-Ing. Dipl.-Wirt.-Ing. Johannes Henrich Schleifenbaum danke ich für die Überlassung des Themas, das mir entgegengebrachte Vertrauen sowie insbesondere für die gewährten Freiräume zur persönlichen und fachlichen Entwicklung. Herrn Prof. Dr.-Ing. habil. Peter Nyhuis gebührt mein Dank für die Übernahme des Korreferats. Bei Herrn Prof. Dr.-Ing. Achim Kampker bedanke ich mich für die Übernahme des Prüfungsvorsitzes.

Bei meinen Kolleginnen, Kollegen und studentischen Hilfskräften aus der Gruppe Digital Production und dem ACAM Aachen Center for Additive Manufacturing bedanke ich mich für den wertvollen fachlichen Austausch und die stete Unterstützung im Spannungsfeld von wissenschaftlicher Erkenntnis und industrieller Anwendung. Allen Kolleginnen und Kollegen am Lehrstuhl danke ich für das sehr angenehme und von großer Hilfsbereitschaft geprägte Arbeitsklima.

Zu besonderem Dank bin ich meinen ehemaligen Abschlussarbeitern Erik Feldbaum, Caroline Semerak, Frederik Unger, Fabian Winklbauer und Felix Hölzenbein verpflichtet. Die Zusammenarbeit mit neugierigen, motivierten und talentierten Studenten war und ist mir ein persönlich besonders wichtiges Anliegen. Besonders hervorzuheben ist an dieser Stelle Aziz Ghannouchi, bei dem ich mich für sein weit über das übliche Maß hinausgehende Engagement als Abschlussarbeiter und Hiwi bedanken möchte, welches maßgeblich zum Gelingen dieser Arbeit beigetragen hat.

Meinen Eltern ist es gelungen, mit ihrer stets wohlwollenden Unterstützung und subtilen Förderung die Voraussetzungen für meinen Werdegang zu schaffen. Dafür möchte ich mich vielmals bedanken. Meiner Frau Johanna danke ich von ganzem Herzen für ihre unerschöpfliche Geduld und die mir auf so vielfältigen Wegen zuteilgewordene Unterstützung bei der Entstehung dieser Arbeit.

Zusammenfassung

Verfahren der Additiven Fertigung stehen in zahlreichen Branchen an der Schwelle zur Industrialisierung. Während in der Vergangenheit die Herstellung von Prototypen, Werkzeugen sowie Kleinstserien zur signifikanten Verkürzung von Innovations- und Entwicklungszyklen befähigt hat, werden die Verfahren heute aufgrund von gesteigerten Baugeschwindigkeiten, einem umfassenden Werkstoffportfolio sowie erhöhter Prozesssicherheit zunehmend auch für die industrielle Serienfertigung relevant. Dabei stehen fertigungstechnische Aspekte, wie etwa die Verbesserung von Prozessparametern, die Anwendung von Verfahren zur Prozessüberwachung sowie die Weiterentwicklung von Anlagentechnik im Fokus wissenschaftlicher und industrieller Bemühungen. Aufgrund der Möglichkeit zur werkzeugungebundenen Herstellung komplexer metallischer Bauteile erfährt das Laser Powder Bed Fusion (LPBF) besondere Aufmerksamkeit seitens industrieller Anwender.

Heute sehen sich Anwender dieses Verfahrens mit fortschreitender Industrialisierung zunehmend auch Herausforderungen im Produktionsumfeld ausgesetzt. Diese operativen Herausforderungen werden im Umfeld der konventionellen Fertigung mittels Methoden und Verfahren aus dem Bereich der Produktionssystematik bewältigt. Da eine im Schnittstellenbereich von Additiver Fertigung und Produktionssystematik zu verortende Beschreibung von produktionslogistischen Zielgrößen und Kennzahlen bislang nicht verfahrensspezifisch erfolgt ist, sind etablierte Vorgehensweisen zur Bewältigung operativer Herausforderungen nicht anwendbar.

Die Zielsetzung der vorliegenden Arbeit ist somit die Definition und Entwicklung von Begrifflichkeiten, Kennzahlen und Methoden, mittels derer die Spezifika des LPBF-Verfahrens auch im produktionssystematischen Kontext berücksichtigt werden können. Die relevanten Handlungsfelder werden hierbei derart adressiert, dass dem Bedarf nachhaltiger Implementierung von Verfahren der Additiven Fertigung im Kontext industrieller Serienfertigung Rechnung getragen wird.

Die entwickelte Methodik dient Handlungsträgern entlang der Prozesskette des LPBF-Verfahrens als Entscheidungsgrundlage bei der unternehmensspezifischen produktionslogistischen Positionierung. Neben der Vereinfachung der Entscheidungsfindung bei produktionsrelevanten Fragestellungen werden in einem integrierten Ansatz ebenfalls Rationalisierungspotenziale für wertschöpfende, dem Fertigungsprozess vorgelagerte Prozessschritte aufgezeigt.

Für Anwender des LPBF-Verfahrens ergibt sich durch entsprechende produktionslogistische Positionierung ein Alleinstellungsmerkmal, welches über die technische Beherrschung des Fertigungsverfahrens hinausgeht und somit als Wettbewerbsvorteil dient.

Abstract

Additive manufacturing technologies are on the brink of industrialization in numerous industries. While in the past the production of prototypes, tools and small series enabled significant shortening of innovation and development cycles, the respective technologies are now also increasingly relevant for industrial series production due to increased assembly speeds, a comprehensive materials portfolio and increased process reliability. In this context, manufacturing aspects such as the improvement of process parameters, the application of methods for process monitoring as well as the further development of manufacturing equipment are the focus of scientific and industrial efforts. Laser Powder Bed Fusion (LPBF) is attracting particular attention from industrial users because of its ability to produce complex metallic components without the use of tools.

Today, users of this technology are increasingly facing challenges in the production environment as industrialization progresses. These operational challenges are met in the environment of conventional manufacturing by means of methods and processes from the field of production systematics. Since a description of production logistic target values and key performance indicators, which can be located in the interface area of additive manufacturing and production systematics, has not yet been carried out in a process-specific manner, established procedures for overcoming operational challenges are not applicable.

The objective of the present work is therefore the definition and development of concepts, key performance indicators and methods by means of which the specifics of additive manufacturing technologies can also be considered from the perspective of production systematics. The relevant fields of action are addressed in such a way that the need for sustainable implementation of additive manufacturing processes is taken into account.

The methodology developed serves as a basis for decision-making along the process chain of the LPBF technology for company-specific production logistics positioning. In addition to simplifying decision-making on production-related issues, an integrated approach also identifies rationalization potential for value-adding process steps upstream of the manufacturing process.

For users of additive manufacturing technology, appropriate production logistics positioning results in a unique selling proposition that goes beyond technical mastery of the manufacturing process and thus serves as a competitive advantage.

Inhaltsverzeichnis

Abbildungsverzeichnis ..... **V**

Tabellenverzeichnis ..... **IX**

Abkürzungsverzeichnis ..... **XI**

Formelverzeichnis ..... **XIII**

1 Einleitung **1**

1.1 Ausgangssituation 1
1.2 Zielsetzung der Arbeit 2
1.3 Struktur der Arbeit 3

2 Grundlagen des Betrachtungs- und Gestaltungsbereichs **7**

2.1 Additive Fertigung 7
2.1.1 Verfahren der Additiven Fertigung 8
2.1.2 Prozesskette des Laser Powder Bed Fusion 8
2.1.3 Herausforderungen bei der Implementierung 13
2.1.4 Berechnung von Herstellzeiten für das LPBF-Verfahren 18
2.1.5 Komplexität als charakteristisches Merkmal mittels LPBF-Verfahrens gefertigter Bauteile 21
2.2 Produktionslogistik 24
2.2.1 Dilemma der Ablaufplanung 26
2.2.2 Produktionslogistische Begriffsdefinitionen, Kennzahlen und Zielgrößen 28
2.2.3 Wirkzusammenhänge produktionslogistischer Zielgrößen und Kennzahlen 33
2.2.4 Anwendung der Produktionslogistik 46
2.3 Handlungsbedarf aus der Praxis 47
2.4 Anforderungen an die Methodik 49
2.4.1 Anforderungen aus der Produktionslogistik 49
2.4.2 Anforderungen aus der Additiven Fertigung 50

3 Stand der Forschung und Wissenschaft **51**

3.1 Analyse und Bewertung bestehender Ansätze 51
3.1.1 Ansatz nach MÖHRLE (2018) 52
3.1.2 Ansatz nach CHERGUI (2018) 53
3.1.3 Ansatz nach TRANCOSO (2018) 54
3.1.4 Ansatz nach DVORAK (2018) 56
3.1.5 Ansatz nach OH (2018) 57
3.2 Handlungsbedarf aus der Theorie 59
3.2.1 Zwischenfazit und Forschungsdefizit 59
3.2.2 Ableitung der Forschungsfrage 61

4 Konzeption der Methodik ... 63

4.1 Forschungsansatz ... 63
4.2 Präzisierung der Zielsetzung ... 67
4.3 Grundlagen der Systemtechnik und der Modelltheorie ... 68
4.3.1 Systemtechnik ... 68
4.3.2 Modelltheorie ... 70
4.3.3 Nutzen von Systemtechnik und Modellierung zur Methodikentwicklung ... 71
4.4 Aufbau der Methodik ... 71
4.4.1 Konzeption der Grundlagen der Methodik ... 72
4.4.2 Konzeption der Anwendung der Methodik ... 73

5 Grundlagen der Methodik ... 77

5.1 Bestimmung von Vorgabezeiten ... 78
5.1.1 Berechnung von Vorgabezeiten für die Additive Fertigung ... 79
5.2 Bauteil- und Baujobportfolios für das LPBF-Verfahren ... 94
5.2.1 Bauteilportfolios für das LPBF-Verfahren ... 95
5.2.2 Baujobportfolios für das LPBF-Verfahren ... 108
5.2.3 Darstellung der Wirkzusammenhänge ... 117
5.2.4 Wirkzusammenhänge ... 119
5.2.5 Interpretation der Ergebnisse ... 135
5.3 Produktionsumgebung und produktionslogistische Zielgrößen ... 136
5.3.1 Eigenschaften LPBF-spezifischer Produktionsumgebungen ... 138
5.3.2 Charakterisierung von Baujobportfolios ... 140
5.3.3 Wirkzusammenhänge ... 141
5.3.4 Interpretation der Ergebnisse ... 146
5.4 Zwischenfazit ... 147

6 Anwendung der Methodik ... 149

6.1 Analysephase ... 149
6.1.1 Systematik zur Problembeschreibung (Methodikbaustein A-1) ... 149
6.1.2 Charakterisierung von Bauteilportfolios (Methodikbaustein A-2) ... 150
6.1.3 Charakterisierung von Losbildungsverfahren (Methodikbaustein A-3) ... 152
6.2 Bewertungsphase ... 152
6.2.1 Bildung von Baujobportfolios und Berechnung von Kennzahlen (Methodikbaustein B-4) ... 153
6.2.2 Visualisierung problemspezifischer Baujobkennlinien (Methodikbaustein B-5) ... 153
6.3 Gestaltungsphase ... 156
6.3.1 Systematik zur Zieldefinition (Methodikbaustein G-6) ... 156
6.3.2 Gestaltungsmaßnahmen zur Erreichung der produktionslogistischen Ziele (Methodikbaustein G-7) ... 158

7 Zusammenfassung und Ausblick **163**

8 Anhang **167**

9 Literaturverzeichnis **177**

Abbildungsverzeichnis

Bild 1.1: Aufbau der Arbeit gemäß Phasen der angewandten Forschung [Ulr84] .. 3
Bild 1.2: Ausgangszustand, Vorgehen und Zielsetzung des Promotionsvorhabens ... 5
Bild 2.1: Prozesskette des LPBF-Verfahrens ... 7
Bild 2.2: Teilaufgaben im Prozessschritt Datenaufbereitung ... 10
Bild 2.3: Teilaufgaben im Prozessschritt Additive Fertigung ... 11
Bild 2.4: Detaillierung der Teilaufgaben im Prozessschritt Additive Fertigung ... 12
Bild 2.5: Teilaufgaben im Prozessschritt Nachbearbeitung ... 13
Bild 2.6: Herausforderungen bei der Implementierung von Verfahren der Additiven Fertigung ... 14
Bild 2.7: Zeitanteile beim LPBF-Verfahren, Mittelwerte aus je 42 Bauteilen, ein Bauteil je Baujob ... 20
Bild 2.8: Exemplarische Bauteile mit unterschiedlicher verfahrensspezifischer Komplexität ... 23
Bild 2.9: Einordnung der Produktionslogistik im Kontext eines Unternehmens ... 25
Bild 2.10: Einordnung der Produktionslogistik in die Betriebswirtschaftslehre [Gün09] ... 26
Bild 2.11: Einteilung produktionslogistischer Zielgrößen [Löd08] ... 27
Bild 2.12: Fehlerkreis der Produktionssteuerung [Plo73] ... 28
Bild 2.13: Zeitgrößen der Produktionslogistik bezogen auf einen Arbeitsvorgang [Nyh12] ... 29
Bild 2.14: Verteilung der Auftragszeiten für ein Arbeitssystem der konventionellen Fertigung [Nyh12] ... 30
Bild 2.15: Modellierung eines Arbeitssystems als Trichter zu drei Zeitpunkten, eigene Darstellung in Anlehnung an [Bec80] ... 34
Bild 2.16: Durchlaufdiagramm nach BECHTE [Bec80] ... 35
Bild 2.17: Durchlaufdiagramm gemäß Little's Law ... 37
Bild 2.18: Wirkzusammenhänge produktionslogistischer Zielgrößen gemäß *M/G/1* Warteschlangenmodell ... 40
Bild 2.19: Ideale und reale Produktionskennlinien ... 43
Bild 2.20: Anwendungsbereiche von Modellen der Produktionslogistik (eigene Darstellung) ... 47
Bild 2.21: Anforderungen an die Methodik ... 50
Bild 3.1: Venn-Diagramm zur Visualisierung der relevanten Forschungs- und Schnittstellenbereiche ... 62
Bild 4.1: Wissenschaftssystematik [Ulr76] ... 64

Bild 4.2: Forschungsmethodologisches Vorgehen gemäß Explorationsstrategie [Kub76] ... 66
Bild 4.3: Heuristischer Bezugsrahmen ... 67
Bild 4.4: Bestandteile und Struktur eines Systems [Imb08] ... 69
Bild 4.5: Ordnungsrahmen zum Aufbau der Methodik ... 72
Bild 4.6: System zur Losbildung, eigene Darstellung in Anlehnung an [Imb08] ... 73
Bild 4.7: Phasen und Bausteine zur Anwendung der Methodik ... 75
Bild 5.1: Vorgabezeiten entlang der Prozesskette ... 78
Bild 5.2: Exemplarisches Bauteil mit Angabe von Oberfläche, Volumen und Komplexität ... 80
Bild 5.3: Zusammenhang zwischen Bauteilkomplexität und Herstellzeit je Volumeneinheit für das LPBF-Verfahren ... 81
Bild 5.4: Zweidimensionale Betrachtung zur Herleitung des Zusammenhangs zwischen Bauteilkomplexität und Herstellzeit ... 81
Bild 5.5: Schematische Darstellung einer Bauteilschicht mit Belichtungsvektoren ... 82
Bild 5.6: Schematische Darstellung einer diagonal angeordneten Einzelstrebe ... 83
Bild 5.7: Visualisierung der Abhängigkeit des Stützstruktur-Volumens in Abhängigkeit der Bauteil-Orientierung ... 88
Bild 5.8: Schematische Darstellung des Vorgehens zur Bestimmung komplexitätsbasierter Scanzeiten ... 90
Bild 5.9: Abkühldauer in Abhängigkeit des Baujob-Volumens ... 91
Bild 5.10: Schematische Darstellung des Vorgehens zur Bestimmung von Nebenzeiten ... 92
Bild 5.11: Schematische Darstellung des Vorgehens zur Bestimmung von Rüstzeiten ... 94
Bild 5.12: Exemplarisches Bauteilportfolio zur Erläuterung von Programmtiefe und -breite ... 97
Bild 5.13: Merkmale von Kundenaufträgen für das LPBF-Verfahren ... 98
Bild 5.14: Zeitliche Verteilung des Auftragseingangs für das Referenz-Bauteilportfolio I ... 100
Bild 5.15: Histogramm der Häufigkeitsverteilung des Korrekturfaktors zur Modellierung der Lieferzeiten ... 101
Bild 5.16: Histogramm der Lieferzeiten für das Referenz-Bauteilportfolio I ... 102
Bild 5.17: Streudiagramme und Histogramme der Merkmalsausprägungen des Referenz-Bauteilportfolios I ... 107
Bild 5.18: Mittelwerte und Variationskoeffizienten der Merkmalsausprägungen für die Referenz-Bauteilportfolios ... 108

Bild 5.19: Merkmalsgruppen zur Charakterisierung von Baujobportfolios für das LPBF-Verfahren 113
Bild 5.20: Charakterisierung eines ZH/HZ/50/24 Baujobportfolios auf Basis von Referenz-Bauteilportfolio I 114
Bild 5.21: Schematisches Vorgehen zur Bildung von Baujobportfolios aus Bauteilportfolios 115
Bild 5.22: Einfluss des Finalisierungsparameters auf den Verlauf der Baujobkennlinien 121
Bild 5.23: Verlauf von kumulierter Herstellzeit und Variationskoeffizient der Herstellzeit bei Finalisierung gemäß Liefertermin-Regel 123
Bild 5.24: Verlauf von kumulierter Herstellzeit und Variationskoeffizient der Herstellzeit bei Finalisierung gemäß Herstellzeit-Regel 124
Bild 5.25: Einfluss der Zuordnungsregeln auf den Verlauf der Baujobkennlinien . 125
Bild 5.26: Einfluss des Bauteilportfolios auf den Verlauf der Baujobkennlinien 127
Bild 5.27: Einfluss der Anzahl der Kundenaufträge auf den Verlauf der Baujobkennlinien 128
Bild 5.28: Histogramm der Komplexitäts-Verteilung in den Referenz-Bauteilportfolios I und I_{C+} 129
Bild 5.29: Einfluss der Bauteil-Komplexität auf den Verlauf der Baujobkennlinien 130
Bild 5.30: Einfluss der Korrelation von Bauteilmerkmalen auf den Verlauf der Baujobkennlinien 132
Bild 5.31: Vergleich von kumulierter Herstellzeit und Mittelwert der Bauteilanzahl bei Erhöhung der Aufbaurate 134
Bild 5.32: Vergleich von Mittelwert der Herstellzeit und Mittelwert der Verspätung bei Erhöhung der Aufbaurate 134
Bild 5.33: Merkmale von Produktionsumgebungen 139
Bild 5.34: Merkmale von Baujobportfolios 140
Bild 5.35: Anzahl freigegebener Fertigungsaufträge im Zeitverlauf 141
Bild 5.36: Häufigkeitsverteilung der Herstellzeiten und Dichtefunktion der zur Approximation verwendeten Gamma-Verteilung 141
Bild 5.37: Parameter und Ausgangsgrößen des Simulationsmodells zur Ermittlung LPBF-spezifischer Zielgrößen der Produktionslogistik 142
Bild 5.38: Mittels varianzbasierter Sensitivitätsanalyse ermittelte Einflüsse auf die Anlagenauslastung 144
Bild 5.39: Schematische Darstellung des Vorgehens bei der regionalen Sensitivitätsanalyse 145
Bild 5.40: Ergebnisse der regionalen Sensitivitätsanalyse 146
Bild 6.1: Übersicht der Methodikbausteine 149
Bild 6.2: Kennzahlen zur Charakterisierung des Bauteilportfolios 151

Bild 6.3: Kennzahlen zur Charakterisierung der Losbildung 152
Bild 6.4: Exemplarische Baujobkennlinien auf Basis des Referenz-Bauteilportfolios I 155
Bild 6.5: Streudiagramm zur Gegenüberstellung von Maßnahmen- und Ziel-Kennzahl 161
Bild 8.1: Unterschiedliche Positionierung von identischen Bauteilen (unveränderte Orientierung) 168
Bild 8.2: Streudiagramme und Histogramme der Merkmalsausprägungen des Referenz-Bauteilportfolios II 169
Bild 8.3: Streudiagramme und Histogramme der Merkmalsausprägungen des Referenz-Bauteilportfolios III 170
Bild 8.4: Streudiagramme und Histogramme der Merkmalsausprägungen des Referenz-Bauteilportfolios IV 171
Bild 8.5: UML-Diagramm der simulationsbasierten Zuordnung von Bauteilen zu Baujobs (Hauptprogramm) 172
Bild 8.6: UML-Diagramm der simulationsbasierten Zuordnung von Bauteilen zu Baujobs (Anwendung der Zuordnungsregel) 173
Bild 8.7: UML-Diagramm der simulationsbasierten Zuordnung von Bauteilen zu Baujobs (Anwendung der Finalisierungsregel) 174
Bild 8.8: UML-Diagramm zur Bildung von Bauteilportfolios basierend auf statistischen Kennzahlen zur Beschreibung der Merkmale 175

Tabellenverzeichnis

Tabelle 2.1: Auslegung der Elemente eines Regelkreises im Produktionskontext [Hei17] ... 25
Tabelle 2.2: Interpretation von Größen aus Little's Law im Produktionskontext ... 36
Tabelle 2.3: Analogien produktionslogistischer Begrifflichkeiten zu Elementen des Warteschlangenmodells ... 38
Tabelle 2.4: Erläuterung des M/G/1 Warteschlangenmodells gemäß der Notation von KENDALL ... 38
Tabelle 2.5: Anwendungsmöglichkeiten des Kennlinienmodells ... 46
Tabelle 3.1: Bewertung ausgewählter Ansätze zur produktionslogistischen Positionierung im Umfeld des LPBF-Verfahrens ... 60
Tabelle 5.1: Einflussgrößen bei der Bestimmung von Vorgabezeiten für das LPBF-Verfahren ... 79
Tabelle 5.2: Verfahren zur Erzeugung von Wertepaaren für die Ermittlung komplexitätsabhängiger Aufbauraten ... 86
Tabelle 5.3: Parameter zur Bestimmung der Scanzeiten ... 89
Tabelle 5.4: Parameter zur Bestimmung der Nebenzeiten ... 92
Tabelle 5.5: Parameter zur Bestimmung der Rüstzeiten ... 93
Tabelle 5.6: Merkmalsausprägungen zur Bildung von Referenz-Bauteilportfolios ... 104
Tabelle 5.7: Intervalle der Merkmalsausprägungen zur Bildung von Referenz-Bauteilportfolios ... 105
Tabelle 5.8: Regeln der Zuordnung von Bauteilen zu Baujobs ... 110
Tabelle 5.9: Regeln der Finalisierung von Baujobs ... 111
Tabelle 5.10: Parameter zur Beschreibung der Merkmale bei der Klassifikation von Modellen der Baujobbildung ... 112
Tabelle 5.11: Regeln und Parameter der Losbildung ... 116
Tabelle 5.12: Struktur von Tabellenwerken zur Dokumentation von Baujobportfolio-Kennzahlen ... 117
Tabelle 5.13: Parameter zur Klassifizierung von Schaubildern zur Darstellung von Baujobkennlinien ... 118
Tabelle 5.14: Anpassung der Korrelationsmatrizen zur Untersuchung des Einflusses auf die Baujobkennlinien ... 131
Tabelle 5.15: Parameter der Sensitivitätsanalyse und zugehörige Verteilungen bzw. Intervalle ... 143
Tabelle 6.1: Erfassung der anwenderspezifischen Problemstellung ... 150
Tabelle 6.2: Problemspezifische Auswahl von Baujobportfolio-Merkmalen ... 154
Tabelle 6.3: Erfassung der anwenderspezifischen Zielsetzung ... 157

Tabelle 6.4: Zielindividuelle Gestaltungsmaßnahmen ... 160
Tabelle 6.5: Bewertung des Einflusses von Gestaltungsmaßnahmen auf produktionslogistische Ziele ... 160
Tabelle 8.1: Geometrische Eigenschaften exemplarischer LPBF-Bauteile ... 167

Abkürzungsverzeichnis

AM	Additive Manufacturing
BA	Bauraumauslastung
BH	Baujobhöhe
BJP	Baujobportfolio
bspw.	beispielsweise
BT	Bauteilanzahl
BTP	Bauteilportfolio
BZ	Belichtungszeit
bzgl.	bezüglich
bzw.	beziehungsweise
ca.	circa
ERP	Enterprise Resource Planning
FIFO	First in first out
FP	Finalisierungsparameter
FR	Finalisierungsregel
ggf.	gegebenenfalls
HZ	Herstellzeit
i.d.R.	in der Regel
i.H.v.	in Höhe von
ID	Intervall der Datenaufbereitung
inkl.	inklusive
insb.	insbesondere
LPBF	Laser Powder Bed Fusion
LT	Liefertermin
MAPE	Mean absolute percentage error
MW	Mittelwert
NZ	Nebenzeit
o.g.	oben genannt
sog.	sogenannt

u.a.	unter anderem
UML	Unified Modeling Language
V	Verspätung
vgl.	vergleiche
VK	Variationskoeffizient
z.B.	zum Beispiel
ZR	Zuordnungsregel

Formelverzeichnis

Formel 2.1: Gesamte Herstellzeit im LPBF-Verfahren 18
Formel 2.2: Scanzeit im LPBF-Verfahren 18
Formel 2.3: Scanzeit als Funktion von Volumen und Aufbaurate 19
Formel 2.4: Scanzeit für Bauteil und Stützen 19
Formel 2.5: Nebenzeit im LPBF-Verfahren 19
Formel 2.6: Rüstzeit im LPBF-Verfahren 19
Formel 2.7: Auftragszeit für einen Fertigungsauftrag 29
Formel 2.8: Zeitgrößenbezogene Durchführungszeit 30
Formel 2.9: Zeitpunktbezogene Durchführungszeit 30
Formel 2.10: Durchlaufzeit für einen Fertigungsauftrag 30
Formel 2.11: Mittlerer Flussgrad an einem Arbeitssystem 31
Formel 2.12: Termintreue 31
Formel 2.13: Maximale Leistung eines Arbeitssystems 32
Formel 2.14: Mittlere Leistung eines Arbeitssystems 32
Formel 2.15: Mittlere Auslastung eines Arbeitssystems 32
Formel 2.16: Bestand an einem Arbeitssystem 33
Formel 2.17: Mittlerer Bestand an einem Arbeitssystem 33
Formel 2.18: Reichweite eines Arbeitssystems 35
Formel 2.19: Verweildauer eines Fertigungsauftrags gemäß Little's Law 36
Formel 2.20: Abfertigungsrate eines Arbeitssystems gemäß Little's Law 36
Formel 2.21: Durchlaufzeit eines Fertigungsauftrags gemäß Little's Law 36
Formel 2.22: Mittlerer Flussgrad im M/G/1 Warteschlangenmodell 39
Formel 2.23: Mittlerer Bestand im M/G/1 Warteschlangenmodell 39
Formel 2.24: Idealer Mindestbestand im Kennlinienmodell 44
Formel 2.25: Mindestreichweite im Kennlinienmodell 44
Formel 2.26: Mindestdurchlaufzeit im Kennlinienmodell 44
Formel 2.27: Mittlerer relativer Bestand im Kennlinienmodell 45
Formel 2.28: Mittlere Auslastung im Kennlinienmodell 45
Formel 2.29: Mittlerer Flussgrad im Kennlinienmodell 45

Formel 2.30: Mittlerer Bestand in Abhängigkeit der mittleren Leistung 45
Formel 5.1: Geometrische Komplexität eines LPBF-Bauteils 80
Formel 5.2: Kumulierte Fläche eines ebenen Bauteilschnitts 82
Formel 5.3: Kumulierter Umfang eines ebenen Bauteilschnitts 82
Formel 5.4 Belichtungszeit je Schicht 82
Formel 5.5: Scanzeit je Schicht als Funktion von Umfang und Fläche 83
Formel 5.7: Oberfläche eines Bauteils je Schicht 83
Formel 5.8: Volumen eines Bauteils je Schicht 83
Formel 5.9: Approximierte Oberfläche eines Bauteils 84
Formel 5.10: Approximiertes Volumen eines Bauteils 84
Formel 5.11: Approximierte geometrische Komplexität 85
Formel 5.12: Scanzeit als Funktion der geometrischen Komplexität 85
Formel 5.13: Scanzeit mit Werkstoffparameter 85
Formel 5.14: Scanzeit mit exemplarischem Werkstoffparameter 87
Formel 5.15: Scanzeit zur Herstellung der Stützen 88
Formel 5.16: Scanzeit eines Bauteils in Abhängigkeit des Stützfaktors 89
Formel 5.17: Zeitbedarf für das Beschichten mit Metall-Pulver 90
Formel 5.18: Zeitbedarf für das Absenken der Substratplatte 90
Formel 5.19: Anzahl der Schichten eines Fertigungsauftrags 90
Formel 5.20: Zeitbedarf für das Abkühlen eines Fertigungsauftrags 91
Formel 5.21: Abkühlkoeffizient 91
Formel 5.22: Zeitbedarf für das Befüllen mit Metall-Pulver 93
Formel 5.23: Gesamte Herstellzeit für einen Fertigungsauftrag 94
Formel 5.24: Korrelationsmatrix geometrischer Bauteil-Merkmale 99
Formel 5.25: Zufallsvektor zur Beschreibung eines Kundenauftrags 99
Formel 5.26: Verteilung der Liefertermine im Bezugszeitraum 100
Formel 5.27: Liefertermin eines Kundenauftrags 101
Formel 5.28: Lieferzeit eines Kundenauftrags 102
Formel 5.29: Erweiterter Zufallsvektor eines Kundenauftrags 102
Formel 5.30: Menge aller Kundenaufträge 102
Formel 5.31 Anzahl Kundenaufträge im Bezugszeitraum 104

Formel 5.32: Korrelationsmatrix mit Beispielwerten 107
Formel 5.33: Maximale Leistung einer LPBF-Anlage 140
Formel 5.34: Erwartungswert gammaverteilter Zufallsvariablen 144
Formel 5.35: Standardabweichung gammaverteilter Zufallsvariablen 144

1 Einleitung

1.1 Ausgangssituation

Verfahren der Additiven Fertigung (auch 3D-Druck, Additive Manufacturing, AM) stehen in zahlreichen Branchen an der Schwelle zur Industrialisierung [Bra19]. Das Innovationspotenzial dieser Verfahren ist insbesondere dem Leistungsversprechen „complexity and individualization for free“ geschuldet, welches mittels der schichtweisen, werkzeugungebundenen Herstellung von physischen Bauteilen aus digitalen Modelldaten realisiert wird [Com10; Hag03]. Mit Hinblick auf die Integration in bestehende, auf konventioneller Fertigung basierende Produktionsumgebungen ist die Additive Fertigung je nach Anwendungsfall sowohl substituierender als auch komplementärer Natur und wird dort zur Herstellung kundenindividueller, funktionsintegrierter oder gewichtsoptimierter Bauteile eingesetzt [For16]. Während in der Vergangenheit die Additive Fertigung von Prototypen, Werkzeugen sowie Kleinstserien zur signifikanten Verkürzung von Innovations- und Entwicklungszyklen befähigt hat [Gib15, S. 452-455], werden die zugehörigen Verfahren heute aufgrund von gesteigerten Baugeschwindigkeiten, einem umfassenderen Werkstoffportfolio sowie erhöhter Prozesssicherheit in Verbindung mit dem oben genannten Leistungsversprechen zunehmend auch für die industrielle Serienfertigung relevant [Bar19; Las19]. Aufgrund der Möglichkeit zur Herstellung komplexer mechanisch, thermisch sowie chemisch belastbarer Funktionsbauteile aus metallischen Werkstoffen kommt dem pulverbettbasierten Schmelzen mittels Laserstrahlung (Laser Powder Bed Fusion, LPBF) eine besondere Bedeutung unter den Verfahren der Additiven Fertigung zu (vgl. 2.1.3 sowie [AMP20; Gib15, S.143]).

In der Vergangenheit standen technische Aspekte, wie etwa die Verbesserung von Prozessparametern, die Integration von Verfahren zur Prozessüberwachung oder die Neu- bzw. Weiterentwicklung von Anlagentechnik im Fokus wissenschaftlicher sowie industrieller Bemühungen [Gao15]. Heute sehen sich Anwender[1] des LPBF-Verfahrens mit fortschreitender Industrialisierung zunehmend ebenfalls Herausforderungen im Produktionsumfeld ausgesetzt, die es im Schnittstellenbereich der digitalen und real-physischen Natur von Verfahren der Additiven Fertigung zu lösen gilt [Man19]. Diesen operativen Herausforderungen werden insbesondere Fragestellungen aus dem Bereich der Prozessplanung, der Produktionsplanung und -steuerung sowie der Fabrikplanung zugerechnet. Während in der Literatur zahlreiche Ansätze

[1] Zur Vereinfachung der Lesbarkeit wird im weiteren Verlauf das generische Maskulinum verwendet. Gemeint sind jedoch immer alle Geschlechter. Anwender des Verfahrens sind insb. Erstausrüster und Zulieferer aus den Branchen Automotive, Luft- und Raumfahrt, Turbomaschinenbau, Medizintechnik, Werkzeugbau und allgemeiner Maschinenbau. Ferner treten auf das LPBF-Verfahren spezialisierte Dienstleister am Markt auf, die im Auftrag für Unternehmen aus den genannten Branchen Bauteile herstellen.

etwa bezüglich der Zusammenstellung von Bauteilen zu Baujobs[2] (Nesting) und der anschließenden Reihenfolgebildung (Scheduling) zu finden sind [Oh20], ist eine im Schnittstellenbereich von Additiver Fertigung und Produktionssystematik zu verortende Beschreibung von produktionslogistischen Zielgrößen wie Bestand, Auslastung und Durchlaufzeit bisher nicht erfolgt. Während etwa Bestände keine Berücksichtigung bei der Losbildung und Auftragsfreigabe finden, entspricht die Auslastung von AM-Anlagen in der Regel nicht dem zum wirtschaftlichen Betrieb erforderlichen Zielwert. Auch hinsichtlich der Durchlaufzeiten erfolgt in der industriellen Praxis weder im Prozessschritt der Additiven Fertigung selbst noch in den vor- bzw. nachgelagerten Schritten eine systematische Erfassung. Folglich ist eine gezielte produktionslogistische Positionierung unter Berücksichtigung der genannten Zielgrößen im Umfeld der Additiven Fertigung nicht möglich, obwohl zahlreiche Gestaltungspotenziale in den Bereich Produktionsplanung, -steuerung und -controlling damit einhergehen (vgl. [Nyh12, S.174]).

Explizit wird die Quantifizierung des Erreichungsgrads unternehmensspezifischer Produktionsziele im Umfeld der Additiven Fertigung mangels verfahrensspezifischer[3] produktionslogistischer Kennzahlen signifikant erschwert. Die Definition und Entwicklung von Begrifflichkeiten, Kennzahlen und Methoden, mittels derer die Spezifika von Verfahren der Additiven Fertigung auch im produktionssystematischen Kontext berücksichtigt werden können, ist somit von zentraler Bedeutung bei der Lösung operativer Herausforderungen im AM-Umfeld. Für Anwender des Verfahrens ergibt sich bei produktionslogistischer Positionierung unter Berücksichtigung der AM-spezifischen Merkmale von Produktprogramm und Produktionsumgebung ein Alleinstellungsmerkmal, welches über die lediglich technische Beherrschung des Fertigungsverfahrens hinausgeht und somit als Wettbewerbsvorteil dient.

1.2 Zielsetzung der Arbeit

Das übergeordnete Ziel des Promotionsvorhabens ist die Etablierung von Verfahren der Additiven Fertigung im industriellen, seriennahen Produktionskontext. Infolge des in der Praxis zu beobachtenden technischen Reifegrads sind hierfür operative, der Disziplin der Produktionssystematik zuzurechnende Herausforderungen zu bewältigen. Bei der Erreichung unternehmensspezifischer Produktionsziele spielt neben der technischen Beherrschung der eingesetzten Produktionsmittel insbesondere die praxisgerechte Anwendbarkeit produktionslogistischer sowie produktionsplanerischer

---

[2] Als Baujob wird die das digitale Modell bzw. gegenständliche Objekt bezeichnet, welches die in einem Fertigungsvorgang herzustellenden Bauteile inkl. der erforderlichen Hilfsstrukturen in einer räumlich eindeutig definierten Anordnung beinhaltet.

[3] Das Adjektiv „verfahrensspezifisch" wird in der vorliegenden Arbeit synonym zum Ausdruck „unter Berücksichtigung der Spezifika von Verfahren der Additiven Fertigung bzw. des Laser Powder Bed Fusion" verwendet.

Methoden und Verfahren eine zentrale Rolle. Die fundamentalen Unterschiede hinsichtlich der Art der Produktentstehung bei Verwendung additiver und konventioneller Fertigungsverfahren [Geb16, S. 2-4] macht eine initiale Definition bzw. Entwicklung verfahrensspezifischer produktionslogistischer Kennzahlen und Methoden erforderlich.

Die Zielsetzung der Arbeit ist demnach die Bildung von Grundlagen zur AM-spezifischen produktionslogistischen Positionierung in Form einer entsprechenden Methodik. Die relevanten Handlungsfelder sind hierbei derart zu adressieren, dass dem Bedarf nachhaltiger Implementierung von Verfahren der Additiven Fertigung im Kontext industrieller Serienfertigung Rechnung getragen wird.

Die zur Entwicklung einer praxisnahen, ganzheitlichen Methodik zu gestaltenden Teil-Methodiken dienen Handlungsträgern entlang der Prozesskette der Additiven Fertigung als Entscheidungsgrundlage bei der unternehmensspezifischen produktionslogistischen Positionierung. Neben der Vereinfachung der Entscheidungsfindung bei produktionsrelevanten verfahrensspezifischen Fragestellungen werden in einem integrierten Ansatz ebenfalls Rationalisierungspotenziale für wertschöpfende, dem Fertigungsprozess vorgelagerte Prozessschritte aufgezeigt. Hierbei ist im Rahmen der Arbeit explizit auf den Prozess der Losbildung bzw. Datenaufbereitung einzugehen.

1.3 Struktur der Arbeit

Gemäß der Zuordnung zu den angewandten Handlungswissenschaften (siehe 4.1) wird die vorliegende Arbeit wie in Bild 1.1 auf Basis der von ULRICH vorgeschlagenen Phasen der angewandten Forschung in sieben Kapitel unterteilt [Ulr84, S.193]. Als inhaltliche Grundlage dient der in Bild 1.2 beschriebene Ausgangszustand.

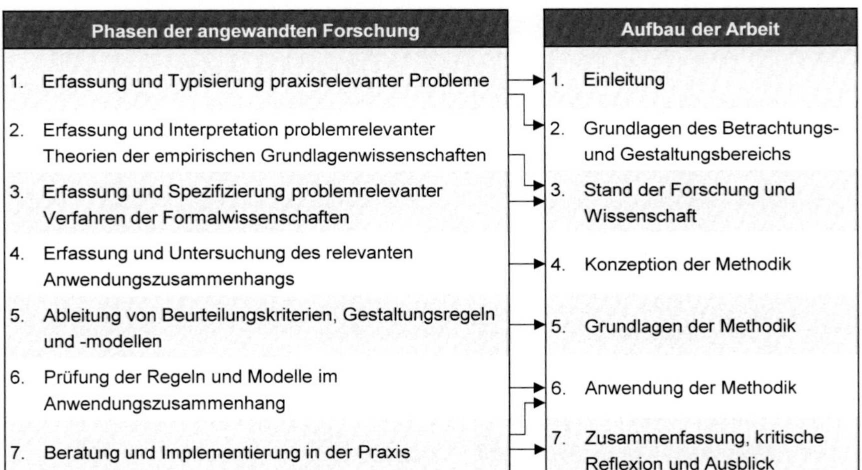

Bild 1.1: Aufbau der Arbeit gemäß Phasen der angewandten Forschung [Ulr84]

Im ersten Kapitel (Einleitung) wird zunächst die Ausgangsituation aus Unternehmenssicht skizziert, um anschließend die im Rahmen der Arbeit zu erreichenden Ziele abzuleiten. Auf Basis der in der Ausgangssituation beschriebenen Herausforderungen sowie des zu deren Bewältigung zu erreichenden Ziels wird die Struktur der Arbeit vorgestellt.

Die für die Arbeit relevanten Grundlagen werden im zweiten Kapitel (Grundlagen des Betrachtungs- und Gestaltungsbereichs) beschrieben. Hierfür werden im ersten Unterkapitel zunächst die im produktionstheoretischen Kontext relevanten Charakteristika von Verfahren der Additiven Fertigung untersucht, bevor Begrifflichkeiten und Wirkzusammenhänge aus dem Bereich der Produktionslogistik im zweiten Unterkapitel erläutert werden. Ausgehend vom gegenwärtigen Implementierungsgrad von Verfahren und Methoden der Produktionslogistik im Umfeld der Additiven Fertigung wird schließlich der Handlungsbedarf aus der Praxis hergeleitet.

Das dritte Kapitel (Stand der Forschung und Wissenschaft) dient der Darstellung problemrelevanter Theorien und Modelle der Produktionslogistik. Hierbei steht die Analyse und Bewertung anwendungsnaher produktionslogistischer Modelle inklusive ihrer mathematischen (und somit im weitesten Sinne formalwissenschaftlichen) Grundlagen im Fokus der Ausführungen. Bevor die problemrelevanten Ansätze vorgestellt und bewertet werden, werden im ersten Unterkapitel die Anforderungen an eine Methodik zur produktionslogistischen Positionierung im Umfeld der Additiven Fertigung postuliert. Auf Basis eines Abgleichs der Anforderungen mit den jeweiligen Anwendungspotenzialen bestehender Ansätze werden der Handlungsbedarf aus der Theorie und die Forschungsfrage abgeleitet.

Im vierten Kapitel (Konzeption der Methodik) erfolgt zunächst eine wissenschaftstheoretische Einordnung der Arbeit, mittels derer unter Berücksichtigung der explizit zu adressierenden Herausforderungen die Auswahl des forschungsmethodologischen Vorgehens motiviert wird. Ferner dient ein heuristischer Bezugsrahmen als Orientierungshilfe bei der Erreichung der im zweiten Unterkapitel präzisierten Ziele. Die formale Konzeption der Bestandteile der Methodik erfolgt gemäß den Vorschriften der Systemtechnik und der Modelltheorie. Dies wird im dritten Unterkapitel beschrieben. Basierend auf den Handlungsbedarfen aus Praxis und Theorie wird im vierten Unterkapitel ein inhaltliches Konzept für die Methodik zur verfahrensspezifischen produktionslogistischen Positionierung im Umfeld der Additiven Fertigung entworfen.

Im fünften Kapitel werden die gemäß der Zielsetzung erforderlichen Bestandteile einer Methodik zur Ermittlung produktionslogistischer Kennzahlen detailliert beschrieben. Hierfür werden im Sinne der Schaffung von Grundlagen zunächst die erforderlichen Begrifflichkeiten definiert und sodann mittels entsprechender Modellbildung Verfahren zur quantitativen Bestimmung der relevanten Kennzahlen entwickelt, hinsichtlich ihrer inneren Wirkzusammenhänge analysiert und systematisch anhand von Beispielen erprobt. Diese Verfahren sind als Grundlagen zur produktionslogistischen Positionierung im Umfeld der Additiven Fertigung am Beispiel des Laser Powder Bed Fusion zu interpretieren. Aufgrund der eindeutigen gegenseitigen Abgrenzung der Methodik-Bestandteile sind diese ebenfalls isoliert vom Kontext der vollständigen Methodik anwendbar.

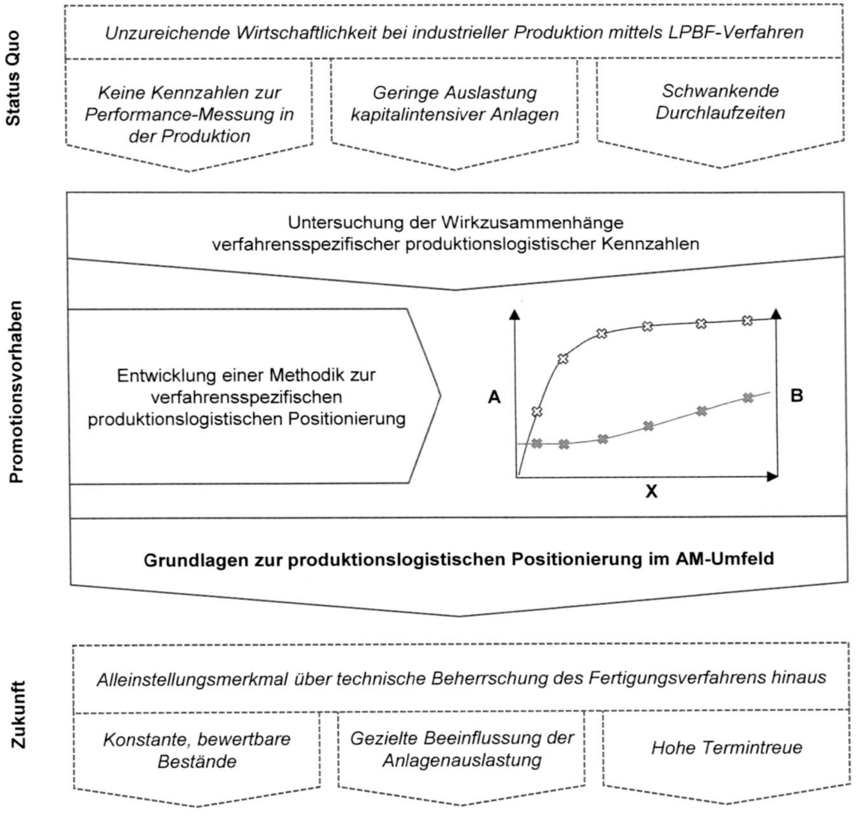

Bild 1.2: Ausgangszustand, Vorgehen und Zielsetzung des Promotionsvorhabens

Das zur praktischen Anwendung der Methodik erforderliche Vorgehen wird im sechsten Kapitel erläutert. Im Rahmen von drei Phasen wird der Anwender befähigt, die Bestandteile der Methodik zielgerichtet und gemäß seiner individuellen, produktionslogistischen Problemstellung einzusetzen, um schlussendlich die gewünschte verfahrensspezifische produktionslogistische Positionierung zu erreichen.

Im siebten Kapitel (Zusammenfassung und Ausblick) werden die generierten Erkenntnisse zusammengefasst und ein Ausblick hinsichtlich weiterer Forschungsbedarfe gegeben.

2 Grundlagen des Betrachtungs- und Gestaltungsbereichs

Im Folgenden wird der Betrachtungs- und Gestaltungsbereich der vorliegenden Arbeit detailliert. Hierfür wird zunächst eine Einordnung von Verfahren der Additiven Fertigung vorgenommen und die industrielle Relevanz des LPBF-Verfahrens beschrieben. Darauf aufbauend werden technische und produktionssystematische Spezifika des Verfahrens erläutert. Anschließend wird die Produktionslogistik in den betriebswirtschaftlichen Gesamtkontext eingeordnet und hinsichtlich ihrer Funktionen, der zugrundeliegenden Wirkzusammenhänge sowie der Aufgaben beschrieben. Ferner erfolgt eine Erläuterung der erforderlichen Begrifflichkeiten. Aus der Synthese der Grundlagen von Additiver Fertigung und Produktionslogistik wird abschließend der Handlungsbedarf aus der Praxis hergeleitet.

2.1 Additive Fertigung

Laut einer Studie des VDI sehen ca. 87 % der Unternehmen des produzierenden Gewerbes am Standort Deutschland Einsatzpotenziale von Verfahren der Additiven Fertigung, während knapp 72 % mindestens ein Verfahren bereits aktiv nutzen [VDI19]. Die Anwendungsgebiete erstrecken sich hierbei vom Prototyping über Teilprodukte, Fertigungshilfsmittel und Reparaturanwendungen bis hin zu vollständig additiv gefertigten Produktserien [Fon19]. Diese Entwicklung ist vor allem der Zunahme verfügbarer Werkstoffe, Software und Anlagentechnik sowie entsprechendem, einschlägigen Fach- und Anwendungswissen entlang der in Bild 2.1 dargestellten Prozesskette der Additiven Fertigung geschuldet.

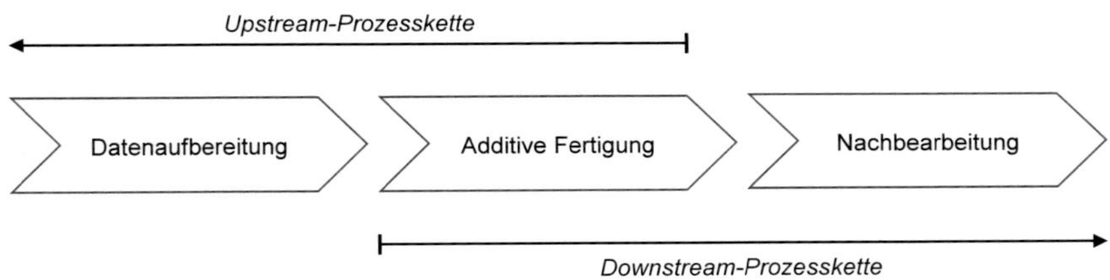

Bild 2.1: Prozesskette des LPBF-Verfahrens

Im vorliegenden Kapitel erfolgt zunächst eine Abgrenzung verschiedener Verfahren der Additiven Fertigung. Darauf aufbauend wird am Beispiel des Laser Powder Bed Fusion (LPBF) die Prozesskette von Verfahren der Additiven Fertigung beschrieben. Schließlich werden verfahrensspezifische Herausforderungen bei der Implementierung im industriellen Kontext erläutert und dabei gemäß dem thematischen Schwerpunkt der vorliegenden Arbeit insbesondere auf Aspekte aus dem produktionsnahen Bereich abgestellt.

2.1.1 Verfahren der Additiven Fertigung

Gemäß der Technologienorm DIN EN ISO/ASTM 52900:2018-06 werden Verfahren der Additiven Fertigung durch einen Herstellprozess charakterisiert, „der durch das Verbinden von Material Bauteile aus 3D-Modelldaten, im Gegensatz zu subtraktiven und umformenden Fertigungsmethoden, üblicherweise Schicht für Schicht, herstellt" [DIN18]. Die Unterteilung erfolgt in sieben Verfahren:

- Freistrahl-Bindemittelauftrag (engl. *Binder Jetting*, BJT)
- Gerichtete Energieeinbringung (engl. *Directed Energy Deposition*, DED)
- Materialextrusion (engl. *Material Extrusion*, MEX)
- Freistrahl-Materialauftrag (engl. *Material Jetting*, MJT)
- Pulverbettbasiertes Schmelzen (engl. *Powder Bed Fusion*, PBF)
- Schichtlaminierung (engl. *Sheet Lamination*, SHL)
- Badbasierte Photopolymerisation (engl. *Vat Photopolymerization*, VPP)

Ungeachtet des gewählten Verfahrens resultieren durch den schichtweisen und werkzeugungebundenen Aufbau Freiheitsgrade bei der Fertigung von Bauteilen, die mittels Verfahren der konventionellen Fertigung (z.B. um- oder urformend) nicht erschließbar sind. Die fertigungstechnischen Freiheiten manifestieren sich insbesondere in der Herstellbarkeit komplexer Geometrien, funktionsintegrierter Bauteile sowie monolithischer Bauteilintegration und der damit einhergehenden Potenziale z.B. im Bereich des Leichtbaus, der Verkürzung von Prozessketten oder der bedarfsgesteuerten, kundenindividuellen Massenfertigung [Die19, S.8ff].

Je nach Verfahren werden Werkstoffe aus den Klassen Metall, Polymer, Keramik und Komposit verarbeitet. Die Werkstoffe liegen dabei in verschiedenen chemischen Zusammensetzungen verfahrensabhängig als Filament, Draht, Granulat, Harz oder Pulver vor [Dev19, S.18f].

Für weiterführende Informationen zu den genannten Verfahren sowie deren Einsatzbereichen sei an dieser Stelle bspw. auf GIBSON und GEBHARDT verwiesen [Gib15; Geb16].

2.1.2 Prozesskette des Laser Powder Bed Fusion

Zusätzlich zum Prozess der Additiven Fertigung mittels LPBF-Verfahren sind vor- und nachgelagerte Prozessschritte erforderlich, um einsatzbereite, den jeweiligen Anforderungskriterien entsprechende Bauteile herzustellen [Yan17, S.42ff]. Die zugehörige Prozesskette ist in Anlehnung an die in [DIN19] beschriebene technische Regel in Bild 2.1 dargestellt.

Während der Schritt der Datenaufbereitung digitaler Natur ist, vollzieht sich die Nachbearbeitung an gegenständlichen Objekten, die im Prozessschritt Additive Fertigung aus digitalen Modelldaten entstehen.

Im Folgenden werden die dem Prozessschritt Additive Fertigung vor- und nachgelagerten Aktivitäten (vgl. Upstream- bzw. Downstream-Prozesskette in Bild 2.1) hinsichtlich der enthaltenen Teilaufgaben und der jeweils zugrundeliegenden Objekte beschrieben. Mittels der systematischen Einordnung wird die Beschreibung und Abgrenzung der relevanten Teilaufgaben vereinfacht.

Während die Upstream-Prozesskette mit dem Prozessschritt Additive Fertigung endet, wird die Downstream-Prozesskette mit diesem Prozessschritt initiiert. Die Zugehörigkeit zu beiden Teil-Prozessketten ist erforderlich, um bei isolierter Betrachtung die Einflüsse auf die Additive Fertigung (Betrachtung der Upstream-Prozesskette) bzw. die Implikationen von Additiver Fertigung (Betrachtung der Downstream-Prozesskette) bewerten zu können.

Datenaufbereitung

Nach Abschluss der konstruktiven Auslegung liegt ein digitales 3D-Modell eines mittels LPBF-Verfahren herstellbaren Bauteils vor. Die in Bild 2.2 dargestellte Übersicht der Teilaufgaben im Prozessschritt der Datenaufbereitung wird im Folgenden erläutert.

Während des Prozessschritts der Datenaufbereitung werden die 3D-Modelle zunächst relativ zur Substratplatte räumlich orientiert. Die Orientierung erfolgt so, dass die Herstellbarkeit bei möglichst geringem Bedarf an Stützstrukturen und Nachbearbeitung gewährleistet ist. Im Prozessschritt der Orientierung wird ferner die zu fertigende Höhe des Bauteils festgelegt. Sie entspricht mindestens der Länge der kürzesten Seite eines das Bauteil einhüllenden Quaders. Nach oben ist die Höhe durch die längste Seite des einhüllenden Quaders begrenzt.

Im Anschluss an die Orientierung werden die Bauteile mit Stützstrukturen versehen. Die verfahrensbedingt ebenfalls mittels Umschmelzens zu erzeugenden Stützstrukturen unter den zu fertigenden Bauteilen schränken die mittels LPBF-Verfahren abbildbare geometrische Komplexität ein und müssen in einem folgenden Prozessschritt entfernt werden. Sie dienen insbesondere der Wärmeabfuhr aus dem Schmelzbad Die19. Die Anordnung und Beschaffenheit der Stützstrukturen ist je nach Orientierung der Bauteile zu wählen.

Bevor auf Basis einer Analyse des Portfolios herzustellender Bauteile eine mengenmäßige sowie werkstoffspezifische Zuordnung der orientierten und gestützten Bauteile zu Baujobs (sog. Nesting) erfolgt, muss zunächst der Anlagentyp ausgewählt werden. Nach Abschluss des Nestings und Auswahl des Anlagentyps ist aufgrund der dann bekannten Maße des Bauraums sowie der Höhe des Baujobs der jeweilige Bedarf pulverförmigen Werkstoffs bestimmbar.

Im letzten Schritt der Datenaufbereitung wird der erstellte Baujob nach Auswahl geeigneter Verfahrensparameter unter Verwendung eines sog. Slicers in Schichten unterteilt (vgl. [Har18]). Sodann werden für jede Schicht Vektorbahnen[4] berechnet, die zur Generierung des Steuerungscodes für die LPBF-Anlage verwendet werden. Nach Abschluss dieses Parsing-Vorgangs liegt ein anlagenspezifischer Programmcode zur Ablaufsteuerung des baujobspezifischen Herstellprozesses vor.

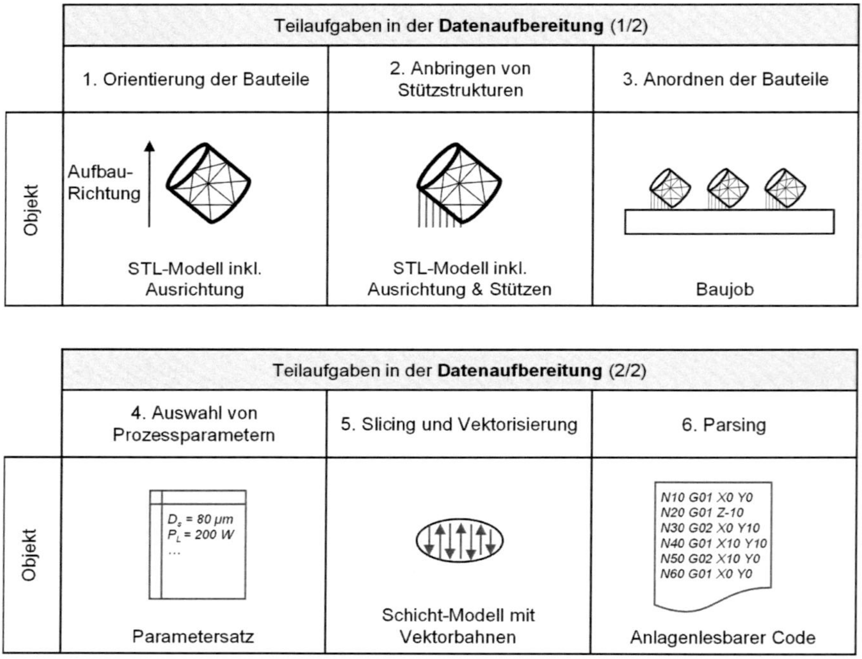

Bild 2.2: Teilaufgaben im Prozessschritt Datenaufbereitung

Die Bildung von Fertigungslosen erfolgt beim LPBF-Verfahren durch die Zuordnung von Bauteilen zu Baujobs im Prozessschritt der Datenaufbereitung (vgl. dritte Teilaufgabe in Bild 2.2). Hierbei werden Bauteile unterschiedlicher geometrischer Beschaffenheit zu Baujobs kombiniert. Abweichend von der in der konventionellen Fertigung etablierten Definition des Fertigungsloses besteht im Umfeld der Additiven Fertigung demnach kein Sortenbezug.

In der konventionellen Fertigung wird ein Fertigungslos als eine Menge gleichartiger Objekte bezeichnet, die von einer Produktiveinheit unmittelbar hintereinander ohne

[4] Mittels Vektorbahnen wird die Trajektorie des Laserstrahls in der Bearbeitungsebene dargestellt.

Rüstvorgänge gefertigt werden kann (vgl. [Dom93, S.16]). Fertigungslose werden gebildet, um mittels des Zusammenlegens mehrerer Kundenaufträge zu einem Fertigungsauftrag Rüstzeiten in der Produktion zu minimieren. Gegenstand der Losgrößenplanung ist dabei laut DANNHAUSER die Bestimmung kostenminimaler Losgrößen und die zeitliche Verteilung der resultierenden Fertigungsaufträge. Zusätzlich sind ggf. technische und organisatorische Restriktionen bei der Bestimmung von Losgrößen zu berücksichtigen [Dan00, S.154].

Verfahrensbedingt wird die Menge aller in einem Los zu fertigenden Objekte (Bauteile) nicht wie in der konventionellen Fertigung hintereinander, sondern mittels schichtweisen Aufbaus parallel gefertigt.

Eine Gleichartigkeit der einem Fertigungslos (Baujob) zugehörigen Objekte ist verfahrensbedingt nur hinsichtlich des Werkstoffs sicherzustellen, während beliebige Geometrien in einem Baujob unter Berücksichtigung des maximal zur Verfügung stehenden Bauraums kombiniert werden können. Die Losgröße ist demnach durch den zur Verfügung stehenden Bauraum begrenzt. Beide genannten Restriktionen sind technischer Natur.

Während die Losgröße in der konventionellen Fertigung bei Ablaufproblemen oder kurzfristigen Änderungen i.d.R. aufwandsarm variiert werden kann, verursachen Änderungen an der Zusammenstellung des Baujobs für das LPBF-Verfahren hohe Aufwände, da der baujobspezifische Anlagensteuerungscode im Falle eines hinzugefügten Bauteils erneut erstellt werden muss. Die beschriebenen Sachverhalte sind als organisatorische Restriktion bei der Bildung von Fertigungslosen für das LPBF-Verfahren zu interpretieren.

Additive Fertigung

Im Prozessschritt der Additiven Fertigung wird die Transformation des digital aufbereiteten Baujob-Modells in ein reales Objekt vollzogen. Die im Prozessschritt enthaltenen Teilaufgaben sind in Bild 2.3 dargestellt. Während das Rüsten und Abrüsten einmalig je Baujob durchgeführt wird, findet der Fertigungsvorgang zyklisch statt, bis alle auf der Substratplatte angeordneten Bauteile hergestellt sind.

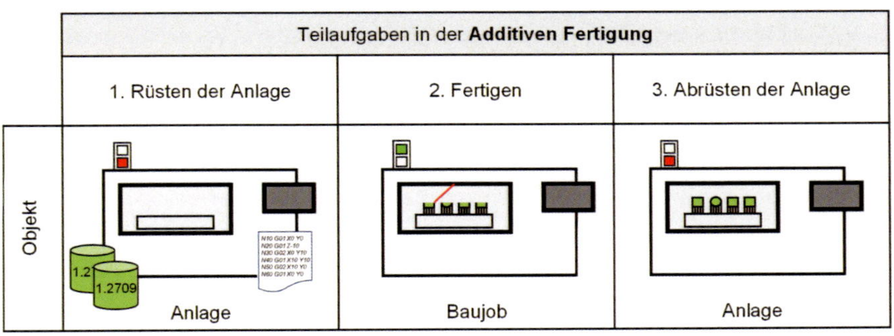

Bild 2.3: Teilaufgaben im Prozessschritt Additive Fertigung

Aufgrund der Relevanz der für die Teilaufgaben erforderlichen Zeitanteile werden diese in Bild 2.4 detailliert. Während sich die Teilaufgaben Rüsten und Abrüsten auf das Verrichtungsobjekt Anlage beziehen und manuellen Charakter aufweisen, erfolgt die Teilaufgabe Fertigen vollautomatisch am Verrichtungsobjekt Baujob. Nach Abschluss des Rüstvorgangs und Initiierung des Herstellprozess werden LPBF-Anlagen im Automatikmodus betrieben und bedürfen keinerlei Eingriffe durch Anlagenbediener. Im Zuge des Abrüstens der Anlage wird zunächst nicht verschmolzenes Pulver aus dem Bauraum der Anlage entfernt und sodann die Substratplatte mit den darauf befindlichen Bauteilen entnommen.

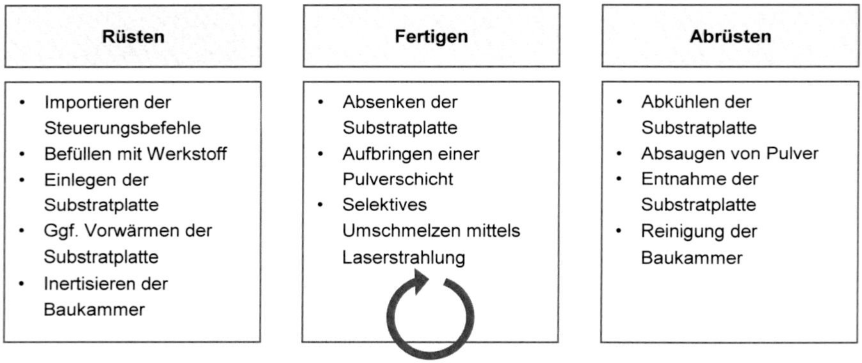

Bild 2.4: Detaillierung der Teilaufgaben im Prozessschritt Additive Fertigung

Die für das Absenken der Substratplatte sowie das Aufbringen einer Pulverschicht erforderliche Zeitspanne wird als baujobspezifische Nebenzeit bezeichnet. Die durch das Rüsten und Abrüsten der LPBF-Anlage verursachten Zeitanteile werden ebenfalls der Nebenzeit zugerechnet. Mittels der Belichtungszeit wird die Zeitspanne zum selektiven Umschmelzen mittels Laserstrahlung quantifiziert. Da die Kenntnis von Herstellzeiten im LPBF-Verfahren maßgeblich für das Erreichen der Zielsetzung der Arbeit ist, erfolgt in 5.1 eine detaillierte Betrachtung der o.g. Zeitanteile.

Nachbearbeitung

Im Zuge des Prozessschritts der Nachbearbeitung werden zunächst die Reste des zwischen den Bauteilen und Stützstrukturen befindlichen, nicht verschmolzenen Metallpulvers entfernt. Je nach verwendetem Werkstoff und Geometrie der gefertigten Bauteile erfolgt im zweiten Schritt ggf. eine Wärmebehandlung des gesamten Baujobs. Diese ist erforderlich, da die noch mit der Substratplatte verbundenen Bauteile aufgrund der durch den Herstellprozess induzierten thermischen Belastung unter Eigenspannungen stehen, die beim Abtrennen zu plastischen Verformungen führen können (vgl. [Mug18]).

Im Anschluss an die Wärmebehandlung werden die Bauteile von der Substratplatte separiert. Hierfür werden üblicherweise Verfahren wie das Drahterodieren oder das Sägen eingesetzt. Nach Verrichtung dieser Teilaufgabe erfolgen die nachgelagerten

Teilaufgaben wiederum am Verrichtungsobjekt Bauteil und nicht mehr am Baujob selbst. So werden etwa in einem weiteren Schritt Stützstrukturen von Bauteilen entfernt und bei Bedarf Funktionsflächen so nachgearbeitet, dass sie den geforderten Spezifikationen (z.B. hinsichtlich Rauigkeit) entsprechen.

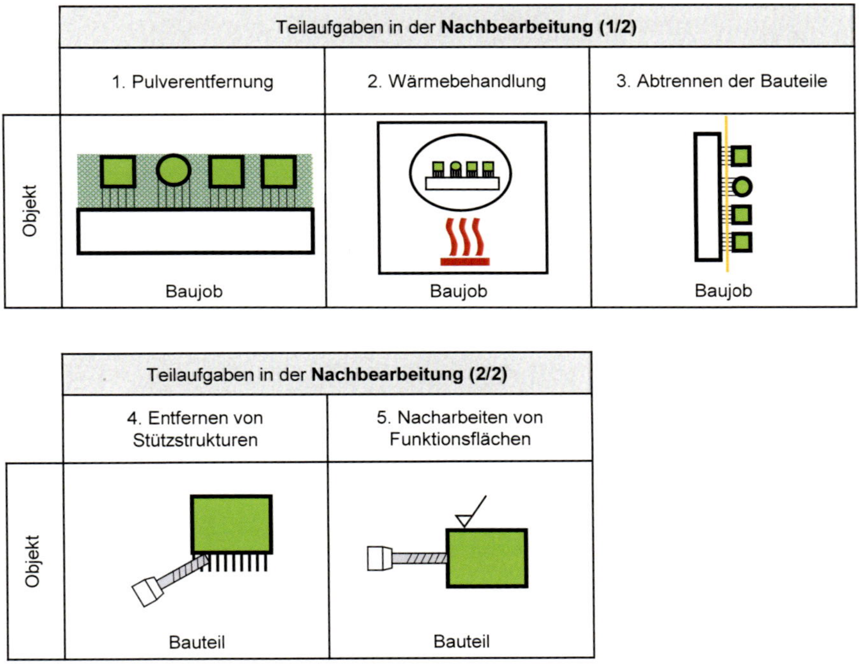

Bild 2.5: Teilaufgaben im Prozessschritt Nachbearbeitung

2.1.3 Herausforderungen bei der Implementierung

Aus Unternehmenssicht treten bei der Implementierung von Verfahren der Additiven Fertigung in verschiedenen Unternehmensbereichen Herausforderungen auf (siehe Bild 2.6 und Erläuterung in den folgenden Abschnitten):

- Technische Herausforderungen im Bereich der Produktionstechnik
- Operative Herausforderungen im Bereich der Produktionswirtschaft
- Strategische Herausforderungen im Bereich der Unternehmensstrategie
- Organisatorische Herausforderungen im Bereich der Unternehmensorganisation

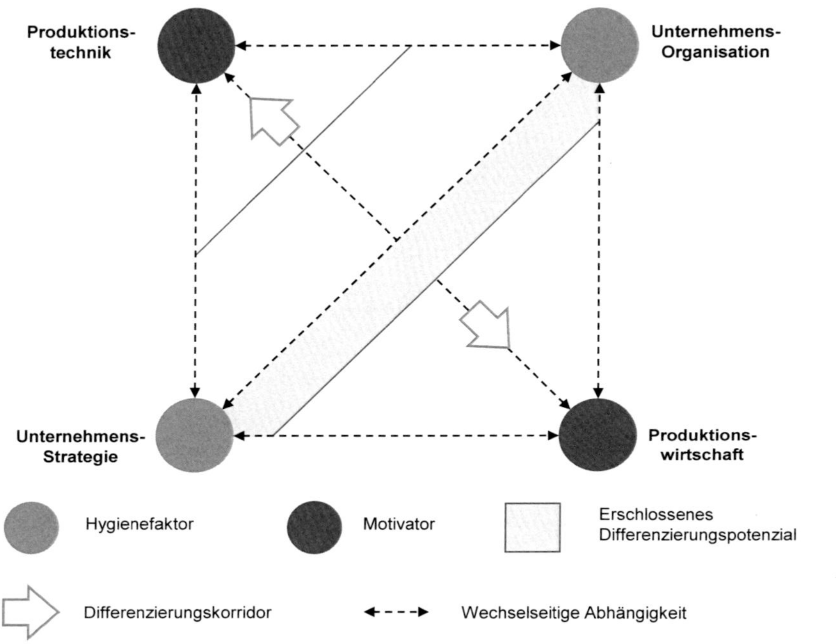

Bild 2.6: Herausforderungen bei der Implementierung von Verfahren der Additiven Fertigung

Die Herausforderungen sind nur bei Berücksichtigung der wechselseitigen Abhängigkeiten zu bewältigen und bedürfen daher einer integrierten Betrachtung (vgl. [Mel14]). Die genannten Aspekte werden in der vorliegenden Arbeit in Anlehnung an HERZBERG als Hygienefaktoren bzw. Motivatoren gekennzeichnet. Sie sind für den Endkunden in unterschiedlichem Maße wahrnehmbar [Her59]. Die Bewältigung strategischer und organisatorischer Herausforderungen ist eine unternehmensinterne Grundvoraussetzungen der Implementierung eines Herstellverfahrens. Sie wird daher den Hygienefaktoren zugerechnet. Die Bewältigung fertigungstechnischer sowie operativer Herausforderungen dient als unternehmensexternes, am Markt sichtbares Alleinstellungsmerkmal und konstituiert somit die sog. Motivatoren. Ungeachtet der gewählten Wettbewerbsstrategie dienen die Motivatoren dem Aufbau einer Wertvorstellung beim Kunden und sind somit unmittelbar relevant für die Erschaffung einer wettbewerbsfähigen Marktposition (vgl. [Por98]).

Mittels kontinuierlicher, inkrementeller Verbesserungen hinsichtlich der Prozessstabilität, einer Ausweitung des Portfolios verfügbarer Werkstoffe sowie umfassender Aktivitäten im Bereich der Normung und Standardisierung wird die Industrialisierung von Verfahren der Additiven Fertigung im Allgemeinen und des LPBF-Verfahrens im Speziellen in zahlreichen Branchen begünstigt (vgl. [Sha19; Aut21]). Während die verfahrensbedingt hohen Herstellzeiten und -kosten bei der Fertigung in geringen Stückzahlen sowie unter Einbeziehung von Einsparpotenzialen entlang des Produktlebenszyklus in der Regel wirtschaftlich zu rechtfertigen sind, ist die geringe Wirtschaftlichkeit bei größeren Stückzahlen ein Hindernis bei der Etablierung des LPBF-Verfahrens im Kontext einer Serienproduktion [Pil18; IDA19].

Daher ist das LPBF-Verfahren bei der Fertigung komplexer Bauteile sowohl in geringen als auch in großen Stückzahlen für Anwender aus verschiedenen Branchen von besonderer Relevanz. Um eine weitere Industrialisierung des LPBF-Verfahrens zu gewährleisten, müssen Anwender die in den folgenden Abschnitten erläuterten Herausforderungen bewältigen. Für eine weiterführende Übersicht hinsichtlich der auftretenden Herausforderungen sei an dieser Stelle auf [Flo16; Del19; Mel14; Luf19] verwiesen.

Fertigungstechnische Herausforderungen

Im Kontext der Industrialisierung neuartiger Fertigungsverfahren treten zahlreiche technische Herausforderungen auf [Gar13]. Diese können aus den Charakteristika des zu industrialisierenden Fertigungsverfahrens resultieren oder allgemeiner Natur sein. Für die Prozesskette des LPBF-Verfahrens werden in der Literatur die folgenden verfahrensspezifischen, technischen Herausforderungen genannt:

- Verbesserung der Reproduzierbarkeit des Fertigungsprozesses (vgl. [Rau19])
- Entwicklung von Prozessparametern zur Erweiterung des Portfolios verarbeitbarer Werkstoffe (vgl. [Let19; Pfa20])
- Reduzierung der durch Prozessabbrüche bedingten Ausschussrate (vgl. [Sch15])
- Steigerung der Aufbaurate (vgl. [Mak18])
- Reduzierung der Oberflächenrauigkeit der Bauteile (vgl. [Löb13])
- Entwicklung von Verfahren zur dynamischen, geometriespezifischen Modulation von Prozessparametern (vgl. [Pic19])

Organisatorische Herausforderungen

Die organisatorische Gestaltung von Unternehmensstrukturen ist eine wichtige Voraussetzung zur Beherrschung der aus einer Implementierung neuer Fertigungsverfahren erwachsenden Komplexität [Zam92].

Im Bereich der Organisation werden insbesondere Herausforderungen adressiert, die die Entwicklung einer AM-orientierten Denkweise bei den Mitarbeitern begünstigen (vgl. [Sou21]). Viele der Herausforderungen fallen daher in den Bereich der Mitarbeiterqualifikation. Darüber hinaus müssen Prozesse in den Unternehmensbereichen Entwicklung, Produktion, Vertrieb und auch Einkauf so gestaltet werden, dass für die beteiligten Akteure die für eine nachhaltige Implementierung von Verfahren der Additiven Fertigung erforderlichen Freiräume gewährleistet sind. Im Umfeld der Additiven Fertigung sind die folgenden organisatorischen Herausforderungen zu bewältigen:

- Etablierung verfahrensgerechter Unternehmensprozesse (z.B. über explizite Berücksichtigung von Additiver Fertigung im Entwicklungsprozess neuer Produkte, vgl. [Cer18])
- Befähigung zum systematischen Aufbau von Verfahrenswissen bei Mitarbeitern der unmittelbar betroffenen Unternehmensbereiche Entwicklung, Produktion, Vertrieb und Einkauf (vgl. [Gra19])
- Etablierung von Mechanismen, mittels derer das verfahrensspezifische Denken und Handeln beteiligter Akteure honoriert wird (vgl. [Kni15])
- Schaffung von erforderlichen Stellen und deren Besetzung mit qualifiziertem Fachpersonal (vgl. [Kia15])
- Orchestrierung der unternehmensübergreifenden Zusammenarbeit in Netzwerken, Gremien und Normungsausschüssen (vgl. [Bou19])
- Verbesserung des Verständnisses von Zuständigkeiten und Schnittstellen entlang der unternehmensspezifischen Prozesskette der Additiven Fertigung (vgl. [Sch18a])

Strategische Herausforderungen

Entscheidungen zur Implementierung von Verfahren der Additiven Fertigung bedürfen aufgrund der weitreichenden Konsequenzen hinsichtlich Unternehmensorganisation, erforderlicher infrastruktureller Maßnahmen sowie Unternehmenskultur regelmäßig großer finanzieller Aufwendungen [Jes18]. Letztere erfordern seitens der Entscheidungsträger ein hohes Maß an Weitsicht, die bei der Bewältigung folgender strategischer Herausforderungen von Bedeutung ist:

- Erarbeitung geeigneter Maßnahmen zur Erschaffung einer unternehmensweiten AM-Kultur (vgl. [Hub18])
- Entwicklung von auf dem Fertigungsverfahren basierenden Geschäftsmodellen (vgl. [Glä19])
- Erstellung belastbarer Prognosen marktseitigen Bedarfs additiv gefertigter Bauteile (vgl. [AMP20; Woh20]
- Positionierung entlang der Wertschöpfungskette der Additiven Fertigung unter Berücksichtigung unternehmensspezifischer Kompetenzen
- Kontinuierliche Überwachung des technischen Fortschritts sowie der Wettbewerbssituation im Bereich der Additiven Fertigung [Stu21]
- Bewertung von Investitionsalternativen hinsichtlich geeigneter Anlagen-, Werkstoff-, Peripherie- und Softwarelieferanten [Abd01]

Operative Herausforderungen

Im unternehmerischen Kontext treten operative Herausforderungen bei Aktivitäten auf, die im unmittelbaren Zusammenhang mit dem Betriebszweck der Unternehmung stehen [Pli93, S.25]. Für Anwender von Verfahren der Additiven Fertigung liegt der typische Betriebszweck in der Herstellung und dem anschließenden Vertrieb bzw. der Verwendung von Bauteilen. Bei der Herstellung von Bauteilen mittels LPBF-Verfahren treten u.a. die folgenden operativen Herausforderungen auf:

- Gestaltung der Produktionsumgebung unter Berücksichtigung der Beschaffenheit des zu beherrschenden Produktionsprogramms (vgl. [Möh18])
- Zeitliche Harmonisierung der Aktivitäten entlang der Prozesskette (siehe 5.1)
- Visualisierung der Material- und Informationsflüsse unter Berücksichtigung der verschiedenartigen Verrichtungsobjekte (siehe 2.1.2), insb. im Schnittstellenbereich digital und real vorliegender Bauteile sowie Baujobs
- Bildung von Fertigungslosen unter Einbeziehung von Zielgrößen wie Durchlaufzeit, Anlagenauslastung oder Umlaufbestand (siehe 2.2.2)
- Robuste Prognose von Vorgabezeiten für die Aktivitäten entlang der Prozesskette und Ableitung entsprechender bauteilspezifischer Herstellkosten (vgl. [Ric13])
- Bestimmung von Maschinenstundensätzen (vgl. [Kor20])

Wie eingangs dargestellt, dienen insbesondere fertigungstechnische sowie operative Aspekte als unternehmensexterne, am Markt sichtbare Alleinstellungsmerkmale eines Unternehmens. Bis zum heutigen Tag steht bei Anwendern des LPBF-Verfahrens die Bewältigung fertigungstechnischer Herausforderungen im Fokus der Bemühungen. Operative Herausforderungen, z.B. im Bereich der Produktionsplanung und -steuerung oder etwa der systematischen fertigungsgerechten Fabrikplanung hingegen finden kaum Beachtung. Somit sind Alleinstellungsmerkmale insbesondere im Bereich der Produktionstechnik zu verorten, wo Leistungsversprechen des LPBF-Verfahrens, wie z.B. die Herstellung komplexer, funktionsintegrierter Leichtbau-Strukturen, bereits heute erfolgreich adressiert werden. Um darüber hinaus dem Leistungsversprechen einer flexiblen, ortsungebundenen und bedarfsgerechten Produktion mittels Verfahren der Additiven Fertigung gerecht zu werden, ist die Berücksichtigung operativer Herausforderungen unabdingbar. Kurze Lieferzeiten sowie eine hohe Termintreue gehen gemäß den in 2.2.3 beschriebenen Wirkzusammenhängen produktionslogistischer Zielgrößen mit geringen Anlagenauslastungen einher, die u.a. hohe Maschinenstundensätze zur Folge haben und somit die am Markt sichtbare Preisgestaltung beeinflussen.

Mittels gezielter Bewältigung operativer Herausforderungen gelingt Anwendern des LPBF-Verfahrens erstmalig die Erschaffung von Wettbewerbsvorteilen über rein fertigungstechnische Aspekte hinaus. Die Lösung operativer Herausforderungen kann somit einen wertvollen Beitrag zur nachhaltigen Industrialisierung des LPBF-Verfahrens leisten. Da alle o.g. operativen Herausforderungen im Zusammenhang mit Fragestellungen aus der Produktionslogistik stehen, erfolgt in 2.2 eine ausführliche Schilderung der relevanten produktionslogistischen Grundlagen. Aufgrund der Relevanz von Zeitgrößen in produktionslogistischen Modellen werden in 2.1.4 und 2.1.5 zunächst die Grundlagen zur Berechnung von Herstellzeiten für das LPBF-Verfahren sowie die dafür zu berücksichtigenden Einflussgrößen erläutert.

2.1.4 Berechnung von Herstellzeiten für das LPBF-Verfahren

Geringe Aufbauraten führen im Umfeld der Additiven Fertigung und insb. beim LPBF-Verfahren zu vergleichsweise hohen bauteilspezifischen Herstellzeiten [Gut17a; Kos20]. Da hohe Investitionskosten für LPBF-Anlagentechnik mit hohen Maschinenstundensätzen einhergehen, werden infolgedessen hohe Herstellkosten je Bauteil verursacht. Während die erforderlichen Investitionen in der Regel nicht vom Anwender beeinflussbar sind, besteht insbesondere Gestaltungsspielraum hinsichtlich der Verringerung von Herstellzeiten im Prozessschritt der Additiven Fertigung, bspw. mittels einer effizienteren Kombination von Bauteilen zu Baujobs. Aufgrund der Relevanz der Herstellzeiten werden im Folgenden die einzelnen Bestandteile beschrieben, anhand eines Beispiels quantifiziert und miteinander verglichen (siehe Bild 2.7). Hierbei wird zunächst davon ausgegangen, dass jedes Bauteil einzeln gefertigt wird. Die Effekte der Kombination von mehreren Bauteilen zu einem Baujob werden ausführlich in 5.1.1 beschrieben.

Die Herstellzeit t_{Gesamt} setzt sich gemäß Formel 2.1 aus den drei Zeitanteilen t_{Scan}, t_{Neben} und $t_{Rüst}$ zusammen (vgl. [Ruf06; Bau12; Sch15].

$$t_{Gesamt} = t_{Scan} + t_{Neben} + t_{Rüst} \tag{2.1}$$

Hierbei bezeichnet die Scan-Zeit t_{Scan} den Zeitanteil, der auf die Bewegung des Bearbeitungspunktes in der Pulverbettebene (vgl. Formel 2.2) entfällt. Ist die Laserstrahlquelle während dieser Bewegung eingeschaltet, wird Pulverwerkstoff entlang des zugrundeliegenden Bewegungsvektors zu einem metallischen Gefüge umgeschmolzen. Die hierfür erforderliche Zeit wird als t_{Mark} bezeichnet. Die Terme t_{Delay} und t_{Jump} bezeichnen die zur Kompensation der Trägheit des optischen Systems bzw. der Positionierung des Bearbeitungspunktes zwischen zwei Belichtungsvektoren erforderlichen Zeitanteile bei abgeschalteter Laserstrahlquelle (vgl. [Hua18].

$$t_{Scan} = t_{Mark} + t_{Delay} + t_{Jump} \tag{2.2}$$

Die in der Herstellzeit eines mittels LPBF-Verfahren gefertigten Bauteils enthaltene Scan-Zeit kann als Quotient aus kumulierten Bauteilvolumen V_B sowie der Volumen-Aufbaurate $\dot{V}$ modelliert werden (siehe Formel 2.3). Wie in 5.1.1 gezeigt wird, ist die Volumen-Aufbaurate beim LPBF-Verfahren abhängig von der geometrischen Beschaffenheit des zu generierenden Bauteils.

$$t_{Scan} = f\left(\frac{V_B}{\dot{V}}\right) \tag{2.3}$$

Mittels der Kennzahl der Volumen-Aufbaurate wird quantifiziert, wie viel Bauteilvolumen im LPBF-Verfahren in einer Zeiteinheit umgeschmolzen wird. Verfahrensspezifische Nebenzeiten, wie das Beschichten oder das Absenken der Substratplatte, werden in diesem Wert nicht berücksichtigt. In technischen Datenblättern von Anlagenherstellern werden häufig werkstoffspezifische, maximale Volumen-Aufbauraten angegeben, während Anwender des LPBF-Verfahrens bspw. auf Basis historischer Produktionsdaten errechnete mittlere Volumen-Aufbauraten bei der Prognose von Scan-Zeiten heranziehen.

Die in Formel 2.2 enthaltenen Zeitanteile fallen schichtweise bei der Generierung des Bauteils sowie ggf. erforderlicher Stützstrukturen an. Dementsprechend kann wie in Formel 2.4 dargestellt zusätzlich zwischen auf das Bauteil sowie die Stützstrukturen entfallenden Zeitanteilen differenziert werden. Diese Unterscheidung ist insbesondere dann erforderlich, wenn zum Aufbau von Bauteil und Stützstrukturen unterschiedliche Prozessparameter eingesetzt werden und somit unterschiedliche Volumen-Aufbauraten resultieren.

$$\begin{aligned} t_{Scan} &= t_{Scan,Bauteil} + t_{Scan,Stützen} \\ &= t_{Mark,Bauteil} + t_{Delay,Bauteil} + t_{Jump,Bauteil} \\ &\quad + t_{Mark,Stützen} + t_{Delay,Stützen} + t_{Jump,Stützen} \end{aligned} \tag{2.4}$$

Die Nebenzeit t_{Neben} wird mittels Addition der in Formel 2.5 genannten Terme bestimmt. Hierbei werden die wiederkehrenden für das Aufbringen einer neuen Pulverschicht sowie das Absenken der Substratplatte erforderlichen Zeitanteile als $t_{Beschichten}$ und $t_{Absenken}$ bezeichnet. Vor der Belichtung der ersten Pulverschicht wird die Baukammer für die Dauer t_{Fluten} mit einem Inertgas geflutet, um Oxidationseffekte während der Fertigung zu vermeiden. Im Anschluss an die Belichtung der obersten Pulverschicht kühlen die gefertigten Bauteile durch Wärmestrahlung bzw. -leitung für einen Zeitraum der Länge $t_{Abkühlen}$ bis zur Entnahme des Baujobs aus der Anlage ab.

$$t_{Neben} = t_{Beschichten} + t_{Absenken} + t_{Fluten} + t_{Abkühlen} \tag{2.5}$$

Zur Bestimmung der Rüstzeit $t_{Rüst}$ werden die Zeitanteile addiert, die auf die Arbeiten vor bzw. nach der Durchführung des Herstellprozesses entfallen (vgl. Formel 2.6). Die Dauer des Rüstvorgangs vor dem Herstellprozess wird als $t_{Rüst,Pre}$ bezeichnet, die des Abrüstens im Nachhinein als $t_{Rüst,Post}$ (siehe 2.1.2 für eine Beschreibung der Aktivitäten).

$$t_{Rüst} = t_{Rüst,Pre} + t_{Rüst,Post} \tag{2.6}$$

Exemplarische Verteilung der Bestandteile der Herstellzeit

Mittels einer Analyse von 42 LPBF-typischen Bauteilen (siehe im Anhang für geometrische Eigenschaften) werden die in Bild 2.7 dargestellten Mittelwerte der zur Fertigung erforderlichen Zeitanteile bestimmt. Die geometrischen Eigenschaften der dafür herangezogenen Bauteile werden im Anhang beschrieben (siehe Tabelle 8.1). Der Zeitanteil t_{Scan} wird hierbei unter Zuhilfenahme eines Simulationsprogramms von DIRKS bestimmt, mittels dem die zur Anlagensteuerung vorgesehenen Befehle eingelesen und ausgewertet werden. Auf diesem Wege sind die anfallenden Scanzeiten simulativ quantifizierbar. Der mittlere absolute prozentuale Fehler beträgt dabei 0,28 % [Dir19].

Der auf die Stützstrukturen entfallende Zeitanteil beträgt für das gewählte Beispiel ca. 15 % der gesamten Scan-Zeit. Dieser Wert deckt sich mit Werten aus der Literatur (vgl. [Rud18; Möh18, S.102]). Da für die vorliegende Analyse jeweils nur ein Bauteil je Baujob gefertigt wird, belaufen sich die Nebenzeiten t_{Neben} auf ca. 42 % der gesamten Herstellzeit.

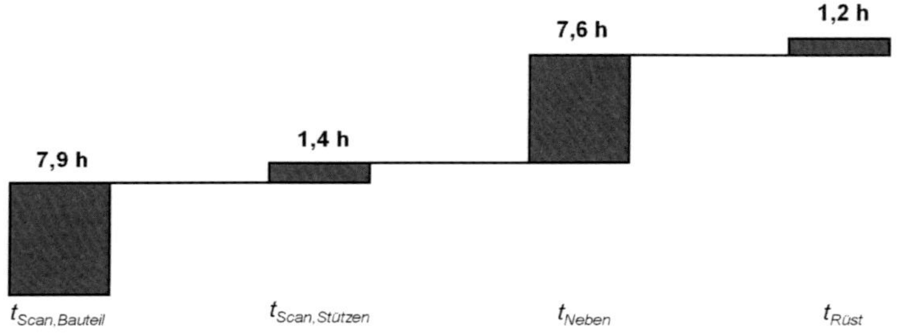

Bild 2.7: Zeitanteile beim LPBF-Verfahren, Mittelwerte aus je 42 Bauteilen, ein Bauteil je Baujob

Um eine belastbare Prognose der Herstellzeit zu erhalten, entsteht beim Anwender ein erheblicher Aufwand in Form von Orientierung, Stützengenerierung, Slicing und anschließendem Parsing des Steuerungscodes. Erst wenn der Code zur Anlagensteuerung vorliegt, können mittels proprietärer Programme der Anlagenhersteller Aussagen bzgl. der Herstellzeit getroffen werden. Werden dem hinsichtlich der Herstellzeit quantifizierten Baujob weitere Teile hinzugefügt, müssen die Schritte des Slicings und Parsings erneut durchlaufen werden. Da Prozesse wie etwa die Produktionsplanung oder die Erstellung von Angeboten belastbare Prognosen hinsichtlich der Herstellzeit bedingen, verursachen sie einen hohen Aufwand bei Anwendern des LPBF-Verfahrens.

In Anlehnung an die betriebliche Kostenrechnung können parametrische, analoge und analytische Verfahren zur Berechnung der Herstellzeit eingesetzt werden (vgl. [Sch10; Rud18, S.23]). Analytische Verfahren sind durch eine hohe Präzision bei gleichzeitig hohem Anwendungsaufwand charakterisiert. Analoge Verfahren sind bei Vorliegen einer entsprechenden Datenbasis einfach anzuwenden, aber hinsichtlich ihrer Präzision begrenzt. In dieser Arbeit wird daher ein parametrisches Modell zur Prognose von Herstellzeiten entwickelt, welches bei hinreichender Güte durch geringen Aufwand bei der Parametrierung und Anwendung charakterisiert ist. Das Vorgehen zur anwenderspezifischen Parametrierung wird in 5.1 erläutert.

2.1.5 Komplexität als charakteristisches Merkmal mittels LPBF-Verfahrens gefertigter Bauteile

Eines der zentralen Leistungsversprechen von Verfahren der Additiven Fertigung lautet „complexity for free“ [Hag03; Mer12]. Mittels dieses in der Literatur oftmals angeführten Merkmals wird zum Ausdruck gebracht, dass die Herstellkosten eines Bauteils, die grundsätzliche Herstellbarkeit vorausgesetzt, unabhängig von dessen Komplexität sind. Aufgrund der Relevanz für die weiteren Ausführungen wird der generische Komplexitätsbegriff an dieser Stelle genauer untersucht und in eine verfahrensspezifische Begriffsdefinition der Bauteil-Komplexität überführt.

Komplexe Systeme

Komplexität resultiert laut SCHUH aus der Vielfalt des Leistungsspektrums eines Unternehmens in seinen Produkten, Prozessen und eingesetzten Ressourcen. Diese Vielfalt ist erforderlich, um internen sowie externen Anforderungen bei der Leistungserbringung gerecht zu werden. Sie muss daher in verschiedenen Unternehmensbereichen beherrscht werden [Sch18b, S.15]. Darüber hinaus wird zwischen auf das Produkt einwirkender Komplexität (z.B. bedingt durch Marktdiversifikation und Produktionsabläufe) und vom Produkt ausgehender Komplexität (z.B. bedingt durch Anzahl von Teilen, Komponenten und Varianten) unterschieden.

ULRICH und PROBST verstehen unter Komplexität eine Systemeigenschaft, deren Ausprägung von der Anzahl der Systemelemente, von deren Beziehungen untereinander sowie von der Anzahl möglicher Systemzustände abhängt [Ulr95, S.58].

Gemäß der Systemtheorie ist ein System unter folgenden Voraussetzungen komplex:

- Das System wird durch mindestens zwei Faktoren beeinflusst, wobei die genaue Anzahl an beeinflussenden Faktoren nicht bekannt ist.
- Das im Zeitverlauf auftretende Ausmaß der Auswirkung der Faktoren auf das zugrundeliegende System ist nicht bekannt.
- Die Faktoren wechselwirken miteinander, wobei auch hierbei nicht bekannt ist, ob und in welchem Ausmaß eine solche Wechselwirkung auftritt.

Komplexe Systeme sind demnach nicht deterministischer Natur und in der Beherrschung besonders herausfordernd, da auch unter Anwendung von Fachwissen kein unmittelbarer Ursache-Wirkungs-Zusammenhang vorhersehbar, sondern lediglich im Nachhinein messbar ist.

In der Systemtheorie wird ferner zwischen komplexen und komplizierten Systemen unterschieden. Komplizierte Systeme sind dadurch charakterisiert, dass Ursache-Wirkungs-Zusammenhänge nur bei Vorliegen entsprechenden Fachwissens vorhersehbar sind.

Komplexität im verfahrensspezifischen Sinne

Abweichend von den obigen Ausführungen werden im Zusammenhang mit Verfahren der Additiven Fertigung Bauteile als komplex bezeichnet, wenn mindestens eines der folgenden Kriterien auf sie zutrifft (vgl. exemplarische Bauteile in Bild 2.8):

- Kombination einer großen Anzahl geometrischer Grundformen (z.B. Gitterstrukturen)
- Kombination verschiedenartiger geometrischer Grundformen (z.B. bionische, topologieoptimierte Komponenten aus dem Antriebsstrang eines Fahrzeugs)
- Vorliegen innenliegender Strukturen (z.B. zur konturnahen Kühlung von Werkzeugeinsätzen)
- Dynamische Veränderlichkeit des Bauteils durch integrierte Funktionen (z.B. Festkörpergelenke in der Medizintechnik)

Die bei der Anwendung des LPBF-Verfahrens zu beherrschende fertigungstechnische Komplexität (etwa hinsichtlich der Vielzahl an zu berücksichtigenden Prozessparametern [Sch17]) wird von den hier angestellten Überlegungen mangels Bauteilbezug explizit ausgeschlossen. Die verfahrensspezifische Komplexität ist somit in der vorliegenden Arbeit ausschließlich als Resultat geometrischer Eigenschaften von additiv zu fertigenden Bauteilen zu interpretieren. Sie ist in diesem Fall abweichend von den Ausführungen von SCHUH sowie ULRICH und PROBST (vgl. voriger Abschnitt) Mittel zum Zweck und dient bspw. der Realisierung von Funktionsverbesserungen, Gewichtseinsparungen oder etwa der Verlängerung der Bauteillebensdauer.

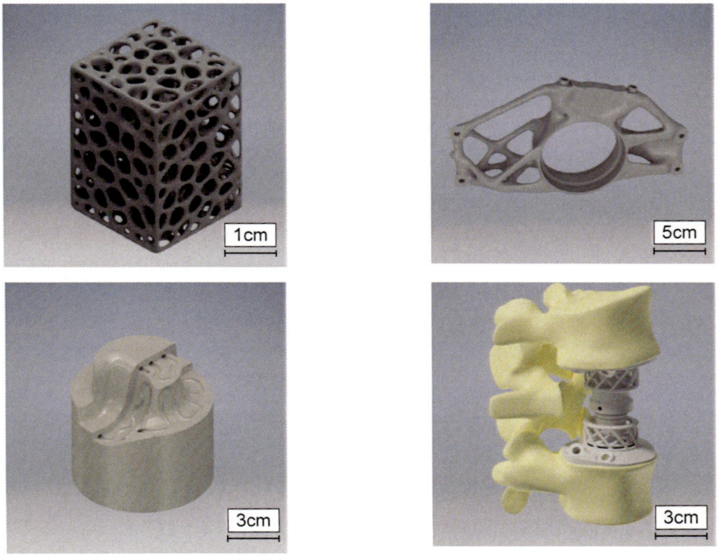

Bild 2.8: Exemplarische Bauteile mit unterschiedlicher verfahrensspezifischer Komplexität

Je mehr der genannten Merkmale bei der Bauteilauslegung miteinander kombiniert werden und je stärker die Merkmale jeweils ausgeprägt sind, desto größer ist die Komplexität des Bauteils im verfahrensspezifischen Sinne. Alle genannten Kriterien weisen die Gemeinsamkeit auf, dass sie sich ausschließlich auf geometrische Eigenschaften des zugrundeliegenden Bauteils beziehen.

Die Komplexität von mittels LPBF-Verfahren gefertigten Bauteilen entzieht sich demnach einer Beschreibung mit den aus Komplexitätsmanagement bzw. Systemtheorie bekannten Ansätzen, da sie als verfahrensspezifisches Merkmal von Bauteilen zu verstehen ist.

In Anlehnung an die aus der Systemtheorie stammenden Definition sind additiv zu fertigende Bauteile als kompliziert zu bezeichnen, wenn ihre Auslegung unter Berücksichtigung der genannten Kriterien manuell durchführbar ist und eine Vorhersage der späteren Bauteileigenschaften lediglich entsprechendes Fachwissen erfordert. Sobald aufgrund steigender Anzahl und Kombination der genannten Kriterien keine manuelle Bauteilauslegung mehr möglich ist und algorithmisch unterstützte Verfahren eingesetzt werden müssen (wie etwa bei Auslegung und Vorhersage der Einsatzeigenschaften eines bionischen Bauteils mit innenliegenden Gitterstrukturen), dürfen die Bauteile im systemtheoretischen Sinne als komplex gelten.

Bauteile mit einer niedrigen Ausprägung der verfahrensspezifischen Komplexität sind somit im systemtheoretischen Sinne als kompliziert zu bezeichnen, da ihre Auslegung entsprechendes Fachwissen voraussetzt. Eine hohe Ausprägung der verfahrensspezifischen Komplexität hingegen lässt auf eine ebenfalls im Sinne der Systemtheorie vorhandene Komplexität der Bauteile schließen, da die Kombination der Merkmale in der Auslegungsphase sowie eine Vorhersage der Einsatzeigenschaften mit Fachwissen allein nicht zu bewerkstelligen ist.

Mittels LPBF-Verfahren sind Bauteile beliebiger Komplexität im Sinne einer Kombination der o.g. Kriterien herstellbar. Im Folgenden wird daher nicht zwischen der systemtheoretischen Kompliziertheit und der Komplexität unterschieden. Der Begriff der verfahrensspezifischen, geometrischen Komplexität eines Bauteils wird in 5.1.1 definiert. Ferner wirt dort der Einfluss der Komplexität auf die Herstellzeit und somit auf die Ausprägung von produktionslogistischen Kennzahlen beschrieben.

2.2 Produktionslogistik

Während Logistik „die wissenschaftliche Lehre der Planung, Steuerung und Überwachung der Material-, Personen-, Energie- und Informationsflüsse in Systemen" beschreibt [Jün89, S.11], bezeichnet Produktion den Prozess der zielgerichteten Kombination von Produktionsfaktoren und deren Transformation in Produkte im Sinne einer betrieblichen Leistungserstellung [Gut51, S.4ff.].

Laut JÜNEMANN besteht der logistische Auftrag eines Unternehmens bereichsunabhängig darin, „die richtige Menge der richtigen Objekte als Gegenstände der Logistik (Güter, Personen, Energie, Informationen) am richtigen Ort (Quelle, Senke) im System zum richtigen Zeitpunkt in der richtigen Qualität zu den richtigen Kosten zur Verfügung zu stellen" [Jün89, S.18]. Des Weiteren schlägt JÜNEMANN eine dem Zweck nach zu differenzierende, horizontale Unterteilung der Unternehmenslogistik in die Bereiche der Beschaffungs-, Produktions-, Absatz-, Entsorgungs- und Verkehrslogistik vor. Laut GÜNTHER und TEMPELMEIER zählen alle Prozesse und Aufgaben, die der „Überbrückung von räumlichen, zeitlichen und mengenmäßigen Differenzen zwischen Angebot und Nachfrage" dienen zur Logistik [Gün09, S.9].

Die Synthese von Produktion und Logistik zur Produktionslogistik vollzieht sich im Rahmen der Beantwortung logistischer Fragestellungen im Produktionsbereich eines Unternehmens. Die hierfür erforderlichen Begriffsdefinitionen sind ebenso wie die Herleitung grundlegender Wirkzusammenhänge und deren Anwendung in der Praxis Gegenstand des vorliegenden Kapitels.

In Bild 2.9 wird die Produktionslogistik im Kontext eines Unternehmens gegenüber der Beschaffungs- und Absatzlogistik, der Produktionsplanung und -steuerung (PPS) sowie der Produktion selbst abgegrenzt. Die Bereiche der Entsorgungs- und Verkehrslogistik werden bei dieser Betrachtung ausgeklammert, da sie im Entdeckungszusammenhang der Arbeit nicht relevant sind.

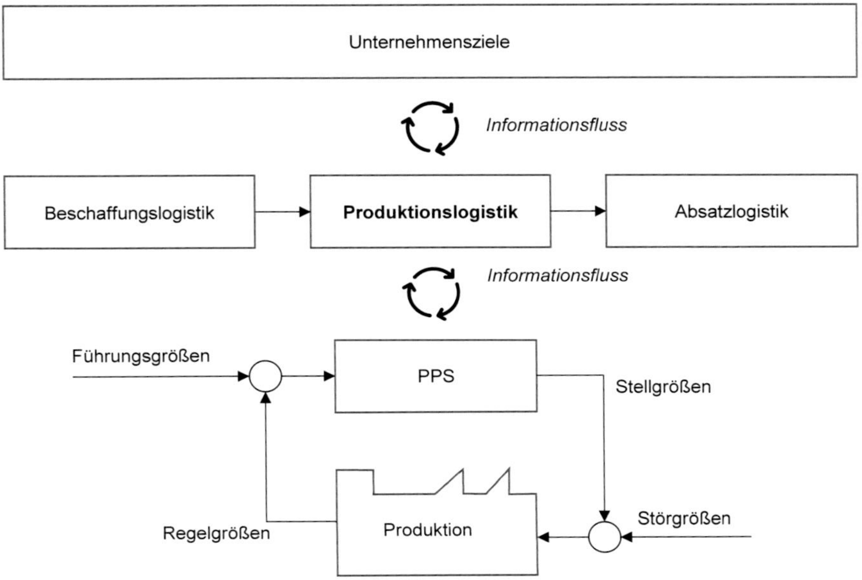

Bild 2.9: Einordnung der Produktionslogistik im Kontext eines Unternehmens

Zur Verdeutlichung und Abgrenzung wird die Produktion in Anlehnung an HEINICKE als Regelstrecke und die PPS als Regler in einem betrieblichen geschlossenen Regelkreis modelliert [Hei17, S.21; Arn08, S.181]. Im Bereich der Produktionslogistik werden die für die PPS (Regler) erforderlichen Führungsgrößen abgeleitet. Die Führungsgrößen werden aus den individuellen Unternehmenszielen (siehe 2.2.1) sowie den aus der Produktion (Regelstrecke) resultierenden Regelgrößen abgeleitet. Mittels Anwendung von Methoden und Tools der PPS werden sodann Stellgrößen abgeleitet, die gemeinsam mit den Störgrößen auf die Produktion (Regelstrecke) einwirken. Die Produktionslogistik wirkt somit lediglich indirekt über die PPS (Regler) auf die Produktion (Regelstrecke) ein. In Tabelle 2.1 ist eine Übersicht der Bestandteile eines Regelkreises sowie deren Auslegung im Produktionskontext dargestellt.

Tabelle 2.1: Auslegung der Elemente eines Regelkreises im Produktionskontext [Hei17]

Element im Regelkreis	**Auslegung im Produktionskontext**
Regler	PPS
Regelstrecke	Produktion
Regelgrößen	z.B. Bestand, Auslastung, Durchlaufzeit, Termintreue
Führungsgrößen	*siehe Regelgrößen*
Stellgrößen	z.B. Produktionsplan, Materialbedarf, Kapazitätsbelastung
Störgrößen	z.B. Anlagenausfälle, Planungsfehler

Im Kontext der Wissenschaftsdisziplin der Betriebswirtschaftslehre ist die Produktionslogistik dem Bereich der Produktionswirtschaft zuzuordnen (siehe Bild 2.10). Sie wird als integrativer Ansatz zur Beantwortung von Fragestellungen aus den Teilbereichen der Produktionstheorie, Programm-, Potential- und Prozessgestaltung herangezogen [Gün09, S.25 f.]. Auch im betriebswirtschaftswissenschaftlichen Zusammenhang ist die Produktionslogistik gegenüber der PPS abzugrenzen. Mittels PPS wird ein ebenfalls integrativer Ansatz beschrieben, in dessen Rahmen alle wesentlichen Elemente der Produktionswirtschaft aufgegriffen werden [Wie14, S.284]. Während die in der Produktionslogistik ermittelten Führungsgrößen als Entscheidungsgrundlage für die PPS dienen, wird die Ausprägung der produktionslogistischen Zielgrößen maßgeblich durch die in der PPS getroffenen Entscheidungen beeinflusst [Arn08, S.9].

Die Aufgaben der PPS werden ausführlich bei SCHUH und WIENDAHL sowie den dort genannten Literaturangaben beschrieben (vgl. [Sch07, S.198-293; Wie14, S.279-287; Arn08, S.324-343]).

Die zentrale Aufgabe der Produktionslogistik besteht laut WIENDAHL darin, logistische und wirtschaftliche Ziele einer Unternehmung unter Berücksichtigung der gegenseitigen Abhängigkeiten in bestmöglichem Maße zu erreichen [Wie14, S.246]. Die Beschreibung relevanter produktionslogistischer Zielgrößen, ihrer jeweiligen Wirkzusammenhänge sowie der daraus resultierenden Zielkonflikte sind demzufolge Gegenstand der folgenden Unterkapitel.

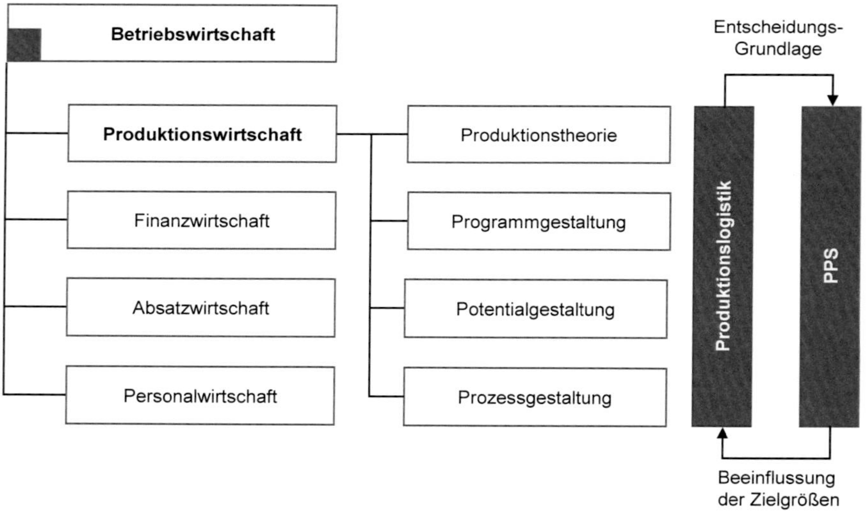

Bild 2.10: Einordnung der Produktionslogistik in die Betriebswirtschaftslehre [Gün09]

2.2.1 Dilemma der Ablaufplanung

Um vor einer Untersuchung der qualitativen und quantitativen Abhängigkeiten eine Übersicht sowie ein grundlegendes Verständnis hinsichtlich relevanter Zielgrößen zu schaffen, schlägt WIENDAHL eine Differenzierung nach internen bzw. externen, die Logistikkosten bzw. Logistikleistung betreffenden Zielgrößen vor [Wie14, S.247]. Aus den in Bild 2.11 dargestellten Zusammenhängen zwischen extern vom Kunden wahrgenommener Logistikleistung und intern verursachten Logistikkosten resultiert ein Zielkonflikt, der von GUTENBERG als Dilemma der Ablaufplanung bezeichnet wird [Gut51].

Für den Fall, dass keine Fertigprodukte bevorratet werden, bedingen vom Kunden geforderte, geringe Lieferzeiten produktionsseitig geringe Durchlaufzeiten. Gleichermaßen erfordern eine geringe Lieferterminabweichung sowie eine hohe Liefertreue eine geringe Terminabweichung sowie hohe Termintreue hinsichtlich der Fertigstellung von Produktionsaufträgen.

Um eine hohe Wirtschaftlichkeit zu erreichen, werden aus interner Unternehmenssicht geringe Logistikkosten angestrebt. Diese setzen sich aus Kapitalbindungskosten für das Umlaufvermögen sowie Prozesskosten für Unterstützungsprozesse (Auftragsabwicklung, Wareneingang und -ausgang, Transport, Materiallagerung) zusammen. Während die Kapitalbindungskosten mit den Umlaufvermögen konstituierenden Beständen abnehmen, sinken die Prozesskosten mit steigender Auslastung der Arbeitssysteme in einer Produktionsumgebung. Da die entstehenden Logistikkosten den Herstellkosten eines Produktes zuzurechnen sind, sind sie unmittelbar relevant für die für den Kunden am Markt sichtbare Preisbildung.

	Logistikleistung	Logistikkosten
extern	• Lieferzeit • Lieferterminabweichung • Liefertreue	• Preis
intern	• Durchlaufzeit • Terminabweichung • Termintreue	• Bestand • Auslastung • Verzugskosten

Bild 2.11: Einteilung produktionslogistischer Zielgrößen [Löd08]

Während also die externe Kundenperspektive die Zielsetzung «Minimierung der Durchlaufzeit der Aufträge» bedingt, resultiert aus interner Unternehmenssicht die Zielsetzung «Maximierung der Kapazitätsauslastung der Maschinen». Eine Minimierung der Durchlaufzeit der Aufträge kann nur dann gewährleistet werden, wenn Maschinen, während sie auf die Bearbeitung der Aufträge warten, leer stehen. Umgekehrt ist eine Maximierung der Kapazitätsauslastung von Maschinen nur dann möglich, wenn stets mindestens ein Auftrag zur Bearbeitung vorliegt. Die Bildung von Warteschlangen zur Bearbeitung von Aufträgen an den Maschinen führt unweigerlich zu einer Verlängerung der Durchlaufzeit der Aufträge.

Laut PLOSSL neigen Entscheider im Produktionsalltag zu einer einseitigen Betrachtung des Problems und stellen zunächst die externe Kundenperspektive in den Fokus ihrer Bemühungen. So wird ausgehend von einer nicht wettbewerbsfähigen Logistikleistung der in Bild 2.12 dargestellte Fehlerkreis der Produktionssteuerung initiiert [Plo73].

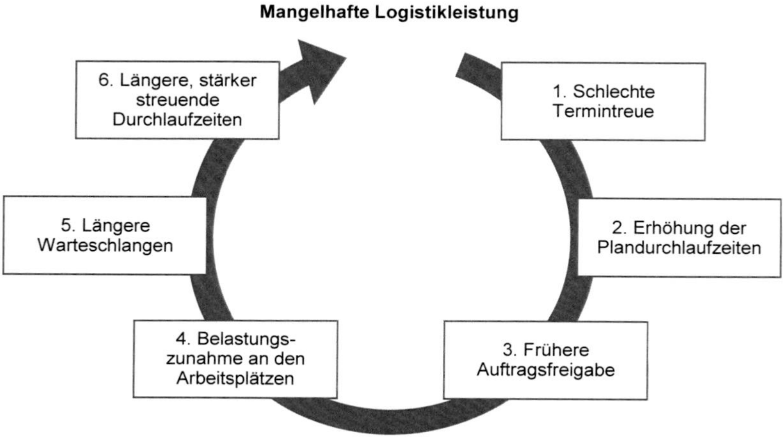

Bild 2.12: Fehlerkreis der Produktionssteuerung [Plo73]

Um den dargestellten Fehlerkreis zu durchbrechen, ist ein valides Verständnis der Wirkzusammenhänge der genannten produktionslogistischen Zielgrößen sowie der für ihre Herleitung erforderlichen Begriffsdefinitionen und Kennzahlen erforderlich.

2.2.2 Produktionslogistische Begriffsdefinitionen, Kennzahlen und Zielgrößen

Die Begriffsdefinitionen im vorliegenden Kapitel basieren auf den Ausführungen von WIENDAHL und NYHUIS [Nyh12, S.17-32]. Im dortigen Verwendungszusammenhang dienen sie zur Bildung logistischer Modelle der Produktion. HOPP und SPEARMAN verfolgen einen vergleichbaren Ansatz, der auf stückbezogenen Begriffsdefinitionen beruht [Hop11, S.228-231], während NYHUIS und WIENDAHL zeitbezogene Kennzahlen verwenden. In beiden Werken erfolgt zunächst eine Definition einzelner Begriffe zur Beschreibung von Produktionsprozessen. Sodann wird eine der Begriffsdefinition folgende Vorschrift zur Berechnung folgender, die Logistikleistung betreffende Kennzahlen abgeleitet:

- Auftragszeit
- Durchführungszeit
- Durchlaufzeit
- Flussgrad
- Termintreue

Während die Kennzahlen der Durchlaufzeit und Termintreue als produktionslogistische Zielgrößen bezeichnet werden (siehe Bild 2.11), dienen Auftragszeit und Durchführungszeit lediglich der Beschreibung von Produktionsprozessen und sind nicht als Zielgrößen definiert. Eine Verdichtung der Kennzahlen mittels Trichtermodell und Durchlaufdiagramm führt zu einem Erklärungsmodell für Produktionsprozesse (vgl. [Nyh12, S.17]). Basierend auf der aggregierten Darstellung der Zeitgrößen Auftrags-, Durchführungs- und Durchlaufzeit im Durchlaufdiagramm werden die Berechnungsvorschriften der zwei weiteren produktionslogistischen Zielgrößen Bestand und Auslastung sowie der Kennzahl der Leistung abgeleitet.

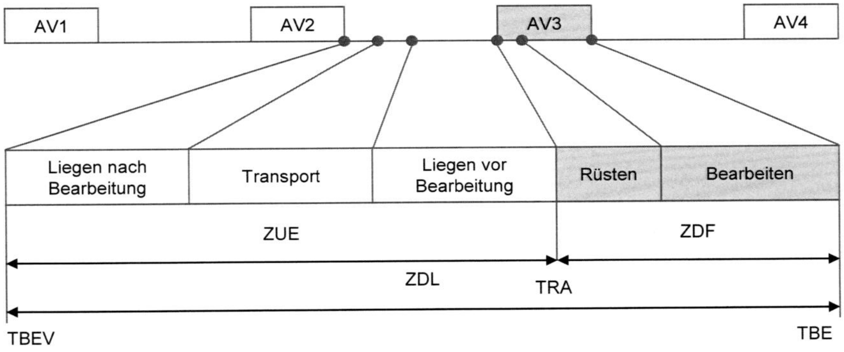

Bild 2.13: Zeitgrößen der Produktionslogistik bezogen auf einen Arbeitsvorgang [Nyh12]

Auftragszeit

Die Auftragszeit *ZAU* eines Fertigungsauftrags entspricht der zur Ausführung eines Arbeitsvorganges an einem definierten Arbeitssystem vorgesehenen Vorgabezeit [Wie14, S.193]. Je nach Dauer des betrachteten Arbeitsvorgangs wird sie in Minuten oder Stunden angegeben. In der konventionellen Fertigung werden zur Berechnung gemäß Formel 2.7 die Rüstzeit je Fertigungslos t_r, die Einzelzeit je Mengeneinheit t_e sowie die Losgröße x benötigt. Weiterführende Informationen bzgl. der Definition der erforderlichen Eingangsgrößen sind dem REFA-Lexikon zu entnehmen REF11.

$$ZAU = x * t_e + t_r \tag{2.7}$$

Die Berechnung belastbarer Auftragszeiten erfordert das Vorliegen hinreichend genauer Planungsdaten bzgl. der zu beschreibenden Fertigungsprozesse. Systematische Fehler bei der Ermittlung von Vorgabezeiten führen regelmäßig zu falschen Interpretationen hinsichtlich der Gestaltungspotenziale einer Produktionsumgebung [Nyh12, S.157]. In Bild 2.14 ist die Verteilung der Auftragszeiten eines exemplarischen Arbeitssystems der konventionellen Fertigung dargestellt. Bei der Interpretation der dargestellten Daten fällt neben der Rechtsschiefe insbesondere die für eine Werkstattfertigung typische große Streuung der Auftragszeiten auf. Bei einem Mittelwert der Auftragszeit *ZAU* von ca. 6,5 Stunden beträgt die Standardabweichung ca. 6 Stunden.

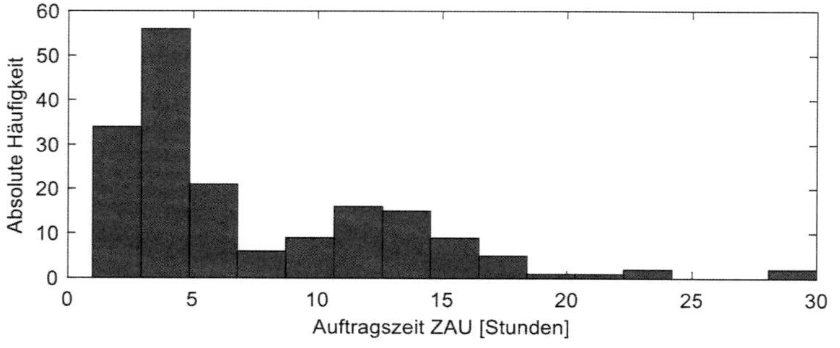

Bild 2.14: Verteilung der Auftragszeiten für ein Arbeitssystem der konventionellen Fertigung [Nyh12]

Durchführungszeit

Einzelne Arbeitsvorgänge verursachen in der Praxis in der Regel eine Belegung des erforderlichen Arbeitssystems über die Auftragszeit *ZAU* hinaus. Dieser Zeitraum wird als Durchführungszeit eines Arbeitsvorgangs bezeichnet und gemäß der Berechnungsvorschrift in Formel 2.8 ermittelt. Die Durchführungszeit ist äquivalent zum Quotienten aus Auftragszeit und maximal möglicher Leistung L_{max} (siehe Abschnitt Leistung). Abweichend von der Auftragszeit wird die Durchführungszeit typischerweise in Betriebskalendertagen angegeben.

$$ZDF = \frac{ZAU}{L_{max}} \tag{2.8}$$

Die Durchführungszeit ist ferner äquivalent zur Differenz vom Zeitpunkt des Bearbeitungsendes *TBE* und dem Zeitpunkt des Rüstbeginns *TRA* eines Arbeitsvorgangs (siehe Bild 2.13 und Formel 2.9).

$$ZDF = TBE - TRA \tag{2.9}$$

Durchlaufzeit

Die Durchlaufzeit eines Arbeitsvorgangs entspricht der Zeitspanne, die zwischen dem Zeitpunkt des Bearbeitungsendes am vorherigen Arbeitssystem *TBEV* und dem Zeitpunkt des Bearbeitungsendes am betrachteten Arbeitssystem *TBE* liegt (siehe Formel 2.10). Zusätzlich zur Durchführungszeit *ZDF* beinhaltet dieser Wert also auch die nicht-wertschöpfenden Zeitanteile *Liegen nach Bearbeitung*, *Transport* und *Liegen vor Bearbeitung* (siehe Bild 2.13). Diese Zeitanteile werden zur Übergangszeit *ZUE* zusammengefasst und treten auf, da der Fertigungsauftrag sich vor Bearbeitung typischerweise in einer Warteschlange vor dem Arbeitssystem befindet und erst dann bearbeitet wird, wenn alle vorherigen Fertigungsaufträge abgeschlossen sind.

$$ZDL = \mathrm{TBE} - \mathrm{TBEV} = \mathrm{ZUE} + \mathrm{ZDF} \tag{2.10}$$

Während die Durchlaufzeit beim Fertigungsprinzip *make-to-order* der kürzest möglichen Lieferzeit entspricht und somit unmittelbar Einfluss auf die Termintreue (siehe übernächster Abschnitt) hat, wird beim Fertigungsprinzip *make-to-stock* insbesondere der Servicegrad von Länge und Streuung der Durchlaufzeit beeinflusst [Löd08, S.29].

Flussgrad

Der mittlere Flussgrad FG_m an einem Arbeitssystem entspricht dem in Formel 2.11 dargestellten Quotienten aus mittlerer Durchlaufzeit ZDL_m und mittlerer Durchführungszeit ZDF_m [Nyh12, S.23].

$$FG_m = \frac{ZDL_m}{ZDF_m} \tag{2.11}$$

Mittels des Flussgrads wird somit der Anteil der Wertschöpfungszeit eines Fertigungsauftrags quantifiziert. Im Produktionsalltag ist die mittlere Übergangszeit ZUE_m häufig um den Faktor 10 bis 20 größer als die Durchführungszeit ZDF_m, sodass gemäß Formel 2.11 auch der Flussgrad entsprechend hohe Werte annimmt.

Termintreue

Mittels der Termintreue TT wird quantifiziert, welcher Anteil der Fertigungsaufträge im Bezugszeitraum innerhalb eines definierten Toleranzbereichs fertiggestellt wird (siehe Formel 2.12). Hierbei bezeichnet TAA_n die Terminabweichung des Abgangs des n-ten Fertigungsauftrags und TAA_{min} bzw TAA_{max} die untere bzw. obere Grenze des Toleranzbereichs der Terminabweichung [Löd08, S.31]. Die Angaben beziehen sich auf den Abgangstermin, da dieser für den Zugang beim Kunden bzw. am folgenden Arbeitssystem maßgeblich ist.

Während die Terminabweichung sowohl für einen einzelnen Fertigungsauftrag als auch im Mittel für einen Bezugszeitraum bestimmt werden kann, liegt der Termintreue immer ein Bezugszeitraum zugrunde.

$$TT = \frac{|\{TAA_n | TAA_{min} < TAA_n < TAA_{max}\}|}{|n|} * 100\% \tag{2.12}$$

Die Termintreue in der Fertigung wirkt unmittelbar auf die beim Kunden sichtbare Liefertreue und dient somit bei höherer Ausprägung als beim Wettbewerb als Differenzierungsmerkmal [Gün97].

Leistung

Hinsichtlich der Leistung eines Arbeitssystems wird zwischen mittlerer und maximal möglicher, sich aus der Kapazität ergebender Leistung unterschieden. Für die Bestimmung der maximal möglichen Leistung L_{max} werden in der konventionellen Fertigung die Verfügbarkeit des Arbeitssystems sowie die Anwesenheit des Bedienpersonals als restriktive Kapazitätsfaktoren berücksichtigt. Während das Arbeitssystem bspw. durch Maschinenausfälle oder planmäßige Wartungen in seiner Kapazität begrenzt ist, kann auch die Anwesenheit bzw. Verfügbarkeit von Bedienpersonal kapazitätsmindernd wirken [Nyh12, S.20]. Mit zunehmender Dauer der Bearbeitungszeit sowie mit steigendem Automatisierungsgrad des betrachteten Arbeitsvorgangs sinkt der Einfluss des kapazitätsmindernden Faktors des Bedienpersonals. Kennzahlen der Maschinenverfügbarkeit rücken dann in den Fokus der Betrachtungen.

Die maximal mögliche Leistung L_{max} ergibt sich bei Berücksichtigung der verfügbaren Betriebsmittelkapazität $BKAP_v$ sowie der nutzbaren Personalkapazität $PKAP_n$ gemäß der Berechnungsvorschrift in Formel 2.13. Sie wird in Stunden je Betriebskalendertag angegeben [Nyh12, S.66].

$$L_{max} = \min \{BKAP_v, PKAP_n\} \tag{2.13}$$

Die mittlere Leistung L_m entspricht dem Quotienten aus der Summe aller Auftragszeiten im Betrachtungszeitraum Z und der Länge des Betrachtungszeitraum. Sie wird in der Einheit Stunden je Betriebskalendertag erfasst (siehe Formel 2.14). Bei hinreichend großen Betrachtungszeiträumen kann das Vorliegen von Fertigungsaufträgen zu Beginn und Ende des Betrachtungszeitraums vernachlässigt werden, da sich die Effekte gegenseitig aufheben [Nyh12, S.27]

$$L_m = \frac{\sum_{i=1}^{n} ZAU_i}{Z} \tag{2.14}$$

Auslastung

Der Quotient aus mittlerer Leistung L_m und maximal möglicher Leistung L_{max} wird als mittlere Auslastung A_m des Arbeitssystems bezeichnet und in Prozent angegeben (siehe Formel 2.15)

$$A_m = \frac{L_m}{L_{max}} * 100\% \tag{2.15}$$

Im Umfeld der Produktion neigen Entscheider dazu, insbesondere die Auslastung kapitalintensiver Maschinen zu erhöhen. Da der Maschinenstundensatz umgekehrt proportional zur Auslastung ist, führt eine Steigerung der Auslastung zu niedrigeren Maschinenstundensätzen. Eine entsprechende Nachfrage vorausgesetzt, können Unternehmen somit im Vergleich zum Wettbewerb entweder ihre Marge steigern oder das auf dem Arbeitssystem gefertigte Produkt günstiger bepreisen. Bei zu geringer Nachfrage ist die Auslastung des Arbeitssystems begrenzt. Die Steigerung der Auslastung eines Arbeitssystems führt zu höheren Beständen sowie Durchlaufzeiten und einem in der Regel erhöhten Verschleiß der Maschine (vgl. [Löd08, S.36]).

Bestand

Der Bestand entspricht der Summe der Auftragszeiten der sich in Bearbeitung befindlichen und auf Bearbeitung wartenden Fertigungsaufträge an einem Arbeitssystem. Im Zeitverlauf ändert er sich somit gemäß den Auftragszeiten von am Arbeitssystem zugehender und abgehender Fertigungsaufträge (siehe schwarz gestrichelte Linie in Bild 2.16). Der Bestand B an einem Betriebskalendertag t_n wird gemäß Formel 2.16 aus der Differenz der Arbeitsinhalte der zugehenden und abgehenden Fertigungsaufträge zuzüglich des Anfangsbestandes berechnet. Der erste bzw. letzte Tag des Betrachtungszeitraums wird hierbei als t_0 bzw. t_n bezeichnet.

$$B(t_n) = \sum_{t_0}^{t_n} [ZU(t_n) - AB(t_n)] + B(t_0) \tag{2.16}$$

Der mittlere Bestand B_m in einem Betrachtungszeitraum der Länge t_0 bis t_n ist gemäß Formel 2.17 definiert .

$$B_m = \sum_{t_o}^{t_n} \frac{B(t_n)}{|n|} \tag{2.17}$$

Im Produktionskontext wird typischerweise zwischen Lager- und Fertigungsbestand unterschieden [Löd08, S.32]. Obwohl beide Bestandsarten Umlaufvermögen konstituieren und somit aufgrund ihrer bilanziellen Relevanz finanziell bewertet werden müssen, werden sie zunächst insbesondere hinsichtlich der Einheit, in der sie erfasst werden, voneinander abgegrenzt. Während die Lagerbestände an Rohmaterial, Halbfabrikaten oder Fertigwaren in Mengeneinheiten wie z.B. Kilogramm oder Stück gemessen werden, wird der Fertigungsbestand in Vorgabestunden freigegebener, aber noch nicht finalisierter Fertigungsaufträge quantifiziert. Je nach Verwendungszweck wird ebenfalls die Anzahl der Fertigungsaufträge gemessen. In den nachfolgenden Ausführungen wird der Begriff *Bestand* als Synonym für Fertigungsbestand verwendet.

Im Vergleich zu den drei weiteren produktionslogistischen Zielgrößen ist der Bestand unmittelbar finanziell bewertbar. Bei Kenntnis der Wirkzusammenhänge zwischen den produktionslogistischen Zielgrößen können somit für beliebige Betriebspunkte (z.B. hinsichtlich Durchlaufzeit oder Auslastung) der Produktion Vergleichsbestände gebildet werden (vgl. [Löd08, S.35]).

Über ihre Auswirkung der Kapitalbindung im Unternehmen hinaus führen hohe Bestände an einem Arbeitssystem laut SUZAKI zu einer Abpufferung von Prozessstörungen [Suz89]. Bei hohen Beständen besteht somit die Gefahr der Verschleierung von Störanfälligkeit von Fertigungsprozessen. In diesem Zusammenhang kommt dem Bestand über seine Verwendung als produktionslogistische Zielgröße hinaus auch die Rolle einer Regelgröße im Kontext des in Japan entstandenen Just-in-Time-Ansatzes zu [Mon94].

2.2.3 Wirkzusammenhänge produktionslogistischer Zielgrößen und Kennzahlen

Im folgenden Abschnitt erfolgt eine Erläuterung der im Produktionsumfeld etablierten Modelle, auf deren Basis die quantitativen und qualitativen Wirkzusammenhänge der genannten produktionslogistischen Zielgrößen und Kennzahlen ermittelt werden. Ein Verständnis der Wirkzusammenhänge dient der Realisierung der in 2.2.4 beschriebenen Anwendungspotenziale.

Trichtermodell und Durchlaufdiagramm

Mittels des von BECHTE vorgeschlagenen Trichtermodells werden die an einem Arbeitssystem vorliegenden Fertigungsaufträge hinsichtlich ihres Arbeitsinhalts beschrieben und der verfügbaren Kapazität gegenübergestellt [Bec80]. Die wartenden bzw. sich in Bearbeitung befindlichen Fertigungsaufträge stauen sich dabei vor der Trichteröffnung und konstituieren den Bestand am Arbeitssystem (siehe Bild 2.15). Der Durchmesser der Trichteröffnung repräsentiert die Leistung L zum Zeitpunkt t_n und kann bis zur Kapazitätsgrenze L_{max} des Arbeitssystems vergrößert werden. Der Durchmesser der Kreise in Bild 2.15 ist äquivalent zur Auftragszeit *ZAU* des jeweiligen Fertigungsauftrags.

Aus der Darstellung der im zeitlichen Verlauf am Trichter auftretenden Zugangs- und Abgangsereignisse resultiert unter Berücksichtigung des jeweiligen Arbeitsinhalts je Fertigungsauftrag das Durchlaufdiagramm des betrachteten Arbeitssystems (siehe Bild 2.16). Die mittlere Steigung der Abgangskurve (orange gestrichelt) entspricht dem Quotienten aus kumuliertem Abgang *AB* (in Vorgabestunden) und der Länge des Bezugszeitraums *BZ* (in Betriebskalendertagen) und ist somit äquivalent zur mittleren Leistung L_m (vgl. Formel 2.14). Die mittlere Steigung der Zugangskurve (blau gestrichelt) wird als Belastung bezeichnet. Ein Arbeitssystem wird als stabil und eingeschwungen bezeichnet, wenn die mittlere Leistung über einen langen Betrachtungszeitraum der mittleren Belastung entspricht [Nyh12, S.26]. Die beiden gestrichelten Geraden in Bild 2.16 verlaufen dann parallel zueinander.

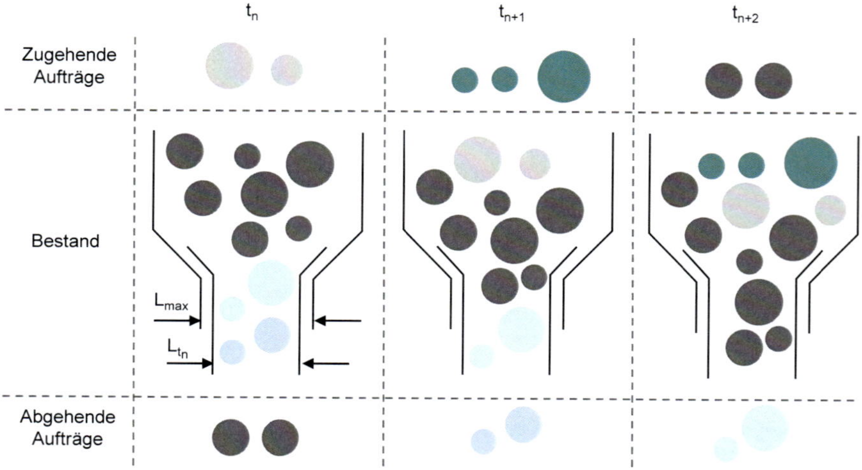

Bild 2.15: Modellierung eines Arbeitssystems als Trichter zu drei Zeitpunkten, eigene Darstellung in Anlehnung an [Bec80]

Zu einem gegebenen Zeitpunkt *t* wird der Bestand *B(t)* des Arbeitssystems aus der Differenz von kumuliertem Zugang *ZU(t)* und kumuliertem Abgang *AB(t)* berechnet.

Für den Fall, dass sich das Arbeitssystem in einem stabilen und eingeschwungenen Zustand befindet, ist der mittlere Bestand B_m äquivalent zum vertikalen Abstand zwischen den Geraden der mittleren Leistung und der mittleren Belastung. Der horizontale Abstand zwischen den beiden Geraden wird als mittlere Reichweite R_m des Bestandes bezeichnet. Mittels dieses Werts wird quantifiziert, wie lange das Arbeitssystem noch ausgelastet wird, falls im Zeitverlauf keine weiteren Fertigungsaufträge zugehen. Der aus dem Steigungsdreieck von R_m, B_m und L_m in Bild 2.16 hervorgehende mathematische Zusammenhang ist in Formel 2.18 beschrieben und wird als Trichterformel bezeichnet [Nyh12, S.28].

$$R_m = \frac{B_m}{L_m} \tag{2.18}$$

Im Durchlaufdiagramm wird somit der Wirkzusammenhang zwischen mittlerer Leistung L_m und mittlerem Bestand B_m ersichtlich, während die zur Logistikleistung der Produktion zählenden Zielgrößen der Durchlaufzeit und Termintreue nicht berücksichtigt werden. Eine weitere Einschränkung resultiert aus der isolierten Betrachtung eines definierten Betriebspunktes der Produktion. Der Definition von Erklärungsmodellen folgend, sind auf Basis des Durchlaufdiagramms zunächst keine Vorhersagen bzgl. der Implikationen verschiedener Handlungsalternativen möglich [Bar11, S.102].

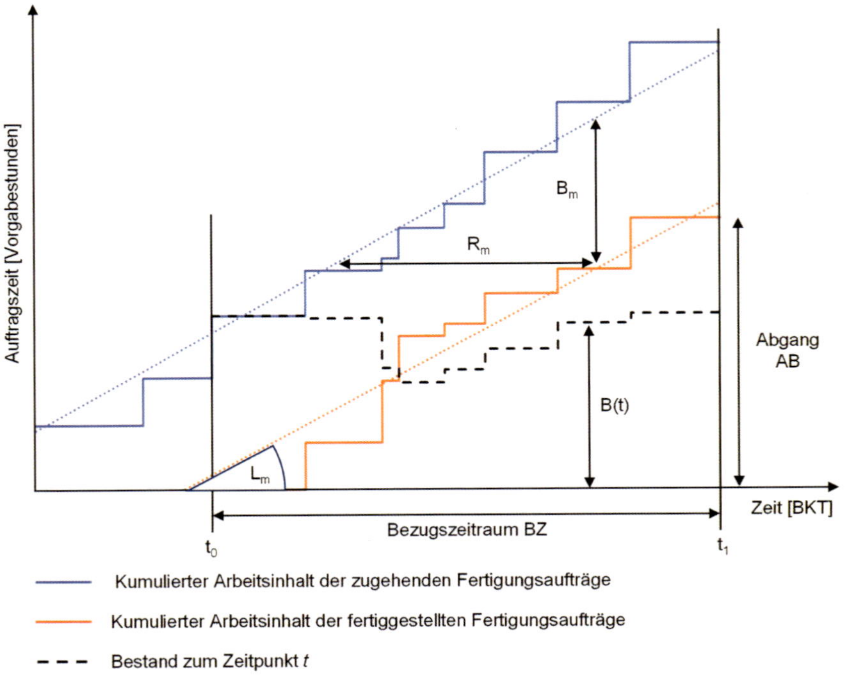

Bild 2.16: Durchlaufdiagramm nach BECHTE [Bec80]

Little's Law

Mittels des Gesetzes von LITTLE (Little's Law) wird gemäß Formel 2.19 der Wirkzusammenhang zwischen mittlerer Verweildauer W, mittlerer Ankunftsrate λ und der mittleren Anzahl von Objekten bzw. Subjekten N in einem Wartesystem quantifiziert [Lit61].

$$W = \frac{N}{\lambda} \tag{2.19}$$

Die mittlere Abfertigungsrate U ergibt sich gemäß Formel 2.20, hierbei bezeichnet p die mittlere Bedienzeit und m die Anzahl an Bedienstationen.

$$U = \frac{\lambda * p}{m} \tag{2.20}$$

Im Produktionskontext ergeben sich die in Tabelle 2.2 dargestellten Analogien produktionslogistischer Kennzahlen zu den Größen aus Little's Law [Nyh12, S.32].

Tabelle 2.2: Interpretation von Größen aus Little's Law im Produktionskontext

Little's Law	Auslegung im Produktionskontext
Anzahl von Subjekten / Objekten $\boldsymbol{N}$	Mittlerer Bestand $\boldsymbol{BA_m}$ von Fertigungsaufträgen je Arbeitssystem
Mittlere Verweildauer $\boldsymbol{W}$	Mittlere Durchlaufzeit $\boldsymbol{ZDL_{m,Little}}$ je Fertigungsauftrag
Mittlere Ankunftsrate $\boldsymbol{\lambda}$	Mittlere Anzahl freigegebener Fertigungsaufträge je Betriebskalendertag
Mittlere Abfertigungsrate $\boldsymbol{U}$	Mittlere Leistung $\boldsymbol{L_m}$ eines Arbeitssystems
Mittlere Bedienzeit $\boldsymbol{p}$	Mittlere Auftragszeit $\boldsymbol{ZAU_m}$ je Fertigungsauftrag
Anzahl Bedienstationen $\boldsymbol{m}$	Anzahl paralleler Arbeitsstationen innerhalb eines Arbeitssystems

Der Wirkzusammenhang von Durchlaufzeit, Bestand und Leistung bei Anwendung von Little's Law ist in Formel 2.21 dargestellt. Anders als im Trichtermodell liegen in diesem Fall stückbezogene und keine zeitbezogenen Größen des Bestands und der Leistung vor. Während der Quotient aus Bestand und Leistung bei Little's Law der mittleren Verweildauer $ZDF_{m,Little}$ eines Fertigungsauftrags am betrachteten Arbeitssystem entspricht, ist er im Trichtermodell ein Maß für die mittlere Reichweite R_m des Bestandes. Darüber hinaus ist die Ausprägung der Kenngrößen bei Modellierung gemäß Little's Law im Gegensatz zum Trichtermodell über die zugrundeliegende Reihenfolgeregelung beeinflussbar (vgl. [Nyh12, S.35]).

$$ZDL_{m,Little} = \frac{BA_m}{LA_m} \tag{2.21}$$

Die Analogie zwischen Little's Law und der Trichterformel wird auch bei der Visualisierung der in Formel 2.21 beschriebenen Wirkzusammenhänge deutlich (siehe Bild 2.17).

Warteschlangenmodelle

Mittels Warteschlangenmodellen wird das Abfertigungsverhalten an Bedienstationen über einen längeren Betrachtungszeitraum mathematisch beschrieben. Bei der Modellbildung sind insbesondere die Ankunfts- und Abfertigungsrate sowie die Bedienungszeit im betrachteten System von Bedeutung [Hed13, S.193]. Diesen Kennzahlen liegen dabei jeweils deterministische oder stochastische Zeitabfolgen zugrunde. Im Produktionskontext werden Warteschlangenmodelle angewendet, da die Produktion gemäß den in Tabelle 2.3 beschriebenen Analogien als Warteschlangensystem modellierbar ist. Eine generische Beschreibung von Warteschlangensystemen erfolgt z.B. bei RUNZHEIMER [Run99, S.329].

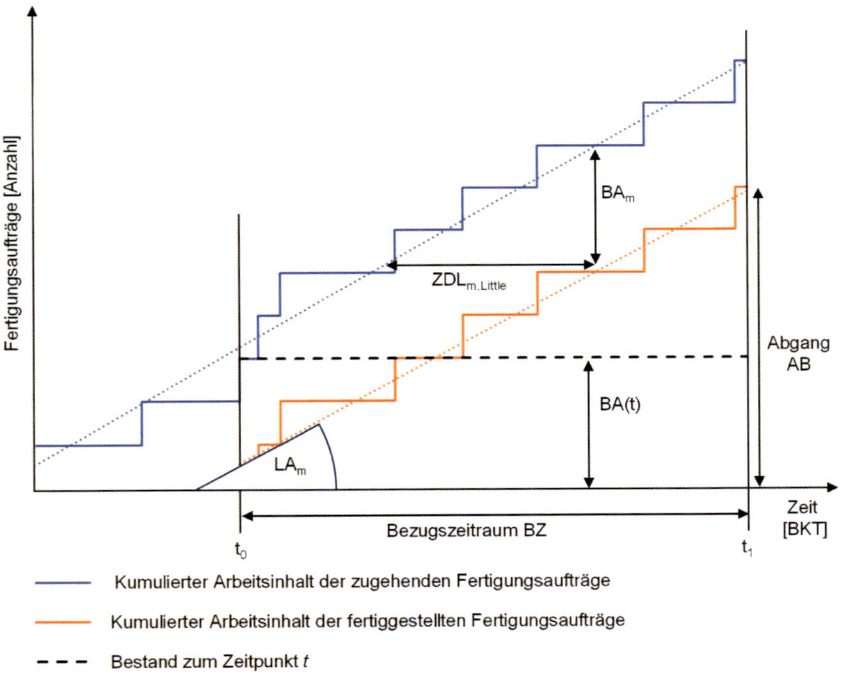

Bild 2.17: Durchlaufdiagramm gemäß Little's Law

Tabelle 2.3: Analogien produktionslogistischer Begrifflichkeiten zu Elementen des Warteschlangenmodells

Element im Warteschlangenmodell	Analogie im Produktionskontext
Ankunftsrate	Anzahl der durchschnittlich je Zeiteinheit zugehenden Fertigungsaufträge an einem Arbeitssystem (Belastung)
Abfertigungsrate	Anzahl der durchschnittlich je Zeiteinheit abgehenden Fertigungsaufträge an einem Arbeitssystem (Leistung $\boldsymbol{L_m}$)
Bedienungszeit	Mittlere Durchführungszeit $\boldsymbol{ZDF_m}$ eines Fertigungsauftrags
Wartezeit	Mittlere Übergangszeit $\boldsymbol{ZUE_m}$ eines Fertigungsauftrags
Verweilzeit	Mittlere Durchlaufzeit $\boldsymbol{ZDL_m}$ eines Fertigungsauftrags
Schlangenlänge	Mittlerer Bestand $\boldsymbol{B_m}$ eines Arbeitssystems
Verkehrsdichte	Mittlere Auslastung $\boldsymbol{A_m}$ eines Arbeitssystems
Bedienstation	Arbeitssystem

KENDALL schlägt die Notation $A / B / c / n / v / s$ zur Klassifikation von Warteschlangenmodellen vor, die Rückschlüsse hinsichtlich der Verteilung der Ankunftsabstände A sowie Bedienzeiten B, der Anzahl an Bedienstationen c, der Systemkapazität n, der Anzahl der möglichen Kunden v sowie der Warteschlangendisziplin s zulässt [Ken53]. Die gängigen Parameter der einzelnen Merkmale sind u.a. bei HEDSTÜCK zu finden [Hed13, S.195].

In der Praxis wird häufig auf die explizite Angabe der Systemkapazität, der Anzahl der möglichen Kunden sowie der Warteschlangendisziplin verzichtet, so dass etwa die Notation *M/G/1* unter Berücksichtigung der Standardparameter für die nicht explizit genannten Merkmale der in Tabelle 2.4 beschriebenen Warteschlange entspricht.

Tabelle 2.4: Erläuterung des M/G/1 Warteschlangenmodells gemäß der Notation von KENDALL

Merkmal	Parameter	Bedeutung
A	***M***	Exponentialverteilte Ankunftsabstände (Markov-Eigenschaft)
B	***G***	beliebige Verteilung der Bedienzeiten
c	***1***	Eine Bedienstation
n	∞	Unendlich große Kapazität der Bedienstation
v	∞	Unendlich großer Vorrat an Kunden
s	*FIFO*	Abfertigung der Kunden nach dem FIFO-Prinzip

Zur Anwendung des *M/G/1* Modells im Produktionskontext müssen folgende Voraussetzungen erfüllt sein:

- Die Abstände zwischen den Ankunftszeiten einzelner Fertigungsaufträge sind exponentialverteilt.

- Die Durchführungszeiten sind beliebig verteilt und voneinander stochastisch unabhängig.
- Die Betrachtung wird auf ein einzelnes Arbeitssystem beschränkt.
- Der zulässige Bestand am Arbeitssystem ist nach oben unbegrenzt.
- Zu jedem Zeitpunkt liegen Fertigungsaufträge zur Freigabe vor.
- Die Fertigungsaufträge am Arbeitssystem werden nach dem FIFO-Prinzip bearbeitet.

Der Wirkzusammenhang der produktionslogistischen Zielgrößen Leistung und Durchlaufzeit wird für das *M/G/1* Modell gemäß Formel 2.22 beschrieben. Während die Zeitgrößen ZDL_m und ZDF_m über den mittleren Flussgrad FG_m berücksichtigt werden, ist die mittlere Leistung L_m impliziter Bestandteil der Auslastung A_m. Zur Herleitung des formalen Zusammenhangs sei an dieser Stelle auf NYHUIS sowie HEDSTÜCK und die dort jeweils genannte weiterführende Literatur verwiesen [Nyh12, S.45; Hed13, S.211].

$$FG_m = 1 + \frac{A_m}{1 - A_m} * \frac{1 + ZDF_v^2}{2} \quad (2.22)$$

Werden, ausgehend von Formel 2.22, zusätzlich die aus Little's Law resultierenden Berechnungsvorschriften berücksichtigt, wird gemäß Formel 2.23 der Wirkzusammenhang zwischen Leistung, Durchlaufzeit und Bestand ersichtlich.

$$BA_m = FG_m * A_m \quad (2.23)$$

Die in Bild 2.18 dargestellten Kurven resultieren aus der Formulierung des mittleren Flussgrads FG_m bzw. der mittleren Auslastung A_m als Funktion des mittleren Bestands BA_m für verschiedene Variationskoeffizienten der Durchführungszeit ZDF_v. Bei der Anwendung ist zu berücksichtigen, dass die dargestellten Wirkzusammenhänge nur für das in Tabelle 2.4 beschriebene *M/G/1* Modell gültig sind. Ist eine Änderung der Parameter erforderlich (weil bspw. die Konsequenzen einer Kapazitätsverdoppelung durch Hinzufügen eines weiteren Arbeitssystems bewertet werden sollen), so sind die dargestellten Wirkzusammenhänge nicht mehr belastbar, da die Formeln 2.22 und 2.23 nicht für das dann vorliegende *M/G/2* Modell gelten.

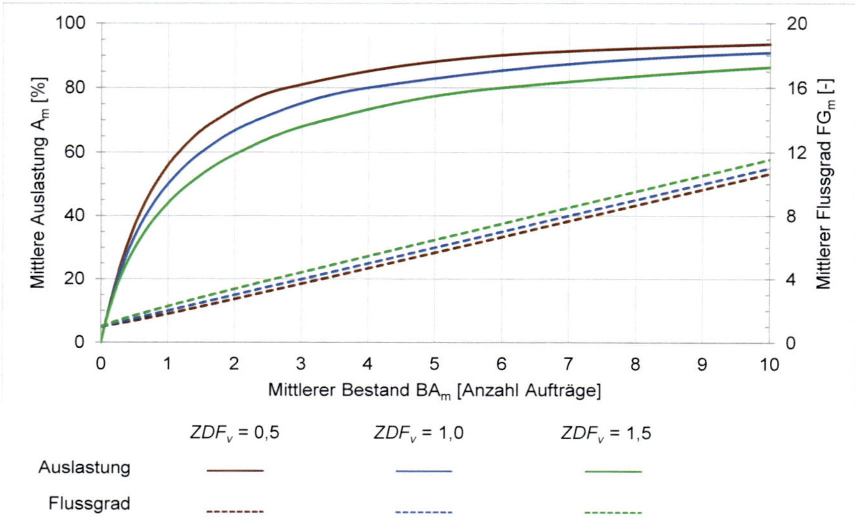

Bild 2.18: Wirkzusammenhänge produktionslogistischer Zielgrößen gemäß *M/G/1* Warteschlangenmodell

Um mittels für die Produktion geeigneter Warteschlangenmodellen unter Verwendung analytischer Ansätze zu geschlossenen mathematischen Lösungen hinsichtlich der Kennzahlen und ihrer Wirkzusammenhänge zu gelangen, sind Annahmen und Vereinfachungen bzgl. der Abfertigungsreihenfolge sowie der den Eingangsgrößen zugrundeliegenden Wahrscheinlichkeitsverteilungen zu treffen. Deren empirische Bestätigung stellt Anwender aufgrund des hohen Aufwands regelmäßig vor große Herausforderungen. Insbesondere bei Modellierung von komplexen, verketteten Produktionssystemen entsprechen die erforderlichen Annahmen nur bedingt den Beobachtungen in der Realität [Kis11; Nyh12, S.41]. Eine ausführliche Diskussion der Potenziale und Einschränkungen bei der Nutzung von Warteschlangenmodellen im Bereich der Produktion ist bei KISTNER und der dort genannten weiterführenden Literatur zu finden [Kis11].

Simulationsmodelle

Da analytische Ansätze bei komplexen Produktionssystemen häufig nicht zu geschlossenen Lösungen führen, werden vor allem Simulationsmethoden eingesetzt, um die Kennzahlen und ihre Wirkzusammenhänge zu quantifizieren [Run99, S.334; Hed13, S.75].

Methoden der Simulation werden im Produktionskontext insbesondere dann angewendet, wenn zumindest eine der folgenden Randbedingungen im Anwendungszusammenhang vorzufinden ist (vgl. [Nyh12, S.50] und die dort genannten weiterführende Literatur):

- Analytische Lösungsansätze sind aufgrund der komplexen Eigenschaften der zu betrachtenden Fertigungsumgebung nicht anwendbar.
- Experimente am Realsystem sind aus wirtschaftlichen Gründen nicht durchführbar.
- Das dynamische Verhalten einer Fertigungsumgebung ist Gegenstand der Untersuchungen.

Der zum Nachweis der Validität des Simulationsmodells erforderliche Abgleich zwischen simulierten und in der Realität vorzufindenden Kennzahlen kann aus Gründen der Wirtschaftlichkeit lediglich an einzelnen Betriebspunkten einer Fertigungsumgebung erfolgen. Diese Einschränkung des Geltungsbereichs stellt aus Sicht des Anwenders die größte Hürde bei der Nutzung von Simulationsmodellen im Produktionsumfeld dar. Eine ausführliche Abhandlung bzgl. der Anwendung von Simulationsmodellen in Produktion und Logistik wird bei GUTENSCHWAGER gegeben [Gut17b].

Produktionskennlinien

Aus Anwendersicht ergeben sich die folgenden Einschränkungen bei der Anwendung der bisher dargestellten Ansätze:

- Wirkzusammenhänge zwischen den produktionslogistischen Zielgrößen Durchlaufzeit, Bestand und Auslastung sind basierend auf den Trichtermodell bzw. im Durchlaufdiagramm lediglich für einzelne Betriebspunkte der Produktion ersichtlich. Auf Basis des somit vorliegenden Beschreibungsmodells lassen sich deshalb keine generischen, betriebspunktübergreifenden Aussagen hinsichtlich der Fertigungsumgebung ableiten.
- Little's Law ist analog zum Trichtermodell bzw. Durchlaufdiagramm anzuwenden, jedoch mit Stück- statt mit Zeitbezug.
- Die Anwendbarkeit von Warteschlangenmodellen beruht auf zahlreichen Prämissen hinsichtlich der Eigenschaften der modellierten Produktionsumgebung. Die zu mathematisch geschlossenen Lösungen und somit einfach anwendbaren Berechnungsvorschriften führenden Annahmen sind in der Realität häufig nicht vorzufinden. Aus Sicht des Anwenders ist der Überprüfungsaufwand zu hoch und die Flexibilität zu gering.
- Simulationsansätze bedürfen einer kontinuierlichen Validierung an den vom Modell abgedeckten Betriebspunkten. Die Anpassung des Simulationsmodells an sich ändernde Rahmenbedingungen in der Fertigungsumgebung stellt Anwender dabei regelmäßig vor große Herausforderungen. Darüber hinaus sind im Rahmen von Simulationsstudien gewonnene Erkenntnisse nur unter erheblichem, wiederkehrendem Modellierungsaufwand darstellbar.

Mittels des Kennlinienmodells stellen WIENDAHL und NYHUIS erstmalig eine in der praktischen Umsetzung aufwandsarme, quantitative und qualitative Darstellung der Wirkzusammenhänge zwischen den Zielgrößen Bestand, Auslastung und Durchlaufzeit an beliebigen Betriebspunkten der Produktion vor. Die aus dem Modell resultierenden

Produktionskennlinien (siehe Bild 2.19) ähneln hinsichtlich ihres Verlaufs den in Bild 2.18 dargestellten Kurven des Warteschlangenmodells, basieren jedoch auf einer deduktiven Modellbildung und einer anschließenden mathematischen Beschreibung von in Simulationsversuchen ermittelten Zusammenhängen zwischen den Zielgrößen. Im Rahmen dieses zweistufigen Ansatzes wird zunächst ein allgemeingültiges Modell zur Beschreibung der Wirkzusammenhänge gebildet (siehe grün dargestellte ideale Kennlinien in Bild 2.19), welches anschließend, basierend auf simulativ generierten Erkenntnissen hinsichtlich der Wirkzusammenhänge der Zielgrößen, an die realen Gegebenheiten in einer Fertigungsumgebung adaptiert wird (siehe blau dargestellte reale Kennlinien in Bild 2.19). Werden im zweiten Schritt durch Simulation allgemeingültige Erkenntnisse gewonnen, so sind diese durch den zugrundeliegenden deduktiven Modellansatz mathematisch darstellbar. Die Anwendbarkeit des Modells für den Anwender wird dadurch signifikant vereinfacht [Nyh12, S.61].

Bei den in Bild 2.19 dargestellten Kennlinien werden die produktionslogistischen Zielgrößen Bestand, Leistung und Durchlaufzeit jeweils ins Verhältnis zu den Größen des idealen Mindestbestands, der maximalen Leistung sowie der mittleren Durchführungszeit gesetzt. Die resultierenden Kurven werden als normierte Kennlinien bezeichnet. Weitere Formen der Darstellung können [Nyh12, S.81ff] entnommen werden.

Die ideale Kennlinie der Auslastung (linke Ordinate, grün dargestellte durchgehende Linie) steigt zunächst proportional mit dem Bestand (Abszisse) bis zur Erreichung einer mittleren Auslastung von 100 % an und verläuft sodann parallel zur Abszisse. Dieser Verlauf spiegelt das idealtypische Verhalten an einem Arbeitssystem in der Produktion wider (vgl. [Nyh12, S.62] für eine Übersicht der getroffenen Annahmen bei der Ableitung idealer Kennlinien). Liegt die Belastung mit Fertigungsaufträgen unterhalb der maximal möglichen Leistung, entstehen Auslastungsverluste. Die zu einer Auslastung von 100 % führende Belastung wird im Kennlinienmodell als idealer Mindestbestand BI_{min} bezeichnet. Überschreitet die Belastung den idealen Mindestbestand, ist keine weitere Erhöhung der Auslastung des Arbeitssystems möglich.

Während eine Erhöhung des Bestandes über den idealen Mindestbestand hinaus also keinerlei Auswirkung auf die mittlere Auslastung A_m des betrachteten Arbeitssystems hat, nimmt der mittlere Flussgrad FG_m (rechte Ordinate, grün dargestellte gestrichelte Linie) proportional zum Bestand zu. Mittels des Flussgrades wird gemäß Formel 2.11 das Verhältnis der Zeitgrößen Durchlaufzeit und Durchführungszeit quantifiziert. Bei entsprechender Berücksichtigung der zur Ableitung der idealen Kennlinien getroffenen Annahmen ist eine Erhöhung des mittleren Flussgrades äquivalent zu zunehmenden Durchlaufzeiten am betrachteten Arbeitssystem. Da unterhalb des idealen Mindestbestandes BI_{min} keine volle Auslastung des Arbeitssystems vorliegt, wird jeder zugehende Fertigungsauftrag unmittelbar bearbeitet. Die mittlere Durchlaufzeit ZDL_m der Fertigungsaufträge entspricht dann deren mittlerer Durchführungszeit ZDF_m, der mittlere Flussgrad FG_m nimmt den Wert eins an.

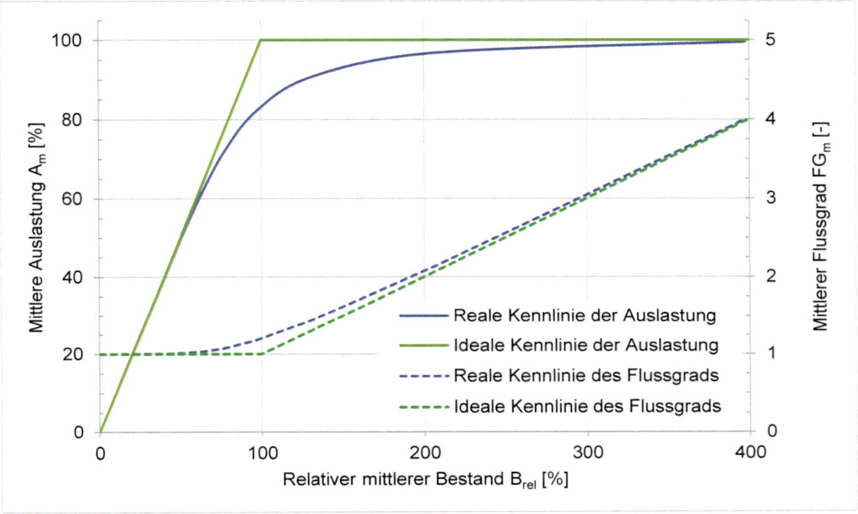

Bild 2.19: Ideale und reale Produktionskennlinien

Da die bei der Modellierung der idealen Kennlinien getroffenen Annahmen in der Praxis nicht zutreffen, ist eine Abweichung der realen Kennlinien hin zu geringeren Auslastungen bzw. höheren Flussgraden zu erwarten, deren Betrag abhängig vom Bestand ist. Mittels Simulationsversuchen an verschiedenen Betriebspunkten wird diese Vermutung bestätigt. Die vertikale Differenz zwischen idealer und realer Leistungskennlinie bei gegebenem Bestand wird als bestandsabhängiger Auslastungsverlust bezeichnet und hängt insbesondere von der Streuung im Auftragszugang sowie kurzfristig auftretenden Kapazitätsengpässen ab [Nyh12, S.69]. Zur Vermeidung von Auslastungsverlusten muss dementsprechend ein Pufferbestand am Arbeitssystem vorgesehen werden, der mit zunehmenden Bestandsniveau überproportional wächst.

Zur mathematischen Herleitung und Parametrierung der in Bild 2.19 dargestellten realen Kennlinien sei an dieser Stelle auf [Nyh12] verwiesen. Im Folgenden werden die dem Kennlinienmodell zugrundeliegenden Berechnungsvorschriften eingeführt und erläutert, bevor Anwendungspotenziale im Unternehmenskontext aufgezeigt werden.

Idealer Mindestbestand

Unter idealisierten Bedingungen liegt am betrachteten Arbeitssystem zu jedem Zeitpunkt genau ein Fertigungsauftrag mit gegebener Auftragszeit zur Bearbeitung vor. Bei der Berechnung des idealen Mindestbestands wird nicht nur der Arbeitsinhalt eines Fertigungsauftrags, sondern auch die zeitliche Dauer der durch den Fertigungsauftrag verursachten Bestandsbindung berücksichtigt. Da die Höhe und die Streuung der Auftragszeiten einen signifikanten Einfluss auf die Ausprägung des idealen Mindestbestands haben, wird die Berechnungsgleichung typischerweise unter Verwendung der statistischen Kenngrößen des Mittelwerts ZAU_m und des Variationskoeffizienten ZAU_v

der Auftragszeiten angegeben. Hierbei wird unterstellt, dass die Auftragszeiten normalverteilt sind. Der Variationskoeffizient ist als Quotient von Standardabweichung und Mittelwert einer Normalverteilung definiert [Sac99, S.139]. Bei Vernachlässigung von Transportzeiten ergibt sich die in Formel 2.24 dargestellte Berechnungsvorschrift.

$$BI_{min} = ZAU_m * (1 + ZAU_v^2) \tag{2.24}$$

Während der Variationskoeffizient dimensionslos ist, wird der ideale Mindestbestand analog zum Mittelwert der Auftragszeiten ZAU_m in Stunden angegeben.

Mindestreichweite

Die Mindestreichweite wird basierend auf der Trichterformel mittels des Quotienten von idealem Mindestbestand und maximal möglicher Leistung berechnet (siehe Formel 2.25). Die Mindestreichweite R_{min} ist als Zeitgröße ein Maß dafür, wie lange das betrachtete Arbeitssystem ohne Auslastungsverluste weiterbetrieben werden kann, wenn keine weiteren Fertigungsaufträge zugehen.

$$R_{min} = \frac{BI_{min}}{L_{max}} = ZDF_m * (1 + ZDF_v^2) \tag{2.25}$$

Die Mindestreichweite wird in Betriebskalendertagen angegeben und kann betragsmäßig nicht kleiner als die mittlere Durchführungszeit ZDF_m werden.

Mindestdurchlaufzeit

Bei Vernachlässigung der Transportzeit nimmt die Durchlaufzeit gemäß Formel 2.10 keine Werte an, die kleiner als die Durchführungszeit sind. Die Mindestdurchlaufzeit ZDL_{min} ist somit äquivalent zur mittleren Durchführungszeit, siehe Formel 2.26. Anders als die Mindestreichweite hängt die Mindestdurchlaufzeit nicht von Schwankungen der Auftragszeit ZAU ab.

$$ZDL_{min} = ZDF_m \tag{2.26}$$

Die Mindestdurchlaufzeit wird wie die Mindestreichweite in Betriebskalendertagen angegeben.

Der Verlauf der in Bild 2.19 dargestellten realen Kennlinien wird mittels der in Formel 2.27 bis 2.29 dargestellten Berechnungsvorschriften bestimmt. Hierbei wird t als unabhängige Laufvariable zur Parametrierung der Kurvenverläufe verwendet. Wenn die Parameterdarstellung der produktionslogistischen Wirkzusammenhänge bekannt ist, kann für jeden Parameter t unmittelbar der relative mittlere Bestand $B_{rel}(t)$, die mittlere Auslastung $A_m(t)$ sowie der mittlere Flussgrad $FG_m(t)$ in Abhängigkeit des Streckfaktors α_1 berechnet werden. Der Streckfaktor wird basierend auf Erfahrungswissen (Modellanwendung und -validierung in der Praxis) typischerweise so gewählt, dass für den idealen Mindestbestand bestandsbedingte Auslastungsverluste von 6 % vorliegen. Da er als Variable in den u.g. Gleichungen mitgeführt wird, sind Anpassungen an die zu modellierende Fertigungsumgebung aufwandsarm möglich (vgl. [Nyh12, S.79f]). Weiterführende Erläuterungen zur Auswahl bzw. Berechnung des Streckfaktors sind [Nyh12, S.99] und [Bus12] zu entnehmen.

Mittlerer relativer Bestand

Zur Berechnung des mittleren relativen Bestands wird der mittlere Bestand $B_m(t)$ auf den idealen Mindestbestand bezogen. Durch diese Normierung sind Aussagen möglich, die unabhängig von den arbeitssystemspezifischen Rahmenbedingungen sind [Nyh12, S.89].

$$\begin{aligned} B_{rel}(t) &= \left(1-\left(1-\sqrt[4]{t}\right)^4+\alpha_1 * t\right) * 100\% \\ &= \frac{B_m(t)}{BI_{min}} * 100\% \end{aligned} \quad (2.27)$$

Mittlere Auslastung

Die mittlere Auslastung im Kennlinienmodell wird in Analogie zu Formel 2.15 aus dem Quotienten von mittlerer und maximal möglicher Leistung berechnet.

$$\begin{aligned} A_m(t) &= \left(1-\left(1-\sqrt[4]{t}\right)^4\right) * 100\% \\ &= \frac{L_m(t)}{L_{max}} * 100\% \end{aligned} \quad (2.28)$$

Mittlerer Flussgrad

Der mittlere Flussgrad ist eine Kennzahl zur zeitlichen Quantifizierung der wertschöpfenden Aktivitäten am betrachteten Arbeitssystem. Zur Berechnung wird die mittlere Durchlaufzeit $ZDL_m(t)$ durch die mittlere Durchführungszeit ZDF_m geteilt. Der Flussgrad ist also umso größer, je geringer der auf die Wertschöpfung entfallende Zeitanteil am betrachteten Arbeitssystem ist [Erl10, S.108].

$$FG_m(t) = \frac{ZDL_m(t)}{ZDF_m} \quad (2.29)$$

Im Kennlinienmodell kommt der Kennzahl des idealen Mindestbestands BI_{min} im Speziellen und dem mittleren Bestand B_m im Allgemeinen eine besondere Bedeutung zu. Der Einfluss des idealen Mindestbestands BI_{min} und somit der Höhe und Streuung der Auftragszeiten (vgl. Formel 2.24) auf den Verlauf der Kennlinien wird deutlich, wenn anstelle der normierten Berechnungsvorschriften der mittlere Bestand bspw. als Funktion der Auslastung angegeben wird (siehe Formel 2.30).

$$B_m(A_m) = BI_{min} * \left(\frac{A_m}{100\%} + \alpha_1 * \left(1-\sqrt[4]{1-\frac{A_m}{100\%}}\right)^4\right) \quad (2.30)$$

Aus obiger Berechnungsvorschrift kann bei Kenntnis des idealen Mindestbestands BI_{min} sowie des Streckfaktors α_1 aufwandsarm der zur Erreichung einer definierten Auslastung A_m erforderliche Bestandswert B_m am Arbeitssystem ermittelt werden.

2.2.4 Anwendung der Produktionslogistik

Im Produktionskontext werden die in 2.2.3 beschriebenen Modelle gemäß der Darstellung in Bild 2.20 genutzt. Auf jeder Hierarchiestufe werden mögliche Handlungsalternativen anhand ihrer produktionslogistischen Implikationen bewertet und von der getroffenen Entscheidung ausgehend auf der darunterliegenden Hierarchiestufe berücksichtigt. Während die Planungshorizonte von oben nach unten kürzer werden, nimmt der produktionslogistische Detaillierungsgrad mit jeder weiteren Hierarchiestufe der Planung zu. In Anlehnung an den in Bild 2.9 dargestellten Regelkreis der Produktion werden die aus der Umsetzung resultierenden und die Fertigungsumgebung beschreibenden Kennzahlen durch die Auswahl der PPS-Parameter (z.B. Freigaberate von Fertigungsaufträgen) maßgeblich beeinflusst. Um die im Unternehmenskontext definierte Zielsetzung der Produktion zu erreichen, erfolgt auf Basis der Überprüfung des operativen Fertigungsbetriebs (vierte Hierarchiestufe „Controlling“) in der Regel eine entsprechende Anpassung der Planung auf den übergeordneten drei Hierarchiestufen. Die Handlungshorizonte werden hierbei von unten nach oben länger und entsprechen der Länge nach den Planungshorizonten.

Das in Bild 2.20 beschriebene Vorgehen ähnelt somit dem von Deming geprägten PDCA-Zyklus als Bestandteil betrieblicher, kontinuierlicher Verbesserungsprozesse [Sch97, S.33f]. Bezogen auf produktionslogistische Fragestellungen kann der Zyklus sowohl auf allen drei Hierarchiestufen initiiert werden und sodann stufenübergreifend zyklisch wiederholt werden. Die Anwendungsmöglichkeiten werden in Tabelle 2.5 zusammengefasst (vgl. [Nyh12, S.174]).

Tabelle 2.5: Anwendungsmöglichkeiten des Kennlinienmodells

Anwendungsbereich	Beispiel
Auslegung der Produktionsstruktur	Kapazitätsdimensionierung, Layoutplanung, Gestaltung von Prozessketten
Logistische Positionierung	Festlegung anzustrebender Betriebspunkte, Konsistenzprüfung der Zielgrößen
Auswahl von Planungs- und Steuerungsstrategien	Losgrößenbestimmung, Auftragsterminierung, Auftragsfreigabe
Produktionsplanung und -steuerung	Vorgabe von Planungsparametern wie Flussgrad, Durchlaufzeit, Übergangszeit, Bestand etc.
Produktionscontrolling	Prozessbewertung, Ermittlung von Rationalisierungspotenzialen

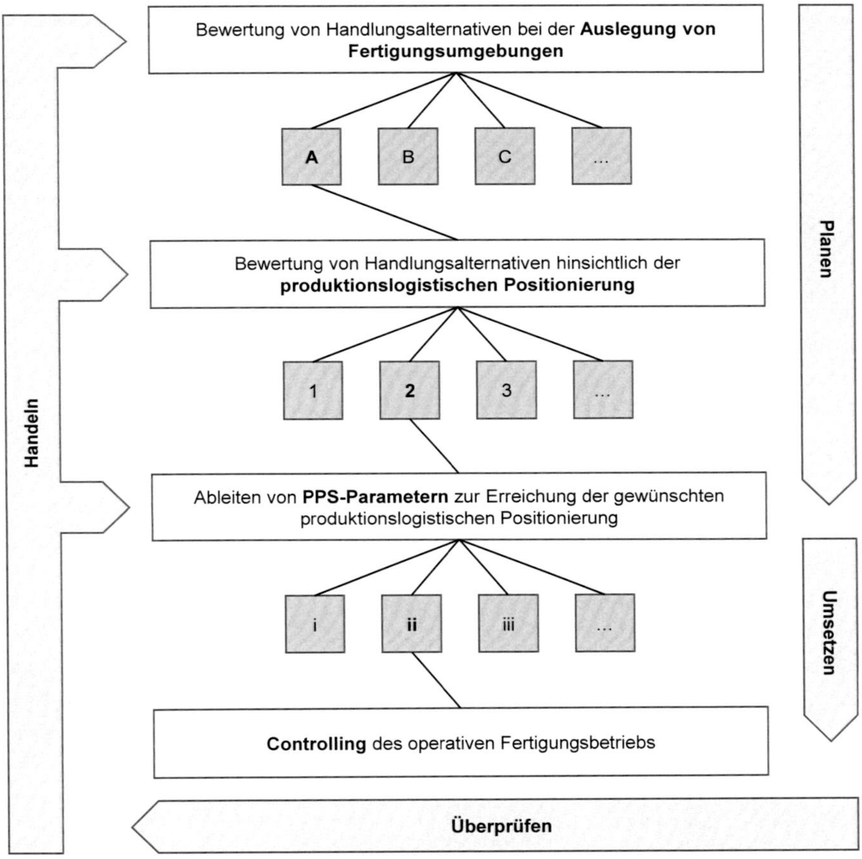

Bild 2.20: Anwendungsbereiche von Modellen der Produktionslogistik (eigene Darstellung)

2.3 Handlungsbedarf aus der Praxis

Im PPS-Report 2017/18 geben mehr als 75 % der Teilnehmer an, dass ihre Mitarbeiter nur eingeschränkte bis keine Kenntnisse über die Auswirkungen von Planungs- und Steuerungsverfahren auf produktionslogistische Zielgrößen besitzen [Nyh18]. Da nach wie vor die Lösung fertigungstechnischer Herausforderungen im Fokus der Bemühungen industrieller Anwender steht, liegt die Vermutung nahe, dass die o.g. Quote im Umfeld der Additiven Fertigung noch höher ausfällt. Darüber hinaus ist festzustellen, dass im AM-Umfeld weder Führungs- noch Fachkräfte bei den Anwendern mit den Grundlagen der Produktionslogistik vertraut sind.

Explizit sind bei Anwendern des LPBF-Verfahrens u.a. eine unzureichende Anlagenauslastung, unsystematisches Vorgehen bei der Losbildung, fehlende Kenntnis von

Beständen in der Produktionsumgebung und schwankende Durchlaufzeiten festzustellen [Sti20a]. Ferner ist mangels fundiertem Wissen um die Bedeutung produktionslogistischer Kennzahlen und Zielgrößen kein Verständnis der Wirkzusammenhänge vorhanden. Dieser Mangel hat zur Folge, dass Anwender des LPBF-Verfahrens keine gezielte produktionslogistische Positionierung durchführen. Laut SCHUH und WESTKÄMPER sind neben Preisgestaltung und Qualität der angebotenen Produkte insbesondere die logistischen Leistungsmerkmale eines Unternehmens ein wichtiges Kaufkriterium beim Kunden [Sch06]. Eine hohe Logistikleistung äußert sich bspw. in kurzen Lieferzeiten oder einer hohen Termintreue und ermöglicht eine über technische Produkteigenschaften hinausgehende Differenzierung im Wettbewerbsumfeld (vgl. [Nyh14; Wie02; Wil04; Nar13]). Laut KINKEL weisen Unternehmen, die ihre Produkte mit einer Termintreue größer 95 % ausliefern, eine im Mittel um ca. einen Prozentpunkt höhere Umsatzrendite auf als solche, bei denen die Termintreue geringer ausgeprägt ist. Auch bei Verringerung der Durchlaufzeit sind umsatzwirksame Effekte festzustellen [Kin98].

Der Mehrwert einer Implementierung der Additiven Fertigung im Produktionsumfeld ist demnach nicht wie bisher in der technischen Weiterentwicklung der Verfahren zu erschließen, sondern manifestiert sich insbesondere auch in deren operativer produktionslogistischer Beherrschung. Das Fertigungsverfahren ist dann Mittel zum Zweck, da der maximale betriebswirtschaftliche Nutzen aus der Bewältigung operativer Herausforderungen resultiert.

Die genannten Potenziale sind für Anwender des LPBF-Verfahrens nur dann erschließbar, wenn neben einem gesteigerten Bewusstsein für die Bedeutung der produktionslogistischen Positionierung die dafür erforderlichen Methoden und Vorgehensweisen verfügbar sind. Demnach wird die Erfüllung der in Bild 2.10 dargestellten integrativen Funktion der Produktionslogistik im Umfeld der Additiven Fertigung nur dann gewährleistet, wenn das Verständnis der Wirkzusammenhänge bei den involvierten Entscheidungsträgern signifikant verbessert wird.

Während bei der Lösung von strategischen und organisatorischen Herausforderungen auf Erfahrungswissen in der Implementierung und Industrialisierung anderer Fertigungsverfahren zurückgegriffen werden kann, sind die technischen und operativen Herausforderungen explizit unter Berücksichtigung der in 2.1 beschriebenen Spezifika des LPBF-Verfahrens zu adressieren. Bei der Etablierung des LPBF-Verfahrens im Produktionskontext sind neben der kontinuierlichen technischen Weiterentwicklung demnach insbesondere auch aus dem operativen Betrieb resultierende Aspekte zu berücksichtigen. Die Produktionslogistik leistet bei entsprechender Befähigung hinsichtlich der Spezifika des LPBF-Verfahrens einen wichtigen Beitrag bei der Bewältigung operativer Herausforderungen.

Aus Sicht der Anwender und somit der betrieblichen Praxis besteht demnach Handlungsbedarf zur weiteren Industrialisierung des LPBF-Verfahrens. Dieser Handlungsbedarf beinhaltet insbesondere die Entwicklung, Validierung und Etablierung von belastbaren und anwenderfreundlichen Methoden zur Quantifizierung und Beeinflussung produktionslogistischer Zielgrößen und Kennzahlen.

Die systematische Erforschung produktionslogistischer Wirkzusammenhänge im Umfeld der Additiven Fertigung bedarf zunächst einer Synthese der in 2.1 und 2.2 dargestellten Grundlagen. Hierbei werden vor allem die operativen Herausforderungen (siehe 2.1.3) adressiert, zu deren Lösung bestehende produktionslogistische Überlegungen und Zusammenhänge vor dem Hintergrund von Spezifika des LPBF-Verfahrens hinterfragt und adaptiert werden.

Um die operativen Herausforderungen bei der Implementierung des LPBF-Verfahrens unter Nutzung der Anwendungsmöglichkeiten der Produktionslogistik (siehe 2.2.4) zu bewältigen, müssen aus Praxissicht die folgenden Handlungsfelder adressiert werden:

- Quantifizierung von produktionslogistischen Zielgrößen wie Bestand, Durchlaufzeit und Auslastung für bestehende Produktionsszenarien und Bewertung der wirtschaftlichen Konsequenzen
- Ermittlung des Einflusses von Änderungen im Produktprogramm auf die Ausprägung produktionslogistischer Kennzahlen und Zielgrößen
- Bewertung von Handlungsalternativen bei der Gestaltung von Produktionsumgebung und Produktionsprogramm

2.4 Anforderungen an die Methodik

Bevor die Methodik in Kapitel 4 konzeptioniert wird, müssen zunächst die zu erfüllenden Anforderungen definiert werden. Diese ergeben sich ausgehend von der Zielsetzung gemäß dem Handlungsbedarf aus der Praxis und sind sowohl im Bereich der Produktionslogistik als auch im Bereich der Additiven Fertigung zu verorten. Die Anforderungen an die Methodik dienen ferner der Bewertung bestehender Ansätze in Kapitel 3. Die dem Bereich der Produktionslogistik sowie der Additiven Fertigung zuzuordnenden und im Schnittstellenbereich zu adressierenden Anforderungen an die Methodik sind in Bild 2.21 dargestellt und werden im Folgenden erläutert.

2.4.1 Anforderungen aus der Produktionslogistik

Die Zielsetzung dieser Arbeit ist die produktionslogistische Positionierung im Umfeld des LPBF-Verfahrens. Gemäß dieser Zielsetzung muss die Methodik zunächst zur Quantifizierung von produktionslogistischen Kennzahlen und Zielgrößen geeignet sein sowie die dafür entsprechenden Begrifflichkeiten enthalten. Auf Grundlage dieser Kennzahlen muss ein Verständnis der Wirkzusammenhänge von Kennzahlen und Zielgrößen zu erlangen sein, um den Anwender schließlich hinsichtlich einer gezielten produktionslogistischen Positionierung zu befähigen.

Anforderungen an die Methodik	
aus der Produktionslogistik	*aus der Additiven Fertigung*
Quantifizierung von Kennzahlen	Adressierung operativer Herausforderungen
Verständnis bzgl. der Wirkzusammenhänge	Fokus auf Upstream-Prozesskette
Produktionslogistische Positionierung	Geometrieabhängige Zeitberechnung

Bild 2.21: Anforderungen an die Methodik

2.4.2 Anforderungen aus der Additiven Fertigung

Wie in 2.1.3 beschrieben, sehen sich Anwender von Verfahren der Additiven Fertigung mit vier Kategorien von Herausforderungen bei der Implementierung konfrontiert. Da produktionssystematische Fragestellungen im Allgemeinen und die produktionslogistische Positionierung im Speziellen den operativen Herausforderungen zugeordnet werden, müssen diese im Rahmen der Methodik explizit adressiert werden. Mittels des geforderten Fokus auf die Upstream-Prozesskette wird sichergestellt, dass die Aktivitäten, die eine gezielte Beeinflussung LPBF-spezifischer produktionslogistischer Kennzahlen durch den Anwender zulassen, entsprechend berücksichtigt werden. Um eine möglichst hohe Güte bei der zur produktionslogistischen Positionierung erforderlichen Prognose von Herstellzeiten zu erreichen, ist ein Zeitberechnungsansatz zu wählen, mittels dem die geometrischen Eigenschaften der zugrundeliegenden Bauteile berücksichtigt werden.

3 Stand der Forschung und Wissenschaft

Wie in der Einleitung beschrieben, ist die Zielsetzung der Arbeit die Bildung von Grundlagen zur AM-spezifischen produktionslogistischen Positionierung. Hierfür wird eine Methodik gestaltet, welche die erforderlichen Begrifflichkeiten, Verfahren und Methoden unter Berücksichtigung relevanter Verfahrensspezifika beinhaltet.

In 3.1 werden zunächst bestehende Ansätze zur Beschreibung produktionslogistischer Wirkzusammenhänge im Umfeld des LPBF-Verfahrens analysiert und hinsichtlich ihrer Eignung zur Lösung der im Handlungsbedarf aus der Praxis adressierten Herausforderungen bewertet. Um einen Überblick hinreichenden Umfangs zu gewährleisten, erfolgt die Recherche im Stand der Forschung und Wissenschaft sowohl aus produktionssystematischer als auch aus verfahrensspezifischer Erkenntnisperspektive. Mittels einer abschließenden Gegenüberstellung der aus den beiden Erkenntnisperspektiven resultierenden Ergebnisse wird in 3.2 der Handlungsbedarf aus der Theorie beschrieben und eine entsprechende Forschungsfrage abgeleitet.

3.1 Analyse und Bewertung bestehender Ansätze

Im Folgenden werden bestehende Ansätze zur produktionslogistischen Positionierung im Umfeld des LPBF-Verfahrens erläutert und hinsichtlich der in 2.4 definierten Anforderungen bewertet.

Als Auswahlkriterium der berücksichtigten Ansätze gilt die Zugehörigkeit zum Betrachtungs- und Gestaltungsbereich (vgl. Kapitel 2) in Kombination mit Adressierung mindestens je einer der aus der Produktionslogistik bzw. der Additiven Fertigung resultierenden Anforderungen. Mittels dieser Kriterien wird die Anzahl der Ansätze themenspezifisch derart begrenzt, dass eine zielgerichtete Analyse und Bewertung mit der erforderlichen inhaltlichen Tiefe möglich ist.

Mittels zahlreicher in der Literatur beschriebener Ansätze wird unmittelbar auf eine Minimierung von Kosten bzw. Maximierung von Gewinnen im Umfeld der Additiven Fertigung abgezielt. Eine Analyse von Faktoren der Kostenverursachung wird in diesen Ansätzen in der Regel nicht durchgeführt. Somit liegt der Fokus in diesen Ansätzen auf der Wirkung (z.B. Kosten bzw. Gewinn) und nicht den bedingenden Ursachen (z.B. Anlagenauslastung, erforderliche Herstellzeit zur Bewältigung des Produktionsprogramms, Materialbedarf). Trotz der Vernachlässigung der kausalen Zusammenhänge zwischen produktionslogistischen und wirtschaftlichen Kennzahlen sei an dieser Stelle der Vollständigkeit halber auf die auf monetäre Zielmetriken fokussierten Ansätze von FERA, RUDOLPH und LI verwiesen [Fer17; Rud18; Li19].

Die als relevant identifizierten Ansätze werden jeweils hinsichtlich der individuellen Zielsetzung sowie des gewählten Vorgehens analysiert, ehe eine Bewertung vor dem Hintergrund der in Bild 2.21 dargestellten Anforderungen erfolgt.

3.1.1 Ansatz nach MÖHRLE (2018)

Zielsetzung

Der von MÖHLRE entwickelte Ansatz hat zum Ziel, die methodische Grundlage zur Gestaltung von Fabrikstrukturen für die Additive Fertigung zu schaffen und darauf aufbauend die Bewertung von Produktivitätspotenzialen in der gestalteten Fabrikstruktur zu ermöglichen (vgl. [Möh18]). Die Zielsetzung erfolgt unter expliziter Berücksichtigung des LPBF-Verfahrens sowie der vor- und nachgelagerten Prozessschritte.

Vorgehen

Auf Grundlage einer Aufgabendefinition sowie Beobachtungen aus der Realität wird zunächst ein Simulationsmodell zur Bewertung von Fabrikstrukturen konzeptioniert, implementiert und validiert. Im nächsten Schritt erfolgt die Bildung und Bewertung von LPBF-typischen Strukturvarianten hinsichtlich der Beschaffenheit des zu bewältigenden Produktionsprogramms. Die Bewertung wird mittels des entwickelten Simulationsmodells durchgeführt. Sie basiert auf quantitativen Angaben zur Durchlaufzeit sowie den jährlichen, aus der Bewältigung des Produktionsprogramms resultierenden Kosten. Bei der Bewertung der Produktivitätspotenziale wird lediglich auf differenzielle Kostenvorteile abgestellt. Die entwickelte Methode wird abschließend in der Praxis angewendet und im Kontext eines industriellen Anwenders des LPBF-Verfahrens validiert.

Bewertung

Im Ansatz nach MÖHRLE liegt der Fokus der Bewertung auf der produktionslogistischen Zielgröße der Durchlaufzeit, während die in der zu gestaltenden Fabrik zu erwartenden Bestände sowie die Auslastung nicht explizit analysiert werden. Über die Durchlaufzeit hinaus erfolgt eine Quantifizierung der resultierenden Kosten bei der Bewältigung des Produktprogramms. Obwohl die Höhe der resultierenden Kosten von den produktionslogistischen Zielgrößen der Auslastung und des Bestands abhängt, werden beide bei der Kostenermittlung nicht berücksichtigt. Darüber hinaus sind keine weiteren produktionslogistischen Kennzahlen wie etwa Flussgrad, Übergangszeiten oder maximale Leistungen in die Methodik integriert. Die Anforderung der Quantifizierung von produktionslogistischen Kennzahlen ist somit nur teils erfüllt. Über eine Erwähnung der für konventionelle Fertigungsverfahren geltenden Wirkzusammenhänge der produktionslogistischen Kennzahlen und Zielgrößen hinaus erfolgt keine verfahrensspezifische Untersuchung der Zusammenhänge der aus der Modellanwendung resultierenden Kennzahlen. Die Anforderung der Generierung eines Verständnisses hinsichtlich der Wirkzusammenhänge der berücksichtigten Kennzahlen wird somit nicht erfüllt. Da der Fokus im Ansatz von MÖHRLE auf fabrikplanerischen Aspekten liegt, ist mittels der entwickelten Methodik keine gezielte produktionslogistische Positionierung möglich. Durch die Bewertung einzelner verfahrensspezifischer Produktivitätspotenziale kann diese jedoch nur implizit erfolgen, die Anforderung ist somit kaum erfüllt.

Neben den strategischen Aspekten der Fabrikplanung bzw. -umgestaltung finden auch operative, verfahrensspezifische Herausforderungen Berücksichtigung im Ansatz. Die Anforderung nach der Adressierung operativer Herausforderungen wird somit teilweise erfüllt. Durch Berücksichtigung der vollständigen Prozesskette inkl. aller dem Fertigungsprozess nachgelagerter Schritte ist kein Fokus auf die Upstream-Aktivitäten festzustellen, auch wenn diese im Ansatz grundsätzlich berücksichtigt werden. Bei der Bewertung von Produktivitätspotenzialen finden Aktivitäten im Bereich der Datenaufbereitung keine Berücksichtigung. Die entsprechende Anforderung ist demnach kaum erfüllt. Die Herstellzeiten werden im entwickelten Simulationsmodell unter Berücksichtigung von Geometrie-Parametern der Bauteile berücksichtigt. Da nur das Volumen berücksichtigt wird und der Einfluss von Parametern wie etwa der Bauteiloberfläche vernachlässigt wird, ist die Anforderung einer geometrieabhängigen Zeitberechnung nur teilweise erfüllt.

3.1.2 Ansatz nach CHERGUI (2018)

Zielsetzung

Der Ansatz von CHERGUI hat die Minimierung von Terminabweichungen in einer Produktionsumgebung mit mehreren identischen Maschinen mittels mathematisch optimierter Los- und Reihenfolge-Bildung zum Ziel [Che18]. Die Zielsetzung erfolgt unter expliziter Berücksichtigung pulverbettbasierter Verfahren der Additiven Fertigung.

Vorgehen

Da die in der Zielsetzung des Ansatzes geforderte Minimierung von Terminabweichung sowohl von der Zuordnung von Bauteilen zu Baujobs als auch der darauf folgenden Auftragsfreigabe beeinflusst wird, werden beide Schritte bei der Modellierung des Optimierungsproblems berücksichtigt. Zunächst wird daher das Teilproblem der Zuordnung von Bauteilen zu einem Baujob beschrieben (Losbildung) und mathematisch modelliert. Die Zuordnung von Bauteilen zu Baujobs erfolgt derart, dass die Differenz der Liefertermine aller im Baujob enthaltenen Bauteile minimiert wird. Mittels der gewählten Nebenbedingungen der Optimierung wird sichergestellt, dass alle Bauteile im Betrachtungszeitraum zugeordnet werden und die von den Bauteilen eingenommene Fläche jeweils die Grundfläche der Substratplatte nicht überschreitet. Die Zuordnung weiterer Bauteile wird abgebrochen, sobald durch Hinzufügen eine Verspätung eines der bisher im Baujob enthaltenen Bauteile eintritt. Um die ggf. resultierende Verspätung quantifizieren zu können, erfolgt in Abhängigkeit der Baujob-Höhe, des umzuschmelzenden Volumens sowie der von den Bauteilen eingenommenen Fläche auf der Substratplatte eine Prognose der Herstellzeit.

Für die Festlegung der optimalen Fertigungsreihenfolge wird eine Minimierung der resultierenden baujobbezogenen Verspätung durchgeführt. Hierbei wird die Annahme getroffen, dass die den einzelnen Maschinen zugeordneten Baujobs nahtlos aufeinander folgen.

Aufgrund der NP-Schwere[5] der beschriebenen Optimierungsprobleme wird ein heuristischer Ansatz zu deren Lösung gewählt (vgl. [Kuc19]). Mittels der vorgeschlagenen Heuristik werden die Bauteile den Baujobs gemäß der Regel des frühesten Liefertermins zugeordnet.

Das Optimierungsproblem wird unter Anwendung der Heuristik für eine Grundgesamtheit von 20 Bauteilen bei Verfügbarkeit von einer bis drei Anlagen(n) gelöst. Abschließend werden die durch Modellanwendung generierten Ergebnisse in entsprechenden Diagrammen dargestellt. Hierfür werden Kennzahlen der Beschaffenheit der resultierenden Baujobs (Anzahl Bauteile je Baujob, mittlere Terminabweichung) sowie solche der Produktionsumgebung (Anzahl Maschinen) gegenübergestellt.

Bewertung

Im Rahmen des beschriebenen Ansatzes wird die produktionslogistische Zielgröße der Terminabweichung quantifiziert. Weitere Größen wie z.B. Bestände, Anlagenauslastungen oder Durchlaufzeiten werden weder genannt noch quantifiziert. Demnach wird die Anforderung der Quantifizierung von produktionslogistischen Zielgrößen und Kennzahlen kaum erfüllt. In der Auswertung des Ansatzes erfolgt eine visuelle Gegenüberstellung von Kennzahlen der Baujobs sowie der Produktionsumgebung. Da somit ein grundlegendes Verständnis hinsichtlich der Wirkzusammenhänge zwischen den Kennzahlen generiert wird, ist die entsprechende Anforderung teilweise erfüllt. Gezielte Maßnahmen zur produktionslogistischen Positionierung werden im Ansatz nicht beschrieben, demnach ist die Anforderung nicht erfüllt.

Durch die Fokussierung auf Fragestellungen aus dem Bereich der Losbildung und der Reihenfolgebildung werden insb. operative Herausforderungen adressiert, die im Bereich der Upstream-Prozesskette (Datenvorbereitung) zu verorten sind. Beide Anforderungen sind dementsprechend vollständig erfüllt. Da bei der Berechnung der Herstellzeit lediglich das Volumen, die Höhe sowie die auf die Substratplatte projizierte Grundfläche der Bauteile berücksichtigt werden, ist keine vollständige Geometrieabhängigkeit festzustellen. Da ferner der Einfluss von Stützstrukturen auf die Herstellzeit vernachlässigt wird, ist die Anforderung einer geometrieabhängigen Zeitberechnung kaum erfüllt.

3.1.3 Ansatz nach Trancoso (2018)

Zielsetzung

Im Ansatz von Trancoso wird das Ziel verfolgt, die produktionslogistischen Zielgrößen der Anlagenauslastung und der Durchlaufzeit für verschiedenartig konfigurierte LPBF-Produktionsumgebungen zur Herstellung einer Triebwerkskomponente simulativ zu

---

[5] Die NP-Schwere ist eine Eigenschaft von mittels Algorithmen zu lösenden Problemen und dient der Klassifizierung der Komplexität von Problemen (vgl. [Gar09]).

bestimmen. Die modellierten Produktionsszenarien werden anschließend anhand der resultierenden Zielgrößen miteinander verglichen.

Vorgehen

Dem Ansatz liegt ein diskretes, ereignisorientiertes Simulationsmodell zugrunde, als dessen Eingangsgrößen die folgenden Merkmale eines LPBF-Produktionsszenarios herangezogen werden (vgl. Unterkapitel 4.4):

- Anzahl der LPBF-Anlagen
- Anzahl der Anlagenbediener
- Technische Eigenschaften des LPBF-Fertigungsprozesses (z.B. Aufbaurate)
- Anzahl der Bauteile je Substratplatte bzw. Baujob

Zusätzlich zum Prozess der Additiven Fertigung mittels LPBF-Verfahren werden bei der Berechnung der genannten produktionslogistischen Zielgrößen die nachgelagerten Prozesse der Wärmebehandlung sowie der spanenden Werkstückbearbeitung inkl. der erforderlichen Rüstzeiten berücksichtigt. Die für die nachgelagerten Prozessschritte anfallenden Bearbeitungs- bzw. Durchlaufzeiten werden hierbei mittels pauschalen Werten modelliert. Hinsichtlich der Berechnungsvorschrift zur Bestimmung der Bearbeitungs- bzw. Durchlaufzeiten des Prozessschritts der Additiven Fertigung werden keine detaillierten Angaben gemacht. Da in der modellierten Produktionsumgebung lediglich ein Produkttyp gefertigt wird, wird ein parametrischer Ansatz zur Bestimmung der Herstellzeit verwendet. Hierfür dient die je Bauteil erforderliche, mittlere Belichtungszeit je Schicht sowie die Gesamtzahl an erforderlichen Schichten als Eingangsgröße. Ist ferner die Anzahl von identischen Bauteilen je Baujob bekannt, kann eine Vorhersage hinsichtlich der Herstellzeit getroffen werden.

Die Visualisierung der Simulationsergebnisse erfolgt mittels Gegenüberstellung von Anzahl der LPBF-Anlagen, der Anzahl der Anlagenbediener sowie der an einem Tag herstellbaren Stückzahl bzw. der resultierenden Durchlaufzeit. Ferner wird die Anzahl erforderlicher Anlagenbediener bei einer mittleren Anlagenauslastung von 70 % über der Anzahl an LPBF-Anlagen dargestellt.

Bewertung

Obwohl in der Zielsetzung des Ansatzes von TRANCOSO die Quantifizierung von Durchlaufzeiten und Anlagenauslastungen postuliert wird, erfolgt die Erläuterung der Simulationsergebnisse ohne expliziten Bezug zu den beiden genannten Größen. Da ferner nicht ersichtlich ist, wie die Größen berechnet werden, ist die Anforderung nach Quantifizierbarkeit von produktionslogistischen Zielgrößen und Kennzahlen kaum erfüllt. Mittels der gezeigten Diagramme werden Wirkzusammenhänge der im Ansatz quantifizierten Kennzahlen visualisiert. Da keine Erläuterung erfolgt und die Kennzahlen nur bedingt der Produktionslogistik zuzuordnen sind, ist die entsprechende Anforderung kaum erfüllt. Eine produktionslogistische Positionierung ist auf Basis der Ergebnisse nur eingeschränkt möglich, die entsprechende Anforderung somit kaum erfüllt.

Die adressierten Herausforderungen sind größtenteils operativer Natur und im Bereich der Kapazitäts- und Ressourcenplanung zu verorten, die Anforderung ist somit teilweise erfüllt. Der Fokus liegt im Ansatz auf dem Prozess der Additiven Fertigung sowie nachgelagerten Prozessschritten. Aspekte der Datenaufbereitung bzw. im Bereich der Upstream-Prozesskette finden keine Berücksichtigung. Die Anforderung ist demnach nicht erfüllt. Da die Zeitberechnung auf Grundlage bauteilspezifischer, historischer Daten sowie relevanter Prozessparameter erfolgt, ist die entsprechende Anforderung kaum erfüllt.

3.1.4 Ansatz nach Dvorak (2018)

Zielsetzung

Im Ansatz von Dvorak wird das Ziel verfolgt, unter Einhaltung möglichst aller Randbedingungen (bzgl. Nesting und Termintreue) die zur Fertigung einer definierten Anzahl von Kundenaufträgen erforderliche Zeitspanne zu minimieren (vgl. [Dvo18]). Zur effizienten Zielerreichung werden Metaheuristiken wie *Hill Climbing*, *Tabu Search* und *Annealing* eingesetzt (vgl. [Fel99, S.38ff]).

Vorgehen

Im Rahmen der Problembeschreibung werden zunächst die Eingangs- und Ausgangsgrößen des Optimierungsmodells definiert. Als Eingangsgrößen werden Kundenaufträge und die Anzahl der zur Verfügung stehenden Maschinen berücksichtigt. Jeder Kundenauftrag beinhaltet hierbei eine zu fertigende Bauteil-Geometrie, deren Werkstoff sowie den einzuhaltenden Liefertermin. Die Bauteil-Geometrien werden auf Basis des Volumens sowie den Abmessungen in den drei Raumrichtungen zufallsbasiert generiert. Ferner erfolgt die zufallsbasierte Zuweisung eines Werkstoffs. Die zur Verfügung stehenden Maschinen werden ebenfalls zufallsbasiert hinsichtlich der Größe des Bauraums und eines verarbeitbaren Werkstoffs spezifiziert.

Zur Charakterisierung der mittels mathematischer Optimierung identifizierten Problemlösungen werden als Ausgangsgröße die resultierenden Baujobs inkl. ihrer Zuweisung zu einer bestimmten Maschine herangezogen. Als zu minimierende Kennzahl wird die zur Fertigung aller Bauteile erforderliche Zeitspanne verwendet. Zur Problemreduktion erfolgt die Minimierung der zur Fertigung erforderlichen Zeitspanne nur unter Berücksichtigung von Baujobs, die derart gestaltet sind, dass keine Terminabweichungen im Hinblick auf die enthaltenen Bauteile entstehen. Diese Baujobs werden in einem vorgelagerten Schritt unter Einhaltung von Nesting- und Liefertermin-Randbedingungen gebildet.

Die beschriebene Optimierung erfolgt nach abgeschlossener Modellierung unter Anwendung der in der Zielsetzung genannten Metaheuristiken für verschiedene Anzahlen von Kundenaufträgen. Bei der Visualisierung der Ergebnisse wird die zur Fertigung aller Bauteile erforderliche Zeitspanne in Abhängigkeit der Anzahl von Kundenaufträgen dargestellt.

Bewertung

Die Anforderung der Quantifizierung von produktionslogistischen Kennzahlen ist im Ansatz nach DVORAK kaum erfüllt, da im Modell keine Berechnungsvorschriften für die relevanten Größen genannt werden. Ein Verständnis bzgl. der Wirkzusammenhänge von Kennzahlen und Zielgrößen kann auf Basis der Ergebnisvisualisierung generiert werden. Explizit erfolgt jedoch keine diesbezügliche Erörterung der Ergebnisse, die entsprechende Anforderung wird somit kaum erfüllt. Eine gezielte produktionslogistische Positionierung ist mangels einer ganzheitlichen, produktionsorientierten Betrachtungsweise nicht möglich (Anforderung nicht erfüllt).

Da im Ansatz sowohl das Nesting als auch die Reihenfolgeplanung adressiert werden, stehen operative Herausforderungen im Vordergrund der Untersuchungen. Diese werden nicht explizit benannt, demnach ist die entsprechende Anforderung nur teilweise erfüllt. Der Einfluss der entlang der Upstream-Prozesskette verorteten Aktivitäten auf die im Ansatz betrachteten Größen wird nicht erwähnt. Die zugehörige Anforderung ist somit nicht erfüllt. Hinsichtlich der zugrundeliegenden Zeitberechnung werden keinerlei Angaben gemacht, lediglich zu berücksichtigende Größen werden genannt. Die Anforderung nach Berücksichtigung der Bauteilgeometrien ist demnach nicht erfüllt.

3.1.5 Ansatz nach OH (2018)

Zielsetzung

Im Ansatz nach OH wird auf die Minimierung der zur Fertigung eines definierten Bauteilportfolios erforderlichen Zeitspanne abgezielt. Hierbei werden die Orientierung der zu fertigenden Bauteile im Baujob, deren Zuordnung zu Baujobs sowie die Fertigungsreihenfolge der Baujobs berücksichtigt.

Vorgehen

OH unterteilt das beschriebene Vorgehen in zwei Phasen. In der ersten Phase wird für das zu berücksichtigende Bauteilportfolio zunächst je Bauteil die Orientierung festgelegt. Hierfür werden zwei verschiedene Strategien verfolgt. Entweder wird eine möglichst geringe aufzubauende Höhe zur Minimierung von Nebenzeiten angestrebt oder hinsichtlich einer möglichst geringen Anbindungsfläche an die Substratplatte orientiert, um durch Zuordnung zahlreicher Bauteile die Bauraumauslastung zu maximieren. Im weiteren Verlauf wird ein Vergleich zwischen den Ergebnissen beider in der ersten Phase berücksichtigten Strategien durchgeführt.

In der zweiten Phase erfolgt die Zuordnung der orientierten Bauteile zu Baujobs sowie die Bestimmung der Fertigungsreihenfolge auf den in der Produktionsumgebung zur Verfügung stehenden Anlagen. Die Zuordnung von Bauteilen erfolgt in der Reihenfolge abnehmender Bauteilhöhen jeweils zu dem Baujob, der die kürzeste Herstellzeit aufweist. Dabei wird die auf der Substratplatte verfügbare Fläche berücksichtigt, die Positionierung erfolgt gemäß dem sog. Left-Bottom Ansatz (vgl. [Ken09]). Jeder Baujob ist unmittelbar einer Anlage zugewiesen, eine dynamische Reallokation ist im Ansatz nicht vorgesehen.

Die Modellanwendung und -validierung erfolgt anhand von Bauteilen mit zufallsbasierten geometrischen Eigenschaften. Sowohl Volumen als auch die Maße in den drei Raumrichtungen werden als gleichverteilt und voneinander unabhängig angenommen. Die Gesamtzahl der zu berücksichtigenden Bauteile wird in fünf diskreten Schritten progressiv von zehn bis 3.000 variiert. Die Optimierung hinsichtlich der zur Fertigung erforderlichen Zeitspanne wird sodann auf Grundlage der beschriebenen Heuristik für die verschiedenen Bauteilportfolios durchgeführt. Hierbei werden drei Anlagen mit unterschiedlich großen Bauräumen berücksichtigt.

Bei der Visualisierung der Ergebnisse werden Kennzahlen wie die mittlere Anzahl der Bauteile je Baujob, die mittlere Baujob-Höhe, die absolute Anzahl von Baujobs und die zur Fertigung erforderliche Zeitspanne dem Parameter der Anzahl von Bauteilen im Portfolio gegenübergestellt. Hierbei wird zusätzlich hinsichtlich der oben beschriebenen Strategien der Bauteil-Orientierung differenziert.

Bewertung

Die Möglichkeit der Quantifizierung produktionslogistischer Zielgrößen und Kennzahlen ist im Ansatz nach OH nur bedingt gegeben, da keine der bei NYHUIS und WIENDAHL definierten Größen expliziert erwähnt wird. Die zugehörige Anforderung wird demnach kaum erfüllt. Hinsichtlich der im Modell bestimmten Kennzahlen wird ein grundlegendes Verständnis bzgl. der Wirkzusammenhänge generiert, dementsprechend wird die zugehörige Anforderung teilweise erfüllt. Konkrete Gestaltungspotenziale werden nicht genannt, eine produktionslogistische Positionierung bedarf demnach einer signifikanten Transfer- und Ergänzungsleistung des Anwenders. Die Anforderung der Möglichkeit einer produktionslogistischen Positionierung wird demnach kaum erfüllt.

Durch die zweistufige Gestaltung des Ansatzes werden sowohl technische als auch operative Herausforderungen im Bereich der Additiven Fertigung adressiert, die entsprechende Anforderung ist daher teilweise erfüllt. Alle betrachteten Aktivitäten sind entlang der Upstream-Prozesskette zu verorten, die Anforderung einer entsprechenden Fokussierung ist demnach vollständig erfüllt. Die Anforderung der geometrieabhängigen Zeitberechnung ist kaum erfüllt, da ein auf mittleren Aufbauraten basierendes Modell zur Prognose der Herstellzeit verwendet wird. Eine Berücksichtigung der zur Fertigung etwaiger Stützstrukturen erforderlichen Zeitanteile erfolgt nicht.

Im Ansatz von OH werden Einflussfaktoren wie etwa die Anwesenheitszeit von Anlagenbedienern oder die Korrelation von geometrischen Bauteilmerkmalen vernachlässigt. Ferner werden Vereinfachungen hinsichtlich der Berechnung der Herstellzeit und der tatsächlichen Geometrie der zu fertigenden Bauteile[6] getroffen. Die Anforderung der Praktikabilität im Sinne einer realitätsnahen Modellierung ist demnach kaum erfüllt.

[6] Die Bauteile werden anhand der quaderförmigen Einhüllenden (engl. *Bounding Box*) charakterisiert

Mittels des beschriebenen Vorgehens kann dank der gut nachvollziehbaren Modellierung bei moderatem Aufwand ein ebenfalls moderater Nutzen generiert werden. Dementsprechend ist die Anforderung der Wirtschaftlichkeit als teilweise erfüllt zu beschreiben. Alle im Ansatz getroffenen Annahmen und durchgeführten Schritte sind nachvollziehbar beschrieben, die verwendeten Algorithmen mittels Pseudo-Code dargestellt. Der Ansatz ist demnach als konkret hinsichtlich der Vorgehensweise zu bezeichnen (Anforderung größtenteils erfüllt).

3.2 Handlungsbedarf aus der Theorie

Aufbauend auf der im vorigen Abschnitt durchgeführten Analyse und Bewertung bestehender Ansätze wird unter Berücksichtigung der Anforderungen an die Methodik im Folgenden der Handlungsbedarf aus der Theorie hergeleitet. Die als Forschungsdefizit zu bezeichnende Differenz vom Stand der Forschung und Wissenschaft zu den definierten Anforderungen wird sodann als Grundlage zur Ableitung der handlungsleitenden Forschungsfrage herangezogen.

3.2.1 Zwischenfazit und Forschungsdefizit

In Tabelle 3.1 sind die Bewertungen der als relevant identifizierten Ansätze in aggregierter Form dargestellt (vgl. Bewertung in 3.1). Hinsichtlich der definierten Anforderungen ist ansatzübergreifend festzustellen, dass insbesondere produktionslogistische Fragestellungen bzw. Zusammenhänge nur bedingt adressiert werden. Alle der Kategorie der Produktionslogistik zugehörigen Anforderungen werden ansatzübergreifend bestenfalls teilweise erfüllt.

Die Anforderung nach der LPBF-spezifischen Adressierung operativer Herausforderungen sowie einer Fokussierung auf die Upstream-Prozesskette wird nur von einem Ansatz vollständig erfüllt, während die Anforderung nach einer Berücksichtigung der zu fertigenden Bauteilgeometrien anhand der erforderlichen Herstellzeit bestenfalls teilweise erfüllt wird. Demnach sind bis auf eine Ausnahme (vgl. Ansatz nach CHERGUI) auch die Anforderungen aus dem Umfeld der Additiven Fertigung nicht mehr als teilweise erfüllt.

Ansatzübergreifend ist festzuhalten, dass die entsprechenden Forschungsaktivitäten entweder im unmittelbaren Umfeld der Additiven Fertigung (z.B. bei MÖHRLE) oder in den OR- bzw. Simulations-Wissenschaften (z.B. bei CHERGUI) angesiedelt sind. Während Forschungsaktivitäten im Umfeld der Additiven Fertigung methodische Schwachpunkte aufweisen, werden umgekehrt Verfahrensspezifika von Additiver Fertigung und speziell LPBF bei OR- und simulationsbasierten Untersuchungen nicht hinreichend berücksichtigt.

Tabelle 3.1: Bewertung ausgewählter Ansätze zur produktionslogistischen Positionierung im Umfeld des LPBF-Verfahrens

Legende:

- ○ nicht erfüllt
- ◔ kaum erfüllt
- ◑ teilweise erfüllt
- ◕ größtenteils erfüllt
- ● vollständig erfüllt

	Anforderungen an die Methodik					
	aus der Produktionslogistik			aus der Additiven Fertigung		
Ansatz	Quantifizierung von prod.log. Kennzahlen	Verständnis bzgl. der Wirkzusammenhänge	Produktionslogistische Positionierung	Adressierung operativer Herausforderungen	Fokus auf Upstream-Prozesskette	Geometrieabhängige Zeitberechnung
MÖHRLE (2018)	◑	○	◔	◑	◔	◑
CHERGUI (2018)	◔	◑	○	●	●	◔
TRANCOSO (2018)	◔	◔	◔	◑	○	◔
DVORAK (2019)	◔	◔	○	◑	○	○
OH (2018)	◔	◑	◔	◑	●	◔

Während im Rahmen relevanter Vorarbeiten aus dem Bereich der Produktionslogistik die Kennzahlen bzw. Zielgrößen in der Regel integriert und losgelöst von Spezifika von Fertigungsverfahren betrachtet werden, sind Veröffentlichungen aus dem Umfeld der Additiven Fertigung und darin beschriebene Vorgehen von einer isolierten Betrachtung einzelner Kennzahlen charakterisiert (siehe 3.1). Darüber hinaus weisen alle analysierten verfahrensspezifischen Ansätze die Gemeinsamkeit auf, dass die Zielgrößen nicht als explizit dem Bereich der Produktionslogistik zugehörig beschrieben werden.

Je Anforderungskategorie werden ausgehend von der Analyse und Bewertung bestehender Ansätze in 3.1 die folgenden Teil-Forschungsdefizite identifiziert:

<u>Forschungsdefizite hinsichtlich Anforderungen aus der Produktionslogistik:</u>

- Keine umfassenden Ansätze zur integrierten Quantifizierung produktionslogistischer Kennzahlen (Auslastung, Bestand, Durchlaufzeit) unter Berücksichtigung der wechselseitigen Abhängigkeiten.
- Geringer Detaillierungsgrad bei der Erläuterung und Visualisierung der Wirkzusammenhänge von produktionslogistischen Kennzahlen.
- Keine gezielte Beschreibung der Nutzbarkeit der Wirkzusammenhänge zur produktionslogistischen Positionierung.

Forschungsdefizite hinsichtlich Anforderungen aus der Additiven Fertigung:

- Operative Herausforderungen als Voraussetzung zur Industrialisierung des LPBF-Verfahrens werden nicht identifiziert bzw. adressiert.
- Einfluss von entlang der Upstream-Prozesskette getroffenen Entscheidungen auf die Ausprägung produktionslogistischer Kennzahlen wird nicht untersucht.
- Vernachlässigung des Einflusses der (geometrischen) Beschaffenheit des Produktionsprogramms auf die Herstellzeiten und somit die produktionslogistischen Kennzahlen.

3.2.2 Ableitung der Forschungsfrage

Sowohl in der Praxis als auch in der Theorie wird die Erforschung einer konkreten Vorgehensweise zur Bestimmung produktionslogistischer Kennzahlen sowie zur Ableitung entsprechender Wirkzusammenhänge unter Berücksichtigung der Spezifika des LPBF-Verfahrens nur wenig betrachtet. Aufgrund dieses Defizits ist eine gezielte produktionslogistische Positionierung für Anwender des Verfahrens kaum möglich. Sind die Wirkzusammenhänge der Kennzahlen bekannt, so kann der Anwender auf dieser Grundlage mittels gezielter produktionslogistischer Positionierung Verbesserungsmaßnahmen im Bereich der Produktion erschließen und somit seine Wettbewerbsposition stärken (vgl. Ausgangssituation in 1.1).

Als Forschungsbedarf wird die Schaffung von Grundlagen zur gezielten produktionslogistischen Positionierung im Umfeld des LPBF-Verfahrens identifiziert. Die in den Grundlagen enthaltenen Begriffe, Verfahren und Methoden sind derart in einer Methodik zusammenzufassen, dass den in 2.4 genannten Anforderungen Rechnung getragen wird. Zur Adressierung des Forschungsbedarfs wird die folgende handlungsleitende Forschungsfrage formuliert und beantwortet:

> *»Wie muss eine Methodik zur produktionslogistischen Positionierung im Umfeld des Laser Powder Bed Fusion Verfahrens gestaltet sein?«*

Die Forschungsfrage ist im Schnittstellenbereich der Forschungsbereiche Produktionslogistik, Additive Fertigung und quantitative Modelle bzw. Methoden zur Entscheidungsunterstützung[7] zu beantworten (siehe schematisches Venn-Diagramm in Bild 3.1). Hierbei ist sicherzustellen, dass die je Forschungsbereich gestellten Anforderungen gleichermaßen berücksichtigt werden. Gelingt die Beantwortung der Forschungsfrage, so ist der dabei entstehende Erkenntnisgewinn nicht ausschließlich im Schnittstellenbereich der drei genannten Forschungsbereiche zu verorten. Vielmehr wird ebenfalls ein Erkenntnisgewinn in den Schnittstellenbereichen zweier Forschungsbereiche sowie den jeweiligen Forschungsbereichen selbst erwartet.

---

[7] z.B. Simulation, Maschinelles Lernen, Operations Research

Da umfangreiche Ausführungen zur vollständigen Beantwortung der handlungsleitenden Forschungsfrage erforderlich sind, werden, wie von KUBICEK vorgeschlagen, auf Teilaspekte abzielende, untergeordnete Forschungsfragen formuliert (vgl. [Kub76]). Diese können sowohl explizit einem der in Bild 3.1 dargestellten Forschungsbereiche als auch den entsprechenden Schnittstellenbereichen zugeordnet sein.

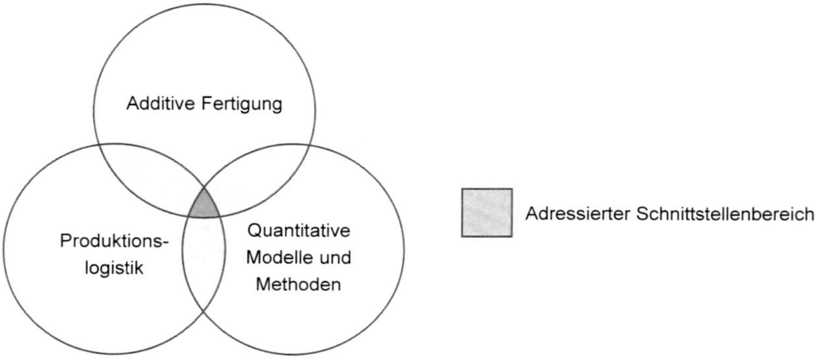

Bild 3.1: Venn-Diagramm zur Visualisierung der relevanten Forschungs- und Schnittstellenbereiche

Die im Folgenden formulierten, untergeordneten Forschungsfragen dienen insbesondere als Anhaltspunkte für die Konzeption bzw. den Aufbau der Methodik (vgl. 4.4):

- *»Wie kann anhand geometrischer Merkmale von Bauteilen bzw. Baujobs die zur Ableitung von produktionslogistischen Kennzahlen erforderliche Herstellzeit bestimmt werden?«*
- *»Welche Merkmale von Bauteilen und Baujobs beeinflussen die produktionslogistischen Kennzahlen und wie kann der Einfluss quantifiziert werden?«*
- *»Welche verfahrensspezifischen Einflussgrößen können zur gezielten produktionslogistischen Positionierung herangezogen werden?«*

4 Konzeption der Methodik

Zur Beantwortung der handlungsleitenden Forschungsfrage (siehe 3.2.2) erfolgt die Konzeptionierung einer Methodik, mittels derer erstmalig sowohl die Forschungs- als auch die Anwendungslücke (vgl. Handlungsbedarf aus der Theorie bzw. Praxis) geschlossen wird.

In den folgenden Unterkapiteln wird der verfolgte Forschungsansatz beschrieben, ehe die bei der Konzeptionierung der Methodik anzuwendenden Grundlagen der Systemtechnik und Modellbildung detailliert werden. Abschließend wird ausgehend vom Ordnungsrahmen der Methodik ein geeigneter Aufbau hergeleitet. Hierbei wird insbesondere auf Praxistauglichkeit, Vollständigkeit und Verfahrensspezifität der Methodik abgestellt.

4.1 Forschungsansatz

Wissenschaftliche Forschung beschreibt die systematische Suche nach neuen Erkenntnissen und deren Transfer in die wissenschaftliche Gemeinschaft [Bin96, S.3]. Bei der Beantwortung der handlungsleitenden Forschungsfrage fungiert die grundlegende Erkenntnisperspektive als Ausgangspunkt des Forschungsprozesses. Laut ULRICH stellt jeder Ansatz, jede Erkenntnisperspektive ein Vorurteil dar, mit dem der wissenschaftliche Erkenntnisprozess initiiert wird. Somit werden die resultierenden, möglichen Erkenntnisse zwangsläufig begrenzt sein [Ulr71]. Gemäß GUBA und LINCOLN müssen die grundlegende Erkenntnisperspektive, auch als Forschungsparadigma bezeichnet, sowie der gewählte Erkenntnisprozess als nicht weiter begründbares System von Überzeugungen und Wertevorstellungen des Autors, deren ultimative Wahrheit nicht nachweisbar ist, akzeptiert werden [Gub94]. Mittels Offenlegung werden die grundlegende Erkenntnisperspektive sowie das methodische Vorgehen beim Erkenntnisprozess nachvollziehbar und intersubjektiv überprüfbar.

Zur Plausibilisierung der gewählten Erkenntnisperspektive erfolgt zunächst eine Einordnung der vorliegenden Arbeit in die von ULRICH und HILL vorgeschlagene Wissenschaftssystematik (siehe Bild 4.1 und [Ulr76]).

In diesem Kontext haben die Formalwissenschaften die Konstruktion von Sprachen und eines zu ihrer Verwendung geeigneten Regelwerks zum Gegenstand, ihr werden insbesondere die Philosophie, die (Wissenschafts-)Logik und die Mathematik zugerechnet. Erkenntnisse aus den Formalwissenschaften sind nur hinsichtlich ihrer logischen Wahrheit überprüfbar und weisen somit zunächst keinen Realitätsbezug auf [Ulr76, S.305].

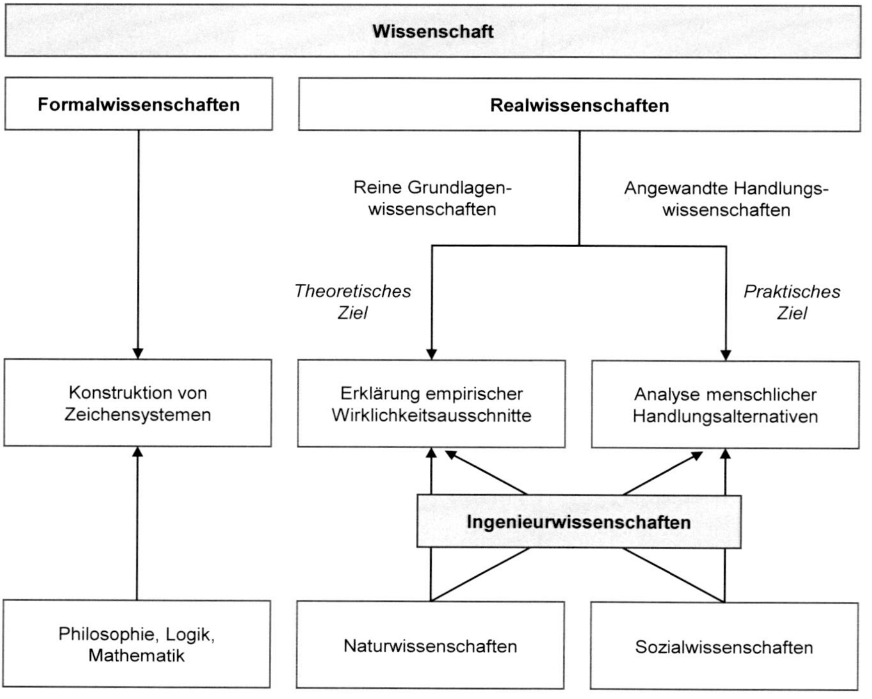

Bild 4.1: Wissenschaftssystematik [Ulr76]

Im Gegensatz dazu müssen die Erkenntnisse aus den Realwissenschaften auch auf ihre faktische Wahrheit überprüfbar sein. Hierfür werden vom Forschenden subjektiv wahrgenommene Ausschnitte der Realität mittels Empirie beschrieben, zu ihrer Erklärung verallgemeinernd abstrahiert und sodann Handlungsalternativen zu ihrer gezielten Gestaltung abgeleitet [Ulr76, S.306]. Eine weitere Unterteilung der Realwissenschaften erfolgt anhand der Art der verfolgten Ziele. Während mittels reiner Grundlagenwissenschaften theoretische Ziele verfolgt werden, die üblicherweise der Bildung von Erklärungsmodellen dienen, sind die angewandten Handlungswissenschaften durch eine praktische Zielsetzung charakterisiert. In den Ingenieur- und Sozialwissenschaften sowie der Betriebswirtschaftslehre steht somit die Analyse von Handlungsalternativen zur Gestaltung soziotechnischer Systeme mittels Bildung von Entscheidungsmodellen im Fokus wissenschaftlicher Anstrengungen. An die Stelle einer in den Realwissenschaften nicht zu erzielenden objektiven Richtigkeit von aus dem Forschungsprozesses resultierenden Erkenntnissen tritt als Kriterium zur Überprüfung der faktischen Wahrheit die intersubjektive Nachvollziehbarkeit sowie Kongruenz von Schlussfolgerungen [Ulr76, S.305f].

In dieser Arbeit wird eine Methodik-gestützte Entscheidungsgrundlage für menschliches Handeln im Schnittstellenbereich der Betriebswirtschaftslehre und der Ingenieurswissenschaft entwickelt. Die Dissertation ist somit im wissenschaftssystematischen Kontext im Bereich der angewandten Handlungswissenschaften zu verorten. Die grundlegende Erkenntnisperspektive ist aufgrund des normativ-praktischen Charakters im entscheidungstheoretischen Ansatz von HEINEN zu verorten. Im Rahmen dieses betriebswirtschaftlichen Modells dienen deskriptive Aussagen, wie etwa die modellhafte Beschreibung von Zuständen und Abläufen sowie die Formulierung von Hypothesen über Wirkzusammenhänge als Grundlage einer anwendbaren Betriebswirtschaftslehre [Hei92, S.25f]. Aufbauend auf den deskriptiven Aussagen werden im Rahmen von systematisch zu entwickelnden Entscheidungsmodellen Verhaltensnormen formuliert, mittels deren Befolgung die Erreichung zu definierender betriebswirtschaftlicher Ziele gewährleistet wird. Den entscheidungstheoretischen Ansatz zeichnet also im Vergleich zum faktor- und systemtheoretischen Ansatz insbesondere die für den betrachteten Realitätsausschnitt relevante konzeptionelle Integration von Erklärungs- und Gestaltungsaufgaben aus [Ulr76, S.309]. Die das beschriebene Vorgehen konstituierenden Teilschritte der Zielforschung, Systematisierung, Erklärung und Gestaltung dienen als Grundlage zur Strukturierung der vorliegenden Arbeit (vgl. Bild 1.1).

Nach Offenlegung der grundlegenden Erkenntnisperspektive sowie der Einordnung in den wissenschaftssystematischen Kontext ist ferner das methodische Vorgehen beim Erkenntnisprozess, die Forschungsmethodologie, zu beschreiben. Um den im Kontext der angewandten Handlungswissenschaften relevanten theoretischen und pragmatischen Zielsetzungen des entscheidungstheoretischen Ansatzes gerecht zu werden [Ulr76, S.306], wird für die vorliegende Arbeit die von TOMCZAK geprägte Explorationsstrategie als forschungsmethodologischer Ansatz gewählt [Tom92]. Diesem Ansatz liegt der in Bild 4.2 dargestellte explorative Forschungszyklus zugrunde. Das theoretische Verständnis basiert hierbei auf persönlichen Erfahrungen und theoretischem Vorwissen des Autors sowie auf Literaturanalysen. Die Sammlung relevanter Daten erfolgt direkt im Rahmen von Forschungsprojekten bei Anwendern von Verfahren der Additiven Fertigung sowie basierend auf indirekten Erfahrungen in Form von dokumentierten Studien. Mittels des Stellens von Fragen an die Realität und der Verarbeitung der gewonnenen theoretischen Erkenntnisse werden kontinuierlich neue Fragen und schlussendlich reale Erkenntnisse gewonnen [Kub76, S.14].

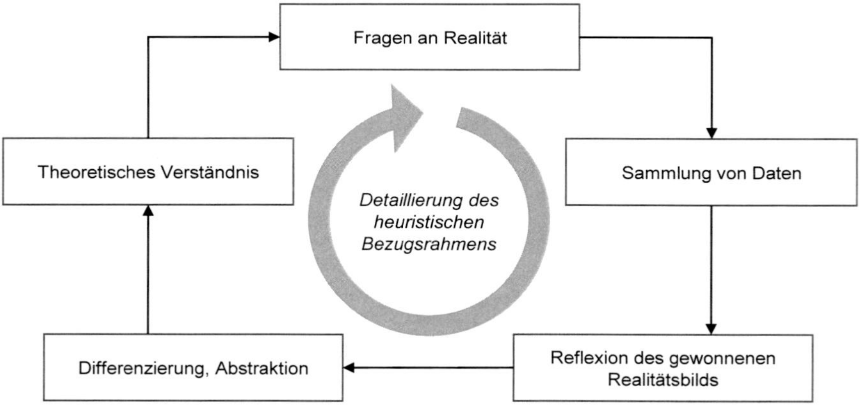

Bild 4.2: Forschungsmethodologisches Vorgehen gemäß Explorationsstrategie [Kub76]

Unter der Prämisse des geringen themenspezifischen Erkenntnisstandes im Betrachtungsbereich dieser Arbeit sind vor allem neue Hypothesen bzw. Modelle in den Forschungsprozess einzubringen, da die empirische Überprüfung bestehender Ansätze vorrangig zu einem Zuwachs an Erkenntnissicherheit führt und nicht zum gewünschten Erkenntnisfortschritt [Tom92, S.83]. Laut KUBICEK erfolgt das Einbringen neuer Hypothesen im Rahmen eines iterativen Lernprozesses, der die aus theoretischen Absichten geleitete und auf systematischem Erfahrungswissen basierende, kreative Konstruktion wissenschaftlicher Aussagen zum Gegenstand hat [Kub76, S.13]. Zur Systematisierung dieses iterativen Lernprozesses schlägt KUBICEK einen heuristischen Bezugsrahmen vor, welcher inhaltlich das relevante Vorverständnis bezüglich eines nicht genügend verstandenen Phänomens bzw. theoretischen Problems abbildet und als Orientierungshilfe für die Lösung relevanter Probleme dient. Im heuristischen Bezugsrahmen werden neben den relevanten Größen (im Sinne theoretischer Analyseeinheiten) ihre Beziehungen untereinander sowie die zugehörigen Wirkmechanismen identifiziert.

Gemäß der in 1.1 erläuterten Problemstellung sind die industrielle Additive Fertigung und die Produktionslogistik sowie -systematik die Grundelemente des heuristischen Bezugsrahmens dieser Arbeit (siehe Bild 4.3). Unter Zuhilfenahme bestehender Ansätze aus der Produktionslogistik werden zunächst verfahrensspezifische produktionslogistische Begrifflichkeiten definiert. Die den Begrifflichkeiten zuzuordnenden Kennzahlen werden sodann als Eingangs- bzw. Ausgangsgrößen eines auf den Grundlagen von Produktionslogistik und -systematik zu entwickelnden Simulationsmodells herangezogen. Die Simulationsergebnisse werden abschließend unter Verwendung der definierten Begrifflichkeiten zur produktionslogistischen Positionierung verwendet.

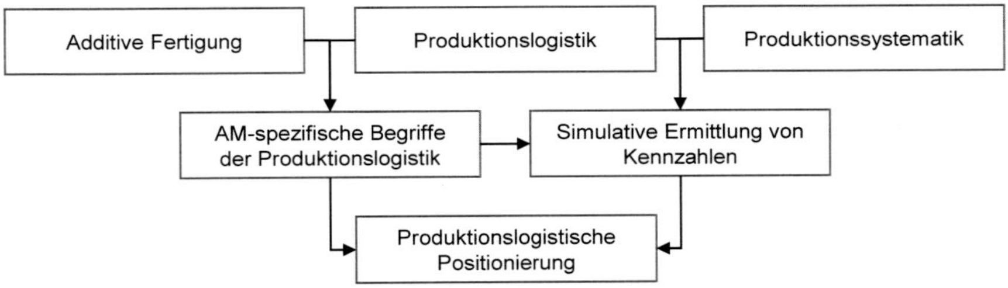

Bild 4.3: Heuristischer Bezugsrahmen

4.2 Präzisierung der Zielsetzung

Laut KUHN ist wissenschaftlicher Fortschritt in einer Disziplin in hohem Maße vom Vorhandensein eines (oder einiger weniger) allgemein anerkannten, zentralen Grundmodells abhängig, das fruchtbare Begriffe, Fragestellungen und Lösungsverfahren liefert und während längerer Zeit nicht in Frage gestellt wird [Kuh70]. Solche Paradigmata genannten Grundmodelle müssen folgende Qualitätskriterien erfüllen:

- Problemlösungskraft
- Allgemeinheit
- Präzision
- Integrationskraft

In Anlehnung an die genannten Qualitätskriterien wird für den im heuristischen Bezugsrahmen dargestellten Entdeckungszusammenhang und unter Berücksichtigung des Handlungsbedarfs aus Theorie und Praxis (vgl. 2.3 bzw. 3.2) in dieser Arbeit eine Methodik, die als Grundmodell zur produktionslogistischen Positionierung im Umfeld der Additiven Fertigung gelten darf. Die fortschreitende Industrialisierung von Verfahren der Additiven Fertigung ist hierbei als Entstehungsgrund dieser wissenschaftlichen Teildisziplin zu verstehen.

Die Zielsetzung der Arbeit ist die Entwicklung einer Methodik, mittels derer erstmalig eine gezielte produktionslogistische Positionierung bei Anwendung des LPBF-Verfahrens in einer Produktionsumgebung ermöglicht wird (siehe 1.2). Da, wie im Stand der Forschung und Wissenschaft in Kapitel 1 dargestellt, keine integrierten Ansätze zur Quantifizierung produktionslogistischer Zielgrößen im Umfeld des LPBF-Verfahrens existieren, sind ebenfalls keine Definitionen bzw. Berechnungsvorschriften der dafür erforderlichen Kennzahlen vorhanden. Das in 1.2 postulierte Ziel wird daher derart präzisiert, dass in dieser Arbeit zunächst solche Lösungsverfahren und Begriffe zu entwickeln bzw. definieren sind, die als Grundlage einer verfahrensspezifischen produktionslogistischen Positionierung dienen können. Hierbei wird nicht unmittelbar auf die produktionslogistischen Zielgrößen abgestellt. Vielmehr rücken die zu ihrer Quantifizierung erforderlichen, sie konstituierenden Kennzahlen in den Fokus der Untersuchungen.

Die Zielsetzung wird gemäß den obigen Ausführungen präzisiert, bevor die Methodik unter Berücksichtigung der postulierten Forschungsfragen konzeptioniert wird. Folgende Teilziele müssen im Sinne der Entwicklung einer ganzheitlichen, den Spezifika des LPBF-Verfahrens Rechnung tragenden Methodik zur produktionslogistischen Positionierung erreicht werden:

- Entwicklung eines Modells zur Bestimmung von Vorgabezeiten entlang der Upstream-Prozesskette der Additiven Fertigung
- Entwicklung einer Ontologie für die systematische Charakterisierung und Generierung von LPBF-Produktionsprogrammen
- Beschreibung der Wirkzusammenhänge verfahrensspezifischer Kennzahlen der Produktionslogistik
- Gestaltung eines Maßnahmenkatalogs zur zielindividuellen produktionslogistischen Positionierung

4.3 Grundlagen der Systemtechnik und der Modelltheorie

Die zu entwickelnde Methodik ist im Schnittstellenbereich des LPBF-Verfahrens und der Produktionslogistik zu verorten. Mangels der offensichtlichen Schwierigkeit, die resultierenden Problemstellungen mittels der Synthese vorhandenen Fachwissens bzw. etablierter Methodiken zu adressieren, wird eine komplexe Natur der Problemstellungen indiziert (siehe 2.1.5).

Eine systematische Erfassung der Wirkzusammenhänge produktionslogistischer, LPBF-spezifischer Kennzahlen gelingt nur dann, wenn eine Unterteilung der Methodik in einzelne Bestandteile einschließlich einer Beschreibung der Wechselwirkungen zwischen den Bestandteilen erfolgt. Die Methodik wird daher in der vorliegenden Arbeit als System von definierten Modellen, Methoden und Hilfsmitteln gestaltet (vgl. [Kon89]).

Vor diesem Hintergrund werden in den beiden folgenden Abschnitten die Grundlagen der Systemtechnik sowie der Modelltheorie erläutert. Abschließend wird der Nutzen der Ansätze bei der Konzeption und Strukturierung der zu entwickelnden Methodik dargestellt.

4.3.1 Systemtechnik

PATZAK bezeichnet die Systemtechnik als ein „Methodengebäude zur Behandlung von Problemen mit hoher Komplexität“ [Pat82, S.15]. Laut BRUNS ist die Systemtechnik ferner „Verallgemeinerung und Erweiterung der ingenieurwissenschaftlichen Methodik“ [Bru91, S.2]. Ein System[8] setzt sich laut BRUNS aus Elementen zusammen, die

[8] Das Wort „System“ ist an den altgriechischen Begriff *sýstēma* angelehnt, welcher als „aus mehreren Einzelteilen zusammengesetztes Ganzes“ ins Deutsche übersetzt wird [Gem06].

Eigenschaften aufweisen und ferner funktionell miteinander verknüpft sind [Bru91, S.31]. Die Verknüpfung ist hierbei zweckorientiert und erfolgt unter Berücksichtigung der zu erreichenden Ziele. Schließlich wird mittels der Elemente sowie ihren Eigenschaften und Beziehungen eine von der Systemumwelt abgegrenzte Anordnung gebildet. Wechselwirkungen zwischen den Elementen des Systems werden als innere Relationen bezeichnet, solche mit der Systemumwelt als äußere Relationen (vgl. [Imb08, S.5]). In Bild 4.4 sind Struktur und Bestandteile eines Systems dargestellt.

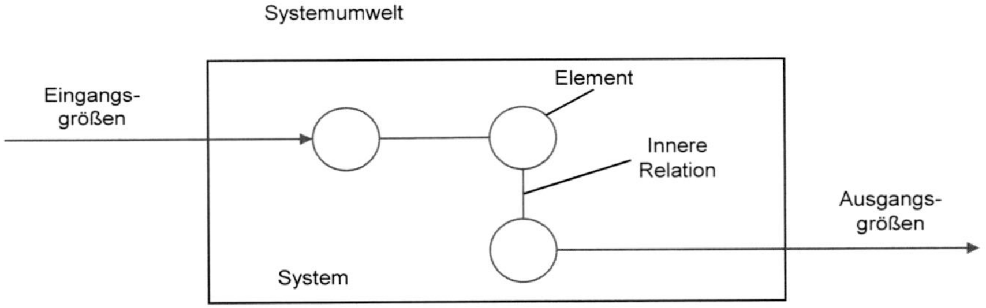

Bild 4.4: Bestandteile und Struktur eines Systems [Imb08]

Neben den aus der Systemtheorie stammenden Definitionen zum Aufbau eines Systems ist die Systemtechnik durch den Leitgedanken des Prozessdenkens charakterisiert. HABERFELLNER schlägt hierfür die vier folgenden Grundprinzipien vor [Hab19, S.27]:

- Vom Groben ins Detail
- Variantenbildung
- Phasengliederung
- Strukturierter Problemlösungsprozess

Um einer verfrühten Einengung des Problem- und Lösungsraums durch zu detaillierte Betrachtung der einzelnen Elemente eines Systems entgegenzuwirken, wird gemäß der Vorgabe „vom Groben ins Detail" vorgegangen. Durch Befolgung des Prinzips der Variantenbildung wird sichergestellt, dass alle zur Lösung eines Problems in Frage kommenden Varianten berücksichtigt und anschließend systematisch reduziert werden. Mittels Phasengliederung erfolgt die Separierung der Problemlösung in zeitlich und logisch voneinander abgrenzbare Schritte. Schließlich ist mittels einer problem- und phasenneutralen Handlungsanleitung ein strukturierter Prozess zur Problemlösung zu etablieren.

Gemäß den oben beschriebenen Eigenschaften und Leitgedanken ist die Systemtechnik im Rahmen der vorliegenden Arbeit als Metamethode zur Konzeptionierung und Gestaltung einer Methodik zur produktionslogistischen Positionierung für das LPBF-Verfahren zu begreifen und wird als solche angewendet.

4.3.2 Modelltheorie

Laut IMBODEN ist ein Modell als Konzept zu verstehen, das die vereinfachte Darstellung eines komplizierten bzw. komplexen Systems ermöglicht [Imb08, S.7]. Da ein Modell keine Kopie, sondern immer eine Vereinfachung des realen Systems ist, existieren zur Darstellung in der Regel mehrere Modelle (vgl. etwa Modelle zur Beschreibung produktionslogistischer Systeme in 2.2.3). Modelle ermöglichen nach STACHOWIAK die Beherrschung komplexer Zusammenhänge der Realität. Sie sind durch das Abbildungs-, das Verkürzungs- und das pragmatische Merkmal gekennzeichnet [Sta73, S.131].

- Gemäß dem Abbildungsmerkmal sind Modelle stets Abbilder von natürlichen oder künstlichen Originalen.
- Dem Anwender des Modells als irrelevant erscheinende Aspekte werden gemäß des Verkürzungsmerkmals nicht in das Modell einbezogen.
- Mittels des pragmatischen Merkmals ist zu gewährleisten, dass eine problemspezifische Darstellung der Modellinhalte erfolgt.

Ferner werden Modelle hinsichtlich ihres Verwendungszwecks in Klassen unterschieden. Etabliert ist hierbei die Unterscheidung zwischen Beschreibungs-, Erklärungs-, Gestaltungs- und Meta-Modellen (vgl. [Pat82, S.313]).

- Beschreibungsmodelle sind deskriptiver Natur und werden auch als Darstellungsmodelle bezeichnet. Dieser Bezeichnung folgend, dienen sie einer möglichst präzisen und verständlichen Darstellung von Sachverhalten. Beschreibungsmodelle können sowohl statisch als auch dynamisch geartet sein.
- Erklärungsmodelle basieren in der Regel auf Beschreibungsmodellen und werden zur Erläuterung der Gesetzmäßigkeiten beobachteter Phänomene herangezogen. Sie werden zur Verbesserung von Beschreibungsmodellen oder zur Vorhersage zukünftiger Zustände genutzt.
- Mittels Gestaltungsmodellen werden Ansatzpunkte zur gezielten Veränderung der Realität identifiziert und hinsichtlich der zu erwartenden Ausprägungen quantifiziert. Sie basieren somit in der Regel auf Erklärungsmodellen und werden in normative (rahmengebende) sowie präskriptive (handlungsleitende) Modelle unterteilt.
- Metamodelle sind Referenzmodelle, die nicht zur unmittelbaren Beschreibung der Realität verwendet werden. Vielmehr sind sie als „Modell eines Modells“ zu interpretieren und werden dementsprechend als Rahmen zur Gestaltung und Nutzung von Modellen genutzt.

Die Grundsätze und Anforderungen ordnungsgemäßer Modellierung werden etwa bei ROSEMANN beschrieben und hier nicht näher aufgeführt [Ros12].

4.3.3 Nutzen von Systemtechnik und Modellierung zur Methodikentwicklung

Mittels der Methodik als System einzelner Bestandteile werden die im Rahmen der Arbeit zu entwickelnden Modelle, Methoden und Hilfsmittel miteinander kombiniert. Die Ausarbeitung der Grundlagen der Methodik (siehe Kapitel 0) erfolgt unter Berücksichtigung der Vorgaben aus der Modelltheorie sowie der Systemtechnik. Hierfür werden Modelle zur Berechnung von Vorgabezeiten entlang der Prozesskette des LPBF-Verfahrens sowie der simulationsbasierten Erzeugung von Baujobportfolios und der Ermittlung produktionslogistischer Kennzahlen gebildet. Die dafür erforderliche Transformation von Eingangs- in Ausgangsgrößen werden gemäß den Grundsätzen der Systemtechnik beschrieben.

Die genannten Modelle sind sämtlich Abbilder realer Systeme aus dem Umfeld der LPBF-spezifischen Produktionslogistik (Berücksichtigung des Abbildungsmerkmals). Alle Aspekte, die trotz Zugehörigkeit zum Betrachtungsbereich der Produktionslogistik bzw. des LPBF-Verfahrens zur Zielerreichung irrelevant sind, werden nicht in das jeweilige Modell mit einbezogen (Berücksichtigung des Verkürzungsmerkmals). Alle Modelle sind derart gestaltet, dass die Inhalte problemspezifisch dargestellt werden (Berücksichtigung des pragmatischen Merkmals).

Gemäß dem Leitgedanken des Prozessdenkens wird die Anwendung der Methodik (siehe Kapitel 6) mit einer Erfassung der anwenderspezifischen Randbedingungen initiiert, um eine Vorgehensweise vom Groben ins Detail zu gewährleisten. Die Variantenbildung erfolgt auf Basis einer modellhaften, simulationsbasierten Abbildung des zugrundeliegenden Produktionsszenarios, welches vom Anwender zu beschreiben ist. Durch dieses Vorgehen wird sichergestellt, dass nur die zur Lösung der individuellen Problemstellung erforderlichen Auswertungen hinsichtlich der Wirkzusammenhänge verfahrensspezifischer produktionslogistischer Kennzahlen erstellt werden. Ferner ist die Anwendung der Methodik in drei zeitlich und logisch voneinander abgegrenzte Phasen unterteilt. Schließlich erfolgt der Problemlöseprozess ungeachtet der spezifischen Problemstellung gemäß einem standardisierten Vorgehen.

Aufgrund der oben beschriebenen Eignung werden Systemtechnik und Modelltheorie im Folgenden zur Ausgestaltung der Methodik verwendet.

4.4 Aufbau der Methodik

Auf Basis des in 4.1 dargestellten heuristischen Bezugsrahmens sowie der Überlegungen im vorigen Abschnitt wird im Folgenden der Aufbau der zur Beantwortung der Forschungsfrage zu entwickelnden Methodik beschrieben.

Wie in Bild 4.5 dargestellt und im Handlungsbedarf aus der Praxis hergeleitet, wird unterstellt, dass für das LPBF-Verfahren die Beschaffenheit von Produktprogramm, Produktionsprogramm und Produktionsumgebung Auswirkung auf die Ausprägung der produktionslogistischen Zielgrößen und Kennzahlen hat. Die Gesamtheit der genannten Elemente wird im Folgenden als Produktionsszenario bezeichnet. Die Elemente stehen hierbei in einem hierarchischen Zusammenhang. So werden zunächst die im

Betrachtungszeitraum herzustellenden Bauteile zu Baujobs zusammengefasst (1. Stufe). Die Gesamtheit aller Bauteile wird hierbei als Bauteilportfolio (BTP) bezeichnet, die Gesamtheit aller Baujobs als Baujobportfolio (BJP). Anschließend werden die Baujobs für die Fertigung in einer zu definierenden Produktionsumgebung freigegeben (2. Stufe). Die Ermittlung der Wirkzusammenhänge erfolgt im Rahmen dieser Arbeit für beide Stufen separat und nicht stufenübergreifend. Der Fokus liegt im Sinne der Schaffung von Grundlagen auf der der 1. Stufe. Mittels dieses Vorgehens wird die erforderliche Transparenz bei der erstmaligen Ermittlung der Wirkzusammenhänge sichergestellt.

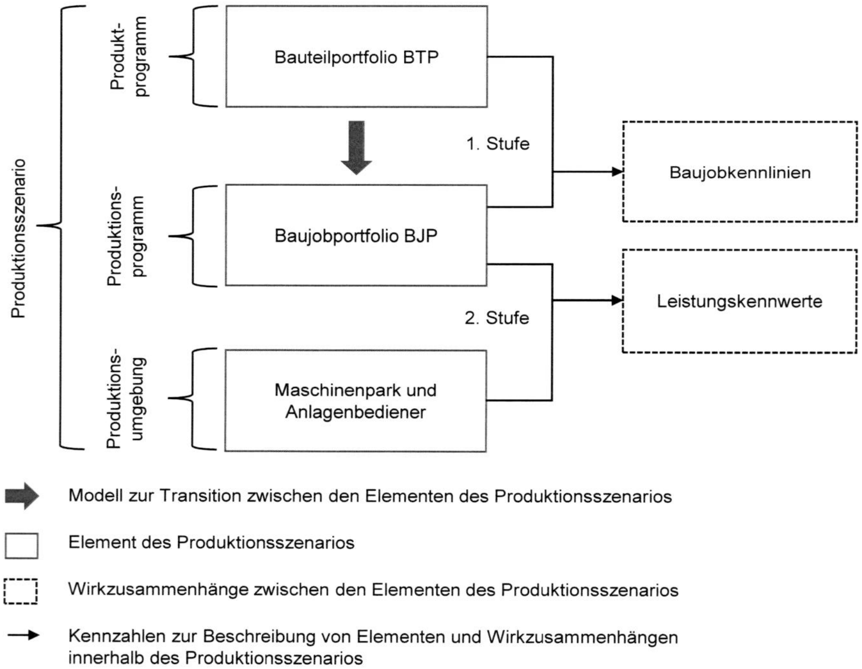

Bild 4.5: Ordnungsrahmen zum Aufbau der Methodik

4.4.1 Konzeption der Grundlagen der Methodik

Da die Kenntnis belastbarer Vorgabezeiten bzw. Herstellzeiten bei der Beantwortung produktionslogistischer Fragestellungen erforderlich ist (vgl. [Nyh12, S.34]), wird in den Grundlagen der Methodik zunächst ein Verfahren zur Prognose der Herstellzeiten in Abhängigkeit der Beschaffenheit der zugrundeliegenden Bauteile bzw. Baujobs entwickelt.

Darauf aufbauend wird untersucht, welche Auswirkungen die Eigenschaften des Bauteilportfolios (Eingangsgröße) unter Berücksichtigung von Parametern der Losbildung auf die Eigenschaften des Baujobportfolios (Ausgangsgröße) haben (siehe Bild 4.5).

Der beschriebene Zusammenhang zwischen den beiden genannten Elementen des Produktionsszenarios wird mittels Methoden der Systemtechnik modelliert (siehe 4.2). Die Elemente des Systems bilden hierbei die vom Anwender getroffenen Entscheidungen sowie deren inneren Zusammenhang ab. Mittels der innerhalb der Systemgrenzen liegenden Elemente werden Eingangsgrößen in Ausgangsgrößen transformiert (Funktion des Systems). In Bild 4.6 ist exemplarisch das algorithmisch abzubildende System dargestellt, mittels dessen unter Berücksichtigung der vom Anwender gewählten und parametrierten Regeln (Elemente und innere Relation) Baujobs (Ausgangsgröße) aus Bauteilen (Eingangsgröße) gebildet werden.

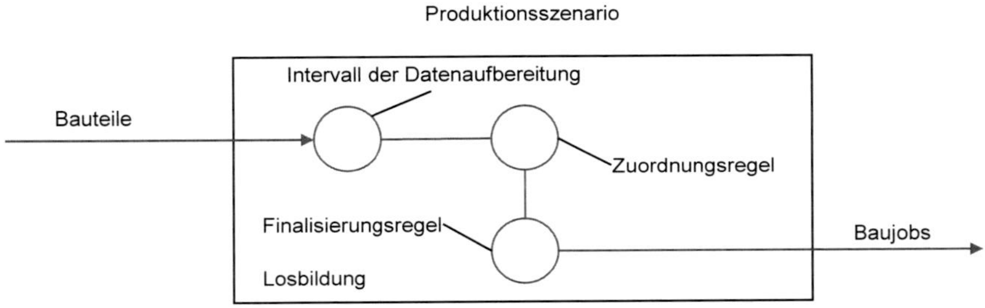

Bild 4.6: System zur Losbildung, eigene Darstellung in Anlehnung an [Imb08]

Zur systematischen Analyse der Auswirkungen von Änderungen im Produktionsszenario werden den Bauteilportfolios, den Baujobportfolios und der Produktionsumgebung Merkmale zugewiesen, deren Ausprägungen mittels statistischer Kennzahlen beschrieben werden. Diese Kennzahlen werden als verfahrensspezifische produktionslogistische Kennzahlen bezeichnet und sind zur Beschreibung der Wirkzusammenhänge in 5.2 und 5.3 von zentraler Bedeutung. Aufgrund der Vielfalt von BJP-Kennzahlen und einer großen Anzahl von Varianten bei der Transformation von BTPs in BJPs werden die Ergebnisse in Tabellenwerken dokumentiert, deren Struktur in 5.2.2 beschrieben wird.

Die Nutzbarmachung der aus den gefundenen Wirkzusammenhängen ableitbaren Erkenntnisse wird im Rahmen der Anwendung der Methodik beschrieben (siehe Kapitel 6).

4.4.2 Konzeption der Anwendung der Methodik

In der Anwendung der Methodik liegt der Fokus auf der Nutzbarmachung der gefundenen Wirkzusammenhänge bei der Bildung von Baujobs aus Bauteilen (vgl. 1. Stufe in Bild 4.5). Dieses Vorgehen ist von einer hohen Verfahrensspezifizität geprägt, während bei der Fertigung von Baujobs in der Produktionsumgebung (vgl. 2. Stufe in Bild 4.5) Wirkzusammenhänge gelten, wie sie auch in der konventionellen Fertigung vorzufinden sind. Aufgrund der vergleichsweise hohen Herstellzeiten bei Anwendung des LPBF-Verfahrens sowie heterogener Fertigungslose erfolgt dennoch eine simulationsbasierte Untersuchung der Wirkzusammenhänge auf der 2. Stufe.

Phasengliederung der Methodikanwendung

Im Rahmen der Anwendung der Methodik wird auf Methodikbausteine zurückgegriffen, die zu drei Anwendungsphasen aggregiert werden. Die Methodikbausteine sind demnach so zu gestalten, dass ein sequenzielles Vorgehen bei der Anwendung der Methodik ermöglicht wird. Mittels der sequenziellen Gestaltung wird insb. der Forderung nach Konkretheit hinsichtlich der Vorgehensweise der Methodik Rechnung getragen. Die Methodikbausteine sowie deren Zuordnung zur entsprechenden Anwendungsphase sind in Bild 4.7 dargestellt.

In der Analysephase erstellt der Anwender unter Berücksichtigung der verfahrensspezifischen produktionslogistischen Gegebenheiten seines Produktionsszenarios zunächst eine Problembeschreibung (Methodikbaustein A-1). Diese dient in der Bewertungsphase als Grundlage bei der Visualisierung der relevanten Wirkzusammenhänge. Im Anschluss an die Problembeschreibung erfolgt eine Beschreibung der Merkmale des Bauteilportfolios des Anwenders (Methodikbaustein A-2). Zur Transformation von Bauteilportfolios in Baujobportfolios sind Parameter der Losbildung erforderlich, die im Methodikbaustein A-3 definiert werden.

Ziel der Analysephase ist die vollständige Erfassung der zur simulationsbasierten Bildung von Baujobs erforderlichen Informationen. Die anwendungsorientierte Detaillierung der Methodikbausteine der Analysephase erfolgt in 6.1.

In der Bewertungsphase werden die in der Analysephase erfassten Informationen herangezogen, um Bauteilportfolios unter Zuhilfenahme des entwickelten Simulationsmodells in Baujobportfolios zu transformieren. Hierbei werden die relevanten Regeln und Parameter der Losbildung berücksichtigt. Die bei der Transformation zu berücksichtigenden Randbedingungen werden im Methodikbaustein B-4 beschrieben. Die im Rahmen der Transformation entstehenden Tabellenwerke beinhalten die verfahrensspezifischen produktionslogistischen Kennzahlen, die zur Visualisierung der Wirkzusammenhänge herangezogen werden. Das zur Visualisierung der Kennzahlen in Form von Baujobkennlinien vorgeschlagene Vorgehen wird im Methodikbaustein B-5 erläutert.

Ziel der Bewertungsphase ist die Einordnung des anwenderindividuellen Betriebspunkts in die problemspezifisch erstellten Baujobkennlinien. Die anwendungsorientierte Detaillierung der Methodikbausteine der Bewertungsphase erfolgt in 6.2.

In der sich anschließenden Gestaltungsphase wird der Anwender zunächst bei der Erfassung der produktionslogistischen Zielsetzung unterstützt (Methodikbaustein G-6). Auf dieser Basis werden in einem weiteren Schritt zielindividuelle Gestaltungspotenziale unter Berücksichtigung der im Rahmen der Grundlagen der Methodik gewonnenen Erkenntnisse abgeleitet (Methodikbaustein G-7).

Die Konsequenzen der zur Zielerreichung erforderlichen Anpassungen des Betriebspunkts werden unter Zuhilfenahme der zuvor visualisierten Wirkzusammenhänge anschaulich dargestellt und bewertet. Die anwendungsorientierte Detaillierung der Methodikbausteine der Gestaltungsphase erfolgt in 6.3.

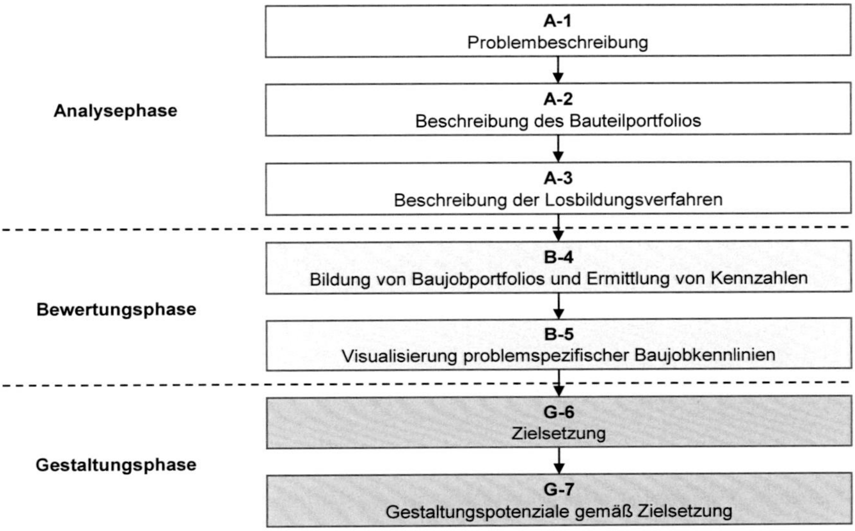

Bild 4.7: Phasen und Bausteine zur Anwendung der Methodik

5 Grundlagen der Methodik

Für die im weiteren Verlauf zu detaillierenden Bestandteile der Methodik ist die Kenntnis belastbarer Vorgabezeiten (vgl. Kapitel 3) bei der Fertigung mittels LPBF-Verfahren notwendig. Bevor die in der Konzeption der Grundlagen der Methodik genannten Modelle und Verfahren detailliert beschrieben werden, erfolgt daher in 5.1 die Entwicklung und Validierung eines Verfahrens zur Ermittlung von Vorgabezeiten für die Additive Fertigung mittels LPBF-Verfahren.

Ferner ist zur Ermittlung des Einflusses der Losbildung auf die Beschaffenheit des Baujobportfolios ein Simulationsmodell zur Aggregation von Bauteilen zu Baujobs erforderlich. In diesem Modell müssen die Beschaffenheit des Bauteilportfolios sowie die Regeln und Parameter der Losbildung berücksichtigt werden. Die Beschreibung dieses Modells erfolgt in 5.2. Dort werden ferner die aus der Anwendung des Modells resultierenden Ergebnisse einer systematischen Variation der genannten Eingangsgrößen auf die Kennzahlen des Baujobportfolios erläutert. Schließlich wird ein Verfahren zur Darstellung der identifizierten Wirkzusammenhänge in Form von Baujobkennlinien entwickelt.

Zur Quantifizierung der Auswirkungen von Änderungen in der Produktionsumgebung (vgl. Bild 4.5) auf die Ausprägung der produktionslogistischen Zielgröße der Anlagenauslastung[9] wird eine auf der Monte-Carlo-Methode basierende, simulationsgestützte Sensitivitätsanalyse durchgeführt. Um die Auslastung einer LPBF-Anlage im produktionslogistischen Sinne zu bestimmen, muss deren maximale Leistung bekannt sein. Daher wird in 5.3 des Weiteren ein Vorgehen zur LPBF-spezifischen Ermittlung der maximalen Leistung vorgeschlagen.

Zusammengefasst werden die folgenden methodischen Grundlagen zur verfahrensspezifischen produktionslogistischen Positionierung geschaffen:

- Verfahren zur Bestimmung von Vorgabezeiten für die Additive Fertigung mittels LPBF-Verfahren (siehe 5.1)
- Beschreibung und Anwendung eines Simulationsmodells zur Aggregation von Bauteilen zu Baujobs unter Berücksichtigung von verfahrensspezifischen Regeln und Parametern der Losbildung (siehe 5.2)
- Untersuchung des Einflusses der Beschaffenheit der Produktionsumgebung auf die produktionslogistische Zielgröße der Anlagenauslastung unter Berücksichtigung von Baujobportfolio-Kennzahlen (siehe 5.3)

---

[9] Weitere produktionslogistische Zielgrößen werden nicht berücksichtigt, da diese aufgrund der Beschaffenheit des verwendeten Simulationsmodells nicht quantifizierbar sind. Da keine Bestandsregelung implementiert ist, kann nicht sichergestellt werden, dass sich die betrachteten Arbeitssysteme im eingeschwungenen Zustand befinden. Zielgrößen wie etwa die mittlere Durchlaufzeit können dann nicht bestimmt werden.

5.1 Bestimmung von Vorgabezeiten

Im Folgenden wird ein Vorgehen zur Berechnung von Vorgabezeiten für die Additive Fertigung mittels LPBF-Verfahren beschrieben. Das Vorgehen basiert auf Informationen hinsichtlich der Bauteilgeometrie. Somit liegen zu jedem Zeitpunkt der Auftragsabwicklung und insbesondere unmittelbar nach Zugang eines Kundenauftrags alle relevanten Informationen zur Bestimmung der Vorgabezeit vor. Die Bestimmung von Vorgabezeiten muss aus Sicht des Anwenders möglichst aufwandsarm und mit möglichst großer Präzision erfolgen.

Aufgrund des geringen prozentualen Anteils der Aktivitäten der Datenaufbereitung (Orientieren, Stützen, Nesting) an der insgesamt entlang der Prozesskette anfallenden Vorgabezeit werde diese im weiteren Verlauf nicht berücksichtigt (vgl. Kreisdiagramm in Bild 5.1). Die dort angegebenen Werte basieren auf einer im Rahmen der Arbeit durchgeführten Zeitstudie zur Datenaufbereitung. Hierfür wurden 25 LPBF-typische Bauteile von erfahrenen Softwarebedienern orientiert, mit Stützen versehen und einzeln einem Baujob zugeordnet (siehe Anhang, Bild 8.1). Für jeden Prozessschritt wurden bauteilspezifisch die anfallenden Zeitbedarfe dokumentiert. Zur Berechnung der im Schaubild je Prozessschritt angegebenen Werte wird das arithmetische Mittel des erfassten absoluten Zeitbedarfs aller 25 Bauteile herangezogen. Für jeden der resultierenden 25 Baujobs wird mittels des bei DIRKS beschriebenen Vorgehens die Herstellzeit bestimmt (vgl. [Dir19]). Anschließend wird das arithmetische Mittel der Herstellzeit aller Baujobs bestimmt.

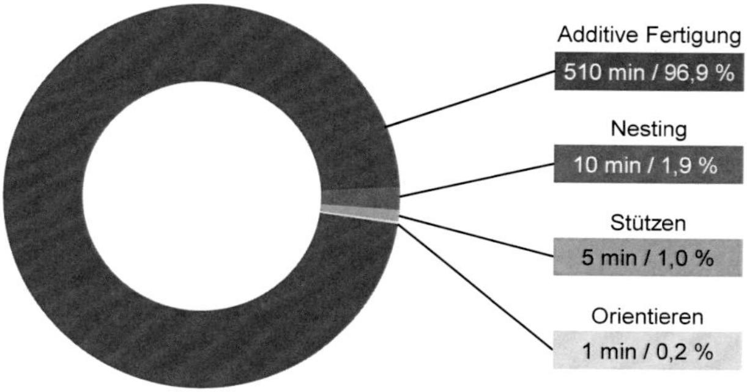

Bild 5.1: Vorgabezeiten entlang der Prozesskette

Obwohl die in der Datenaufbereitung anfallende Vorgabezeit im Verhältnis gering ist, sei an dieser Stelle insbesondere auf die exponierte Stellung des Nestings[10] hinsicht-

[10] Im Prozessschritt des Nestings werden die verfahrensspezifischen Fertigungslose gebildet (siehe 2.1.2)

lich der im Prozessschritt der Additiven Fertigung resultierenden Vorgabezeit hingewiesen. Wie in 5.2 gezeigt wird, haben die im Nesting getroffenen Entscheidungen einen signifikanten Einfluss auf die verfahrensspezifischen produktionslogistischen Kennzahlen. So wird im Nesting zwar nur ein geringer Zeitanteil realisiert, gleichzeitig aber ein signifikanter Zeitanteil hinsichtlich der nachfolgenden Prozessschritte festgelegt (vgl. [Ehr14, S.15]).

5.1.1 Berechnung von Vorgabezeiten für die Additive Fertigung

Wie in 2.1.4 beschrieben, entspricht die zur Additiven Fertigung mittels LPBF-Verfahren erforderliche Herstellzeit der Summe von Scan-, Neben- und Rüstzeit (vgl. Formel 2.1). Im Folgenden wird ein Vorgehen zur Quantifizierung dieser Zeitanteile beschrieben. Dieses beinhaltet die erforderlichen Berechnungsvorschriften einschließlich der enthaltenen Parameter und Variablen. Während die Vorschriften zur Berechnung der Scanzeit einen Bauteilbezug aufweisen, besteht für die Neben- sowie die Rüstzeit ein Baujobbezug. Werden mehrere Bauteile zu einem Baujob zugeordnet, so nimmt die erforderliche Scanzeit zu, während Neben- und Rüstzeiten unter der Prämisse einer unveränderten Baujobhöhe näherungsweise konstant sind.

In Tabelle 5.1 ist eine Übersicht der zur Prognose der jeweiligen Zeitanteile verwendeten Parameter und Variablen für einen Baujob dargestellt, der ausschließlich Bauteile identischer Geometrie beinhaltet. Die mit einem Sternchen markierten Größen sind Parameter der Produktionsumgebung und demnach einmalig zu bestimmen. Alle weiteren Größen sind Variablen, deren Werte von der Beschaffenheit des dem Baujob zugrundeliegenden Kundenauftrags abhängen.

Tabelle 5.1: Einflussgrößen bei der Bestimmung von Vorgabezeiten für das LPBF-Verfahren

<table>
<tr><th></th><th colspan="2">Zeitanteil</th><th colspan="2">Einflussgrößen</th></tr>
<tr><td rowspan="3">t_{Scan}</td><td colspan="2">t_{Mark}</td><td colspan="2" rowspan="3">• Anzahl der Bauteile
• Volumen der Bauteile
• Komplexität der Bauteile</td></tr>
<tr><td colspan="2">t_{Delay}</td></tr>
<tr><td colspan="2">t_{Jump}</td></tr>
<tr><td rowspan="4">t_{Neben}</td><td colspan="2">$t_{Beschichten}$</td><td>• Dauer des Beschichtungsvorgangs*</td><td rowspan="2">• Höhe des Baujobs
• Schichtdicke des Baujobs*</td></tr>
<tr><td colspan="2">$t_{Absenken}$</td><td>• Dauer des Absenkvorgangs*</td></tr>
<tr><td colspan="2">t_{Fluten}</td><td colspan="2">• Dauer der Inertisierung*</td></tr>
<tr><td colspan="2">$t_{Abkühlen}$</td><td colspan="2">• Volumen der Bauteile</td></tr>
<tr><td rowspan="4">$t_{Rüst}$</td><td rowspan="2">t_{Pre}</td><td>$t_{Einlegen}$</td><td colspan="2">• Dauer des Einlegevorgangs der Substratplatte*</td></tr>
<tr><td>$t_{Befüllen}$</td><td colspan="2" rowspan="2">• Höhe des Baujobs
• Breite und Tiefe des Bauraums*</td></tr>
<tr><td rowspan="2">t_{Post}</td><td>$t_{Entpulvern}$</td></tr>
<tr><td>$t_{Entnehmen}$</td><td colspan="2">• Dauer des Entnahmevorgangs der Substratplatte*</td></tr>
</table>

Da mittels LPBF-Verfahren gefertigte Bauteile in Abhängigkeit ihrer geometrischen Eigenschaften i.d.R. mit ebenfalls zu generierenden Stützstrukturen versehen werden, wird die Scanzeit t_{Scan} im Folgenden unterteilt. Im nächsten Abschnitt wird zunächst ein Berechnungsmodell zur Bestimmung der Bauteil-Belichtungszeit $t_{Scan,Bauteil}$ hergeleitet. Darauf aufbauend erfolgt die Modellierung der für die Stützstrukturen erforderlichen Scanzeit $t_{Scan,Stütz}$.

Grundlagen zur Bestimmung der Bauteil-Scanzeit

Eine im Rahmen der Arbeit durchgeführte Studie hat zum Ergebnis, dass die im Prozessschritt der Additiven Fertigung anfallende Scanzeit von der in 2.1.5 erläuterten geometrischen Komplexität der herzustellenden Bauteile abhängt (vgl. auch [Lak15; Har18]). Der in Formel 5.1 dargestellte Quotient aus Oberfläche und Volumen eines Bauteils ist ein Maß dafür, wie viel Oberfläche auf eine Volumeneinheit entfällt. Er wird als Kennzahl der Bauteil-Komplexität verwendet. In Bild 5.2 sind exemplarisch die Oberfläche, das Volumen sowie die resultierende Komplexität für ein gewichtsoptimiertes Bauteil aus dem Automotive-Bereich dargestellt.

$$C = \frac{O}{V} \tag{5.1}$$

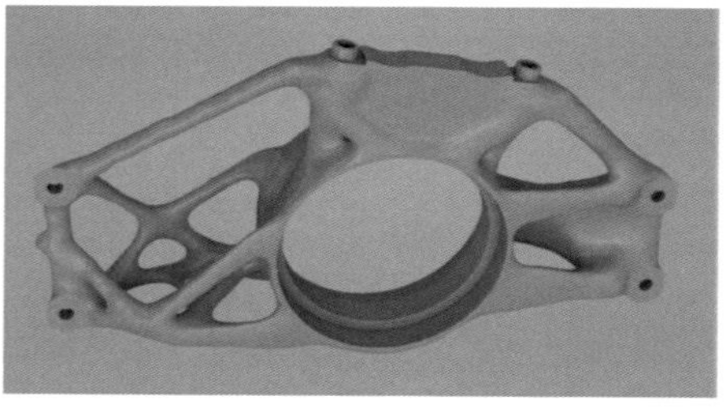

Volumen:	167.163 mm³
Oberfläche:	65.394 mm²
Komplexität:	0,39 mm⁻¹

Bild 5.2: Exemplarisches Bauteil mit Angabe von Oberfläche, Volumen und Komplexität

Zur Verdeutlichung des Zusammenhangs ist in Bild 5.3 für das bereits in 2.1.4 verwendete Bauteilportfolio die zur Generierung von einer Bauteil-Volumeneinheit erforderliche Zeit über dem Quotienten aus Oberfläche und Volumen dargestellt (Zeitanteile zur Generierung von Stützstrukturen sind hierbei nicht enthalten).

Die Schlussfolgerung, dass eine zunehmende Bauteilkomplexität mit einer Zunahme der je Volumeneinheit erforderlichen Bearbeitungszeit bzw. einer Abnahme der erreichbaren Aufbaurate einhergeht, wird im Folgenden aus den Eigenschaften des Belichtungsvorgangs beim LPBF-Verfahren hergeleitet.

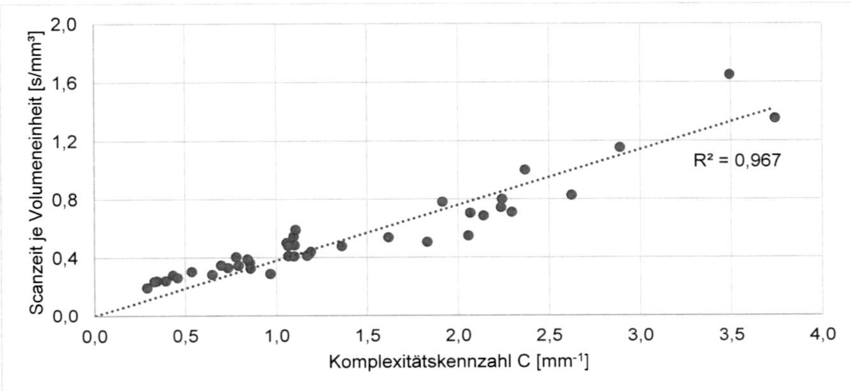

Bild 5.3: Zusammenhang zwischen Bauteilkomplexität und Herstellzeit je Volumeneinheit für das LPBF-Verfahren

Bei konstantem Volumen führt eine Vergrößerung der Oberfläche (beispielsweise durch Erhöhung der Strebenanzahl bei gleichzeitiger Verringerung des Strebendurchmessers einer Gitterstruktur) gemäß Formel 5.1 zu einer Vergrößerung der bauteilspezifischen Komplexität. Die dabei in einer zur Aufbaurichtung senkrechten Schnittebene resultierenden geometrischen Figuren sind vereinfacht in Bild 5.4 dargestellt. Mittels dieser Vereinfachung sind die verfahrensspezifischen Auswirkungen einer Komplexitätserhöhung auf die Herstellzeit anschaulich darstellbar. Während die schichtweise zu belichtende Fläche $A_{i,ges}$ für alle in Bild 5.4 dargestellten Bauteilquerschnitte i identisch ist, wird der kumulierte Umfang $U_{i,ges}$ aller Kreise mit zunehmender Anzahl (als Maß für die Komplexität) größer.

		n=1	*n=2*	*n=4*
A_n	[mm²]	π	$0{,}5\pi$	$0{,}25\pi$
$A_{n,ges}$	[mm²]	$A_1 = \pi$	$2A_2 = \pi$	$4A_4 = \pi$
U_n	[mm]	2π	$\sqrt{2}\pi$	π
U_{ges}	[mm]	2π	$2\sqrt{2}\pi$	4π
Ebenenschnitt		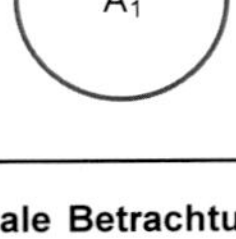	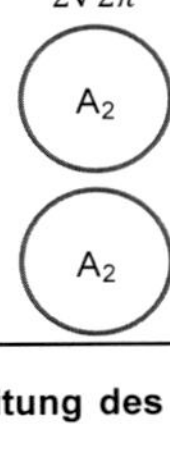	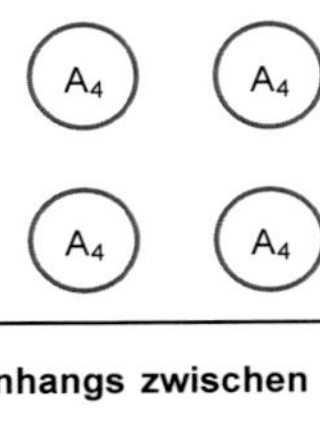

Bild 5.4: Zweidimensionale Betrachtung zur Herleitung des Zusammenhangs zwischen Bauteilkomplexität und Herstellzeit

Gemäß Formel 5.2 wird die je Bauteilschicht i zu belichtende Fläche $A_{i,ges}$ aus der Summe der Flächen aller geschlossenen, ebenen Figuren berechnet. Analog wird der

Umfang $U_{i,ges}$ wie in Formel 5.3 beschrieben aus der Summe der einzelnen Umfänge berechnet.

$$\mathrm{A_{i,ges}} = \sum_{j=1}^{G_i} A_{i,j} \tag{5.2}$$

$$\mathrm{U_{i,ges}} = \sum_{j=1}^{G_i} U_{i,j} \tag{5.3}$$

mit

G_i: Anzahl aller geschlossenen, geometrischen Figuren in der *i*-ten Bauteilschicht

$U_{i,j}$: Umfang der *j*-ten geometrischen Figur in der *i*-ten Bauteilschicht

$A_{i,j}$: Fläche der *j*-ten geometrischen Figur in der *i*-ten Bauteilschicht

Da in der Regel voneinander abweichende Verfahrensparameter für die Belichtung von Umfängen (sog. *Contouring*) und Flächen (sog. *Hatching*) verwendet werden, wird hinsichtlich des Zeitanteils $t_{Mark,i}$ je Bauteilschicht *i* zusätzlich die in Formel 5.4 dargestellte Unterteilung vorgenommen. Die für die Belichtung von Umfängen und Flächen erforderlichen Vektoren sind schematisch in Bild 5.5 dargestellt.

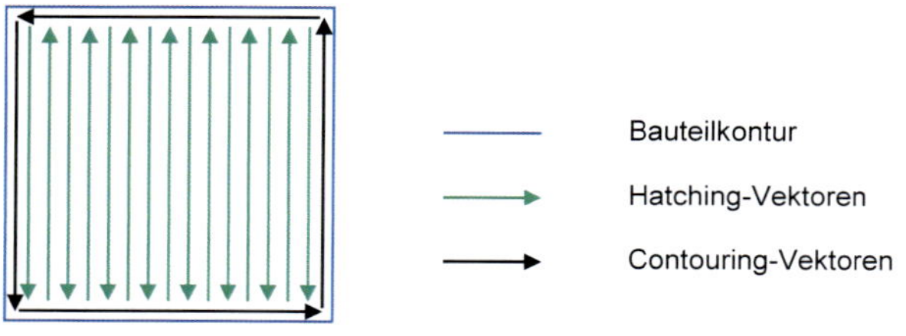

Bild 5.5: Schematische Darstellung einer Bauteilschicht mit Belichtungsvektoren

Eine Erhöhung der Komplexität bei konstantem Bauteilvolumen wirkt sich gemäß den Ausführungen im vorigen Absatz nur auf die zur Belichtung der Umfänge erforderlichen Zeitanteile $t_{Mark,Contour,i}$ aus, während der zur Belichtung der Flächen erforderliche Zeitanteil $t_{Mark,Hatch,i}$ näherungsweise konstant ist.[11]

$$t_{Mark,i} = t_{Mark,Contour,i} + t_{Mark,Hatch,i} \tag{5.4}$$

Neben dem zur Belichtung des Umfangs erforderlichen Zeitanteils $t_{Mark,Contour,i}$ nimmt auch der für die Bewegung des Bearbeitungspunktes zwischen den zu belichtenden

[11] Einflüsse von Verfahren zur Kompensation der Trägheit des optischen Systems wie etwa Skywriting (vgl. [Man16]) werden hierbei vernachlässigt.

Flächen erforderliche Zeitanteil $t_{Jump,i}$ zu. Aufgrund der im Verhältnis großen Verfahrgeschwindigkeiten bei der Positionierung des Bearbeitungspunktes zwischen zwei Bauteilen ist die Zunahme des Zeitanteils $t_{Jump,i}$ vernachlässigbar klein.

Aus obigen Ausführungen folgt, dass die je Bauteilschicht *i* erforderliche Scanzeit $t_{Scan,i}$ als Funktion der zu belichtenden Flächen $A_{i,ges}$ und Umfängen $U_{i,ges}$ darstellbar ist (vgl. Formel 5.5). Da bezogen auf die Scanzeit kein Zusammenhang der zu berücksichtigenden Größen über die Einzelschichten hinweg besteht, ist die für das vollständige Bauteil erforderliche Scanzeit t_{Scan} als Funktion der über alle Schichten aufsummierten Flächen und Umfänge darstellbar (vgl. Formel 5.6).

$$t_{Scan,i} = f\left(A_{i,ges}, U_{i,ges}\right) \quad (5.5)$$

$$t_{Scan} = f\left(A_{ges}, U_{ges}\right) \quad (5.6)$$

Zur Herleitung der bauteilbezogenen Scanzeit t_{Scan} ist in Bild 5.6 eine geometrische Betrachtung aller im Bauteil enthaltenen Schichten *i* dargestellt (sog. 2,5D-Darstellung, vgl. [Din16]). Gemäß dieser Darstellung ist Mantelfläche O_i je Bauteilschicht *i* äquivalent zum Produkt aus kumuliertem Umfang $U_{ges,i}$ und Schichtstärke Δz (siehe Formel 5.7). Analog zu dieser Überlegung ist das je Bauteilschicht *i* generierte Volumen V_i äquivalent zum Produkt aus kumulierter Fläche $A_{ges,i}$ und Schichtstärke Δz (siehe Formel 5.8).

$$O_i = U_{ges,i} * \Delta z \quad (5.7)$$

$$\mathrm{V_i} = A_{ges,i} * \Delta z \quad (5.8)$$

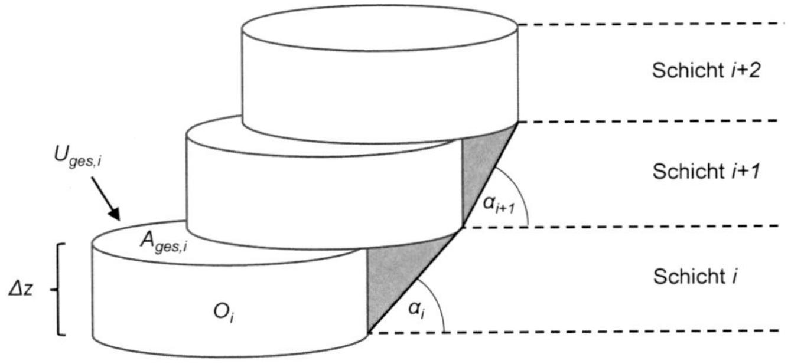

Bild 5.6: Schematische Darstellung einer diagonal angeordneten Einzelstrebe

Da die Schichtstärken im Mittel um den Faktor 1.000 kleiner als die Dimensionen eines Bauteils in den drei Raumrichtungen sind, ist die Oberfläche *O* bzw. das Volumen *V* eines Bauteils mittels der Summe aller Mantelflächen bzw. Schichtvolumina approximierbar (siehe Formel 5.9 und 5.10). Bei dieser Approximation werden die in Bild 5.6 grau dargestellten Randbereiche des Bauteils aufgrund des beim Slicing entstehenden Treppenstufeneffekts (vgl. [Moh03]) nicht berücksichtigt. Die Abweichung zwischen der aus dem 3D-Modell ableitbaren Soll-Oberfläche von der nach Slicing durch den

Treppenstufeneffekt resultierenden Ist-Oberfläche des Bauteils nimmt mit zunehmender Schichtstärke Δz sowie Anzahl und Ausprägung von Bauteil-Überhängen zu. Wird etwa ein schräger Zylinder mit einem Neigungswinkel von 45° mittels Slicing in Schichten unterteilt, so ist die in Formel 5.9 beschriebene Approximation mit einem Fehler von ca. 29,3 % behaftet.[12]

$$O \approx \sum_{i=1}^{S} O_i = \sum_{i=1}^{S} U_{ges,i} * \Delta z \quad (5.9)$$

$$V \approx \sum_{i=1}^{S} V_i = \sum_{i=1}^{S} A_{ges,i} * \Delta z \quad (5.10)$$

mit

S: Anzahl der Schichten je Bauteil

Gemäß der Zielsetzung der Arbeit sollen die Herstellzeiten mittels LPBF-Verfahren gefertigter Bauteile auf Grundlage von Informationen bestimmt werden, die bereits in frühen Phasen der Auftragsabwicklung verfügbar sind. Daher wird der bei der Approximation resultierende Fehler zugunsten der geforderten Anwenderfreundlichkeit der Methodik in Kauf genommen. Mittels der in Bild 5.3 dargestellten empirischen Erfassung konnte gezeigt werden, dass der Approximationsfehler keinen signifikanten Einfluss auf die Bestimmung komplexitätsbasierter Aufbauraten hat.

Das Einsetzen der in Formel 5.9 und 5.10 dargestellten Berechnungsvorschriften in die in Formel 5.1 definierte Berechnungsvorschrift zur Bestimmung der Bauteilkomplexität ergibt den in Formel 5.11 beschriebenen Zusammenhang. Da die Schichtstärke Δz in allen Summanden des Zählers und des Nenners vorkommt, kann diese Größe gekürzt werden. Die Komplexität eines Bauteils kann somit ebenfalls als Quotient der kumulierten Umfänge und der kumulierten Flächen ausgedrückt werden. Hierfür ist eine zweidimensionale Betrachtung aller das Bauteil konstituierenden Einzelschichten erforderlich (vgl. schematische 2,5D-Darstellung in Bild 5.6).

[12] Verallgemeinert kann der resultierende prozentuale Approximationsfehler ε für einheitlich geneigte Geometrien aus dem Überhangwinkel α hergeleitet werden. Die Berechnungsvorschrift lautet $\varepsilon = (1 - \sin(\alpha)) * 100\ \%$.

$$C = \frac{O}{V} \approx \frac{\sum_{i=1}^{S} U_{ges,i} * \Delta z}{\sum_{i=1}^{S} A_{ges,i} * \Delta z} = \frac{\sum_{i=1}^{S} U_{ges,i}}{\sum_{i=1}^{S} A_{ges,i}} = \frac{U_{ges}}{A_{ges}} \tag{5.11}$$

Da die Scanzeit t_{Scan}, wie in Formel 5.6 beschrieben, als Funktion der kumulierten Umfänge U_{ges} und kumulierten Flächen A_{ges} beschrieben werden kann, ist sie gemäß des in Formel 5.11 dargestellten Zusammenhangs zwischen diesen beiden Größen ebenfalls als Funktion der Komplexität C darstellbar (vgl. Formel 5.12).

$$t_{Scan} = f(A_{ges}, U_{ges}) = f(C) \tag{5.12}$$

Die in Bild 5.3 eingezeichneten Wertepaare aus Scanzeit je Volumeneinheit und Komplexität C lassen auf einen linearen Zusammenhang zwischen den beiden Größen schließen, der mittels der in Formel 5.13 dargestellten Berechnungsvorschrift approximiert werden kann. Die Gleichung ist geometrisch als Gerade der komplexitätsabhängigen Belichtungszeit je Volumeneinheit zu interpretieren.

$$\frac{t_{Scan}}{V} = m_C * C \tag{5.13}$$

$$t_{scan} = m_C * C * V = m_C * O$$

Die in Formel 5.13 dargestellte Funktion zur Berechnung von t_{Scan} hängt vom bauteilspezifischen Volumen V und der Komplexität C sowie dem im Folgenden zu quantifizierenden Parameter m_C ab. Der Definition der Komplexität folgend, kann die Scanzeit ebenfalls als Produkt aus dem Parameter m_c und der Bauteil-Oberfläche *O* beschrieben werden. Aus Gründen der Anschaulichkeit wird im weiteren Verlauf zur Berechnung der Scanzeit auf das Volumen und die Komplexität des Bauteils zurückgegriffen.

Die Steigung m_C der in Formel 5.13 dargestellten Geradengleichung ist per linearer Regression auf Basis von verfügbaren Wertepaaren von Komplexität und Belichtungszeit je Volumeneinheit zu bestimmen. Dieser Parameter wird als Proportionalitätsfaktor der komplexitätsabhängigen Belichtungszeit je Volumeneinheit bezeichnet. Zur Quantifizierung dieser Wertepaare ist zwischen zwei Vorgehensweisen zu differenzieren, die in Tabelle 5.2 beschrieben werden und die unter der Prämisse anwendbar sind, dass einem Baujob lediglich ein Bauteil zugeordnet ist. Ferner dürfen keine Veränderungen hinsichtlich der bei der Fertigung verwendeten Prozessparameter vorgenommen werden, da diese einen signifikanten Einfluss auf die Ausprägung der Größe m_C haben.

Während bei der Analyse bereits gefertigter Baujobs ausschließlich die gesamte Scan-Zeit t_{Scan} quantifizierbar ist, kann mittels Simulation von Baujobs unter Verwendung einer von DIRKS entwickelten Simulationsumgebung eine Unterscheidung hinsichtlich der zur Generierung von Stützstrukturen bzw. Bauteilen erforderlichen Zeitanteilen angestellt werden (vgl. [Dir19]).

Bei beiden Vorgehensweisen ist darauf zu achten, dass die mittels linearer Regression ermittelte Geradengleichung gemäß des Paretoprinzips ein Bestimmtheitsmaß von $R_{min}^2 > 0{,}8$ aufweist. In diesem Fall können mindestens 80 % der Streuung in den zugrundeliegenden Daten durch das verwendete lineare Regressionsmodells erklärt werden. Je höher das Bestimmtheitsmaß, desto größer ist die Anpassungsgüte des Regressionsmodells. Einzelfallbetrachtungen hinsichtlich der bauteilspezifischen Scanzeit je Volumeneinheit sind bei Anwendung des vorgestellten Modells immer mit einer von der Güte der linearen Regression abhängigen Unsicherheit behaftet.

Tabelle 5.2: Verfahren zur Erzeugung von Wertepaaren für die Ermittlung komplexitätsabhängiger Aufbauraten

Analyse bereits gefertigter Baujobs	**Simulation von Baujobs**
• Ermittlung der Komplexität C je Bauteil gemäß Formel 5.1	
• Quantifizierung des Zeitraums $t_{Prozess}$ zwischen erster Beschichtung und letzter Belichtung (bspw. auf Basis des Logfiles der LPBF-Anlage). Die Länge dieses Zeitraums ist äquivalent zur Summe aus Scan-, Beschichter- und Absenkzeit. $t_{Prozess} = t_{Scan} + t_{Beschichten} + t_{Absenken}$ • Bestimmung der Zeitanteile $t_{Beschichten}$ und $t_{Absenken}$ auf Basis von Formel 5.17 und 5.18 • Ermittlung der Scan-Zeit je Bauteil gemäß: $t_{Scan} = t_{Prozess} - t_{Beschichten} - t_{Absenken}$	• Aufbereitung und Parsing von Baujobs, die das Baujob-Portfolio in geeigneter Weise repräsentieren • Simulative Quantifizierung der Zeitanteile $t_{Scan,Bauteil}$ und $t_{Scan,Stützen}$ unter Berücksichtigung der Konfiguration der LPBF-Anlage
• Lineare Regression unter Verwendung aller gebildeten Wertepaare	

Gleichzeitig ist die Anwendbarkeit des Berechnungsmodells auf das durch die minimale bzw. maximale Komplexität der analysierten Baujobs begrenzte Intervall beschränkt. Bei der Modellierung muss ferner berücksichtigt werden, dass die zur Bildung der Wertepaare herangezogenen Bauteile repräsentativ für das gesamte Bauteilportfolio des Anwenders sind. Dieser Zustand wird dadurch erreicht, dass die zugrundeliegenden Komplexitätswerte möglichst gleichmäßig auf dem Gültigkeitsintervall verteilt sind.

Für das exemplarische Bauteilportfolio nimmt die Steigung der Geraden einen Wert von $m_C = 0{,}38\ s/mm^2$ an. Das Bestimmtheitsmaß der linearen Regression beträgt für das exemplarische Bauteilportfolio in diesem Fall $R^2 = 0{,}967$. Auf Basis der nun parametrierten, in Formel 5.13 dargestellten Berechnungsvorschrift ist die Scanzeit t_{Scan} für beliebige, auf der gleichen LPBF-Anlage hergestellte Bauteile identischen Werkstoffs gemäß Formel 5.14 aufwandsarm zu berechnen. Der Geltungsbereich erstreckt sich im Beispiel auf die in der Randbedingung genannten Bauteilkomplexitäten.

$$t_{Scan} = 0{,}38\ \frac{\mathrm{s}}{\mathrm{mm}^2} * C * V \tag{5.14}$$

mit $C \in [0{,}29\frac{1}{mm}; 3{,}74\frac{1}{mm}]$

Da Verfahrensparameter im Kontext der industriellen Fertigung von Bauteilen mittels LPBF in der Regel über Zeiträume von mehreren Jahren nicht verändert werden, um eine gleichbleibende Qualität der gefertigten Bauteile sicherzustellen, verursacht die Ermittlung komplexitätsabhängiger Aufbauraten lediglich einen einmaligen initialen Aufwand je verwendetem Werkstoff. Der mittels linearer Regression abgeleitete Zusammenhang kann anschließend in den o.g. Grenzen zur Prognose von Herstellzeiten verwendet werden, bis die werkstoffspezifischen Verfahrensparameter verändert werden. In diesem Fall ist eine erneute simulative Bewertung der dann bereits vorliegenden aufbereiteten Baujobs unter Berücksichtigung der neuen Verfahrensparameter erforderlich. Die zeitlichen Aufwände belaufen sich für das exemplarische Bauteilportfolio auf ca. 30 Minuten je Bauteil für die Datenaufbereitung und die simulative Bewertung.

In dieser Arbeit wird für alle folgenden Berechnungen von Vorgabezeiten auf den in Formel 5.14 angegebenen werkstoffspezifischen Proportionalitätsfaktor der komplexitätsabhängigen Belichtungszeit je Volumeneinheit zurückgegriffen. Die zur Ermittlung analysierten Bauteile bestehen hierbei sämtlich aus dem zur Gruppe der austenitischen, rostfreien Stähle zählenden Werkstoff mit der Nummer 1.4404. Für Werkstoffe anderer Hauptgruppen bzw. Sorten ist der Proportionalitätsfaktor in Abhängigkeit der gewählten Prozessparameter individuell zu ermitteln. Die geometrischen Eigenschaften der zur empirischen Ermittlung verwendeten Bauteile sind Tabelle 8.1 im Anhang zu entnehmen.

Grundlagen zur Bestimmung der Stützen-Scanzeit

Im Rahmen der Ausführungen des vorigen Abschnitts wird lediglich der für die Generierung des Bauteils anfallende Zeitanteil $t_{Scan,Bauteil}$ (vgl. Formel 2.4) berücksichtigt. Gemäß den in 2.1.2 erläuterten Spezifika des LPBF-Verfahrens müssen Bauteile in Abhängigkeit ihrer geometrischen Eigenschaften mit Stützstrukturen versehen werden, die gemeinsam mit dem Bauteil generiert werden. Die Entwicklung eines belastbaren Prognosemodells der Herstellzeiten bedingt daher die Berücksichtigung der für die Generierung der Stützstrukturen erforderlichen Zeitanteile. Daher wird im Folgenden eine anwenderfreundliche Berechnungsvorschrift der zur Generierung der Stützstrukturen erforderlichen Scanzeit $t_{Scan,Stützen}$ hergeleitet.

Während das Volumen und die Oberfläche eines Bauteils zu jedem Zeitpunkt der Auftragsabwicklung aufwandsarm zu bestimmen und ferner unabhängig von im Prozessschritt der Orientierung getroffenen Entscheidungen ist, hängt das zu generierende

Volumen der Stützstrukturen typischerweise vom Anteil der Bauteiloberflächen ab, deren Normalenvektor einen Winkel von $\alpha > 45°$ bezogen auf die Substratebene aufweist.[13] Somit ist der zur Belichtung von Stützstrukturen erforderliche Zeitanteil $t_{Scan,Stützen}$ von der Orientierung des Bauteils im Raum abhängig. In Bild 5.7 sind die für ein identisches Bauteil erforderlichen Stützstrukturen in Abhängigkeit der Orientierung dargestellt und hinsichtlich ihres Volumens quantifiziert.

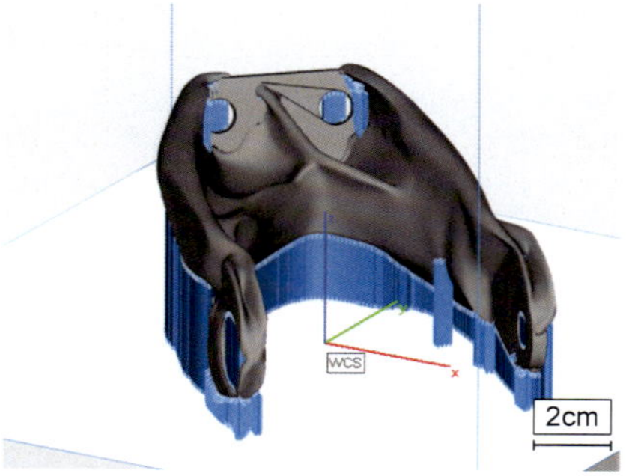

a. Stützenvolumen 37 cm^3

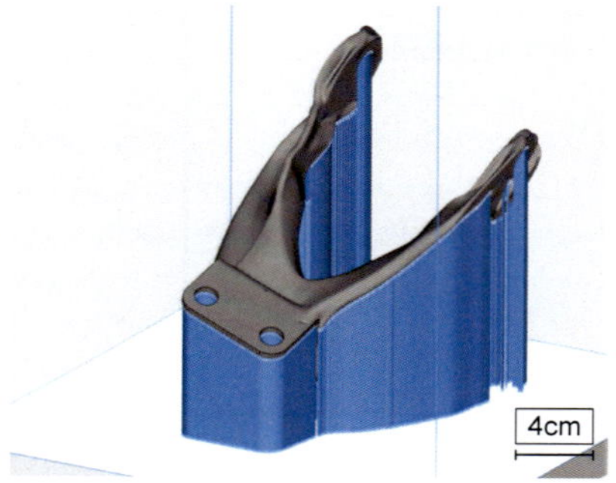

b. Stützenvolumen 135 cm^3

Bild 5.7: Visualisierung der Abhängigkeit des Stützstruktur-Volumens in Abhängigkeit der Bauteil-Orientierung

Ohne Kenntnis der geometrischen Beschaffenheit eines Bauteils sowie dessen Ausrichtung relativ zur Bearbeitungsebene sind keine belastbaren Vorhersagen zum Volumen der bauteilspezifischen Stützstrukturen möglich (vgl. [Che19; Das17].

Um eine Prognose hinsichtlich des Volumens der Stützstrukturen zu erhalten, müssen die Prozessschritte Orientieren und Stützen durchlaufen werden. Daran anschließend ist eine Aufbereitung des zugrundeliegenden Bauteilmodells erforderlich (siehe 2.1.2). Der hierfür anfallende Aufwand zum Zweck der Berechnung einer Vorgabezeit ist aus Anwendersicht i.d.R. wirtschaftlich nicht zu rechtfertigen.

Da die Bestimmung des Bedarfs an Stützstrukturen mittels der in der Methodik als bekannt vorausgesetzten Bauteil-Eigenschaften nicht möglich ist, wird die Scanzeit der Stützstruktur $t_{Scan,Stützen}$ mittels eines Koeffizienten auf Basis der Scanzeit des Bauteils $t_{Scan,Bauteil}$ hergeleitet (siehe Formel 5.15).

$$t_{Scan,Stützen} = a_{Stütz,rel} * t_{Scan,Bauteil} \tag{5.15}$$

Der als Stützfaktor zu bezeichnende Koeffizient $a_{Stütz,rel}$ ist hierbei als Mittelwert des Anteils der Belichtungszeit der Stützstrukturen an der Belichtungszeit des Bauteils über alle im zu analysierenden Portfolio enthaltenen Bauteile zu interpretieren. Somit

---

[13] Der genannte Winkel entspricht der gängigen Praxis bei der Stützenpositionierung (vgl. [Cal14])

sind bei diesem Vorgehen keine bauteilbezogenen Aussagen hinsichtlich der zum Generieren der Stützen erforderlichen Zeitanteile möglich. Der Stützfaktor ergibt sich für das exemplarische Bauteilportfolio[14] zu $a_{Stütz,rel} = 11\ \%$. In der Literatur sind vergleichbare Werte zu finden (vgl. [Möh18, S.102]). Entsprechend wird die Belichtungszeit t_{Scan} für Bauteil und zugehörige Stützstrukturen gemäß Formel 5.16 bestimmt.

$$t_{Scan} = t_{Scan,Bauteil} * (1 + a_{Stütz,rel}) \tag{5.16}$$

Mittels dieser Modellierung ist bspw. im Rahmen einer Potenzialanalyse quantifizierbar, welchen Einfluss die Verringerung von Stützstrukturen im Bauteilportfolio ceteris paribus auf die Ausprägung der produktionslogistischen Kennzahlen hat. Liegen historische Werte hinsichtlich des auf die Stützstrukturen entfallenden Anteils der Scanzeit für das Bauteilportfolio vor, so kann der Stützfaktor empirisch bestimmt und bei der Variation anderweitiger Parameter als konstant betrachtet werden.

Basierend auf obigen Ausführungen wird die Scanzeit t_{Scan} zur Generierung von Bauteil und zugehörigen Stützstrukturen gemäß dem in Bild 5.8 schematisch dargestellten Vorgehen bestimmt. Hierfür sind neben den bauteilspezifischen Informationen hinsichtlich Volumen V und Oberfläche O ebenfalls die portfoliospezifischen Ausprägungen des Stützfaktors $a_{Stütz,rel}$ sowie des Proportionalitätsfaktor der komplexitätsabhängigen Scanzeit je Volumeneinheit m_C erforderlich (vgl. Tabelle 5.3).

Tabelle 5.3: Parameter zur Bestimmung der Scanzeiten

Symbol	Bedeutung	Klassifizierung
V	Bauteil-Volumen	Bauteil-spezifisch
O	Bauteil-Oberfläche	
m_C	Proportionalitätsfaktor der komplexitätsabhängigen Belichtungszeit je Volumeneinheit	Bauteilportfolio-spezifisch
$a_{Stütz,rel}$	Stützfaktor	

[14] Die geometrischen Eigenschaften der zugrundeliegenden Bauteile sind in Tabelle 8.1 des Anhangs enthalten.

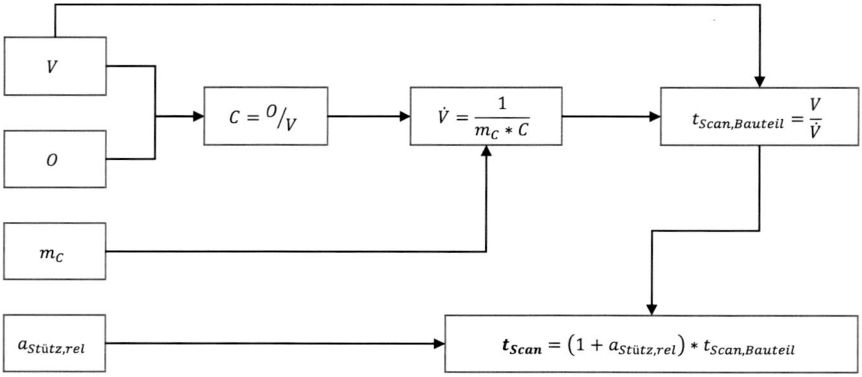

Bild 5.8: Schematische Darstellung des Vorgehens zur Bestimmung komplexitätsbasierter Scanzeiten

Grundlagen zur Bestimmung der Nebenzeit

Die in Formel 2.5 dargestellten Zeitanteile der Beschichtung $t_{Beschichten}$ und des Absenkens $t_{Absenken}$ hängen von der Anzahl der Schichten je Baujob sowie den anlagenspezifischen Verfahrzeiten des Beschichtermoduls $T_{Beschichter}$ und der z-Achse $T_{z\text{-}Achse}$ ab. Die Berechnungsvorschriften sind in Formel 5.17 und 5.18 dargestellt.

$$t_{Beschichten} = S_{BJ} * T_{Beschichter} \tag{5.17}$$

$$t_{Absenken} = S_{BJ} * T_{z-Achse} \tag{5.18}$$

Die in obigen Formeln verwendete Anzahl der Schichten je Baujob S_{BJ} ist äquivalent zum Quotienten aus der Höhe des zu fertigenden Baujobs z_{BJ} und der verwendeten Schichtstärke Δz (vgl. Formel 5.19). Die Höhe des zu fertigenden Baujobs z_{BJ} entspricht der Höhe des jeweils höchsten dem Baujob zugeordneten Bauteils.

$$S_{BJ} = \frac{z_{BJ}}{\Delta z} \tag{5.19}$$

Die zur Inertisierung des Bauraums erforderliche Zeit t_{Fluten} ist eine konstante Größe und anlagen- sowie materialspezifisch zu ermitteln bzw. dem Datenblatt der LPBF-Anlage zu entnehmen.

Die zum Abkühlen des Baujobs bis zur Entnahmetemperatur verstreichende Zeit $t_{Abkühlen}$ ist gemäß den Gesetzen der Wärmeleitung näherungsweise aus Volumen und Oberfläche der gefertigten Bauteile sowie der werkstoffspezifischen Dichte und Wärmekapazität zu bestimmen [Ste88].

Zur Vereinfachung wird der Abkühlvorgang über das kumulierte Volumen aller im betrachteten Baujob enthaltenen Bauteile approximiert. Hierbei wird angenommen, dass die Abkühlzeit bei einem Baujob-Volumen von $V_{BJ,max} = 5{,}625\ dm^3$ (entspricht 30 % Volumen-Auslastung des maximal zur Verfügung stehenden Bauraums einer handelsüblichen LPBF-Anlage[15]) einen Wert von $t_{Abkühlen,max} = 20\ h$ annimmt. Beide Werte sind Näherungen aus der Praxis. Sie sind entsprechend der verwendeten Werkstoffe sowie LPBF-Anlagentechnik anzupassen. Analog nimmt die zum Abkühlen erforderliche Zeit bei einem Baujob-Volumen $V_{BJ,min} = 0\ dm^3$ den Wert $t_{Abkühlen,min} = 0\ h$ an. Da die zur Wärmeabgabe zur Verfügung stehende Oberfläche eines Bauteils unterproportional mit einer Zunahme des Volumens wächst, wird zwischen den beiden Referenzpunkten ein für Wärmeübergangsmechanismen typischer exponentieller Verlauf der zur Abkühlung auf Entnahmetemperatur erforderlichen Zeit in Abhängigkeit des Volumens unterstellt (vgl. Bild 5.9 und [Her14, S.29ff]). Die Entnahmetemperatur liegt in der Regel bei 50°C.

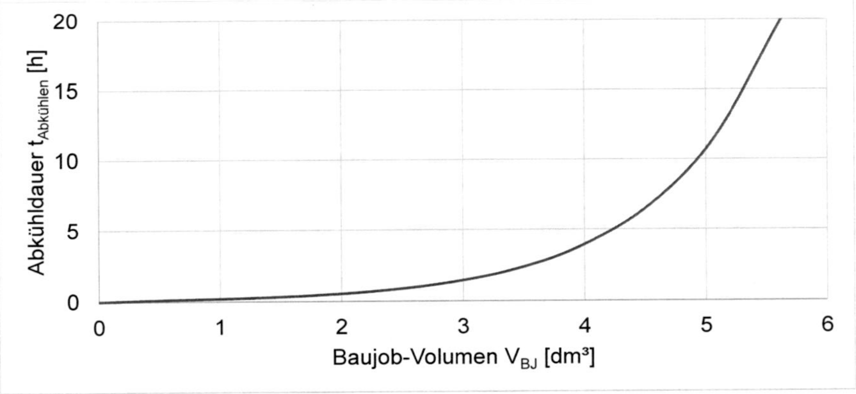

Bild 5.9: Abkühldauer in Abhängigkeit des Baujob-Volumens

Die Berechnungsvorschrift zur Bestimmung der Abkühldauer in Abhängigkeit des anlagen- und werkstoffspezifischen Abkühlkoeffizienten $k_{Abkühlen}$ sowie des Baujob-Volumens ist in Formel 5.20 dargestellt.

$$t_{Abkühlen} = k_{Abkühlen} * e^{V_{BJ}} \tag{5.20}$$

Der Abkühlkoeffizient wird gemäß Formel 5.21 auf Basis der werkstoffspezifisch empirisch oder simulativ zu bestimmenden Abkühldauer für ein gegebenes maximal zu erwartendes Baujob-Volumen ermittelt. Für das vorliegende Beispiel nimmt der Abkühlkoeffizient den Wert $k_{Abkühlen} = 0{,}072\ h$ an.

$$k_{Abkühlen} = \frac{t_{Abkühlen,max}}{e^{V_{BJ,max}}} \tag{5.21}$$

Die Quantifizierung der Nebenzeit t_{Neben} erfolgt gemäß dem in Bild 5.10 dargestellten Vorgehen. Die hierfür erforderlichen Größen werden in Tabelle 5.4 zusammengefasst.

[15] Die typische Größe des Bauraums kommerziell verfügbarer LPBF-Anlagen beträgt 250x250x300 mm³

Tabelle 5.4: Parameter zur Bestimmung der Nebenzeiten

Symbol	Bedeutung	Klassifizierung
V_{BJ}	Baujob-Volumen	Baujob-spezifisch
z_{BJ}	Baujob-Höhe	
Δz	Schichtstärke	Bauteilportfolio-spezifisch
$k_{Abkühlen}$	Abkühlkoeffizient	
$T_{Beschichten}$	Dauer der Beschichter-Verfahrbewegung	Anlagen-spezifisch
T_{Fluten}	Dauer des Inertisierungsvorgangs	
$T_{z\text{-}Achse}$	Dauer der z-Achsen-Verfahrbewegung	

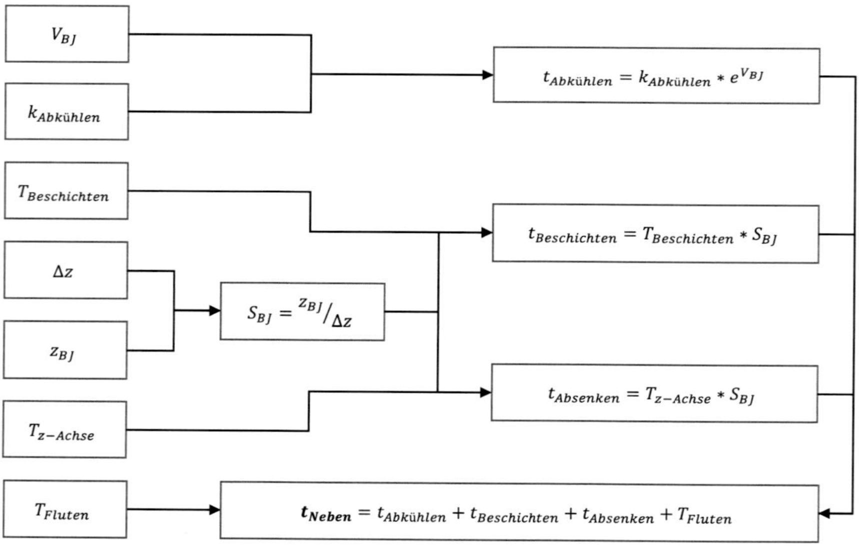

Bild 5.10: Schematische Darstellung des Vorgehens zur Bestimmung von Nebenzeiten

Grundlagen zur Bestimmung der Rüstzeit

Für das LPBF-Verfahren fallen sowohl vor Beginn als auch nach Ende des Fertigungsprozesses Rüstzeiten an (vgl. Formel 2.6). Der als $t_{Rüsten,pre}$ bezeichnete Zeitanteil umfasst die Zeitaufwände für das Einlegen der Substratplatte $t_{Einlegen}$ sowie das Befüllen mit Pulvermaterial $t_{Befüllen}$. Nach Abschluss des Fertigungsprozesses und erfolgter Abkühlung auf Entnahmetemperatur erfolgt die Pulverentfernung sowie die Entnahme des Baujobs aus dem Bauraum der LPBF-Anlage. Die hierfür anfallenden Zeitaufwände $t_{Entpulvern}$ und $t_{Entnehmen}$ werden zum Ausdruck $t_{Rüsten,post}$ zusammengefasst.

Die Dauer des Einlege- und Entnahmevorgangs der Substratplatte hängt von der Beschaffenheit und der Zugänglichkeit des Bauraums ab und ist somit anlagenspezifisch zu bestimmen. Gängige, in der Praxis für kommerziell verfügbare LPBF-Anlagen ermittelte Werte belaufen sich auf $t_{Einlegen} = t_{Entnehmen} \approx 0{,}5\ h$. Eine empirische Bestimmung anlagenspezifischer Rüstzeiten erfolgt bspw. bei MÖHRLE [Möh18, S.106].

Da der Pulverbedarf von der Höhe z_{BJ} des zu fertigenden Baujobs abhängt, führen höhere Baujobs zu einem erhöhten Zeitaufwand beim Befüllen und Entfernen des Pulvers. Zur Quantifizierung der Zeitanteile $t_{Befüllen}$ und $t_{Entpulvern}$ ist ferner der anlagenspezifische Pulvertransferkoeffizient p einmalig zu bestimmen. Mittels dieses anlagenspezifischen Wertes wird zum Ausdruck gebracht, wie viel Zeit der Anlagenbediener zur Erhöhung bzw. Verringerung des Pulvervorrats um eine Höheneinheit beim Befüllen bzw. Entpulvern benötigt. Um sicherzustellen, dass ausreichend Pulver zur Fertigung des Baujobs zur Verfügung steht, wird in der Regel ein Sicherheitszuschlag von ca. 40 % beim Befüllen vorgesehen. Dieser wird in der Berechnungsvorschrift in Formel 5.22 mittels eines Sicherheitsfaktors $S = 1{,}4$ berücksichtigt.

$$t_{Befüllen} = t_{Entpulvern} = z_{BJ} * p * S \qquad (5.22)$$

In Bild 5.11 sind alle zur Quantifizierung der Rüstzeit $t_{Rüsten}$ erforderlichen Größen sowie das Vorgehen bei deren Berechnung dargestellt. Die Klassifizierung und Erläuterung der Größen erfolgt in Tabelle 5.5.

Tabelle 5.5: Parameter zur Bestimmung der Rüstzeiten

Symbol	Bedeutung	Klassifizierung
z_{BJ}	Baujob-Höhe	Baujob-spezifisch
p	Pulvertransferkoeffizient	Anlagen-spezifisch
S	Sicherheitsfaktor des Pulvervorrats	
$T_{Einlegen}$	Zeitbedarf für Einlegen der Substratplatte	
$T_{Entnehmen}$	Zeitbedarf für Entnehmen der Substratplatte	

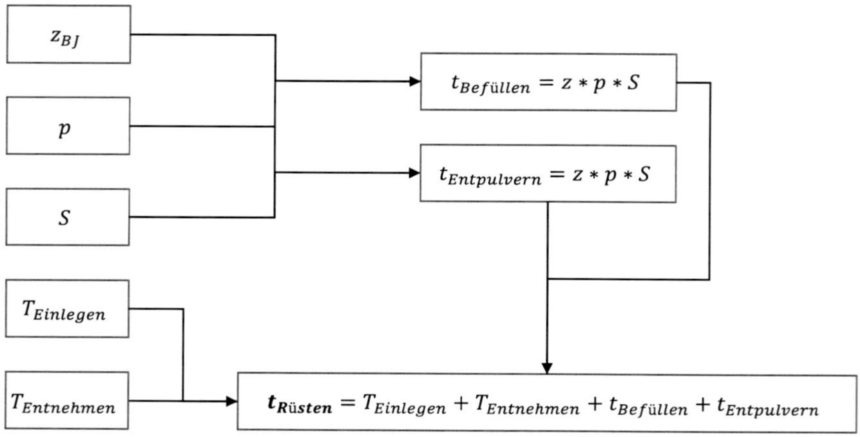

Bild 5.11: Schematische Darstellung des Vorgehens zur Bestimmung von Rüstzeiten

Berechnung von Vorgabezeiten für Baujobs

Die Vorgabezeit t_{Gesamt} zur Fertigung eines Baujobs entspricht der Summe aus kumulierten bauteilspezifischen Scanzeiten und der baujobspezifischen Neben- sowie Rüstzeiten. Die Scanzeiten fallen individuell je gefertigtem Bauteil an, die Neben- sowie Rüstzeiten über alle in einem Baujob gefertigten Bauteile hinweg einmalig.

Etwaige Einflüsse der bei der Bewegung des Bearbeitungspunktes zwischen Bauteilen anfallenden Sprungzeit werden aufgrund ihrer im Verhältnis geringen Ausprägung für die folgenden Ausführungen vernachlässigt. Diese Annahme ist zulässig, da für zwei mit identischen Bauteilen bestückte Baujobs, die mit dem minimal bzw. maximal möglichen Abstand zueinander auf der Substratplatte angeordnet werden, der relative Unterschied hinsichtlich der Herstellzeit lediglich ca. 0,9 % beträgt (siehe Bild 8.1 im Anhang zur Visualisierung der Bauteilanordnung). Während der absolute Zeitbedarf für Sprünge mit zunehmender Anzahl von Bauteilen je Baujob zunimmt, bleibt der relative Anteil aufgrund der ebenfalls zunehmenden Belichtungszeit konstant.

$$t_{Gesamt} = \sum_{i=1}^{N} t_{Scan,i} + t_{Neben} + t_{Rüst} \tag{5.23}$$

mit:

N: Anzahl der Bauteile des betrachteten Baujobs

5.2 Bauteil- und Baujobportfolios für das LPBF-Verfahren

In den folgenden Abschnitten werden gemäß der Zielsetzung die Grundlagen verfahrensspezifischer Bauteilportfolios (BTP) und Baujobportfolios (BJP) beschrieben. Hierfür werden beide Portfoliotypen verfahrensspezifisch definiert und geeignete Größen zu ihrer Charakterisierung (BTP- bzw. BJP-Kennzahlen) eingeführt. Im Anschluss werden Referenz-BTPs definiert und unter systematischer Variation von Regeln und Parametern der Losbildung simulationsbasiert in Baujobportfolios überführt. Abschließend werden die Wirkzusammenhänge der verfahrensspezifischen produktionslogistischen Kennzahlen für die auf den Referenz-BTPs basierenden BJPs ermittelt.

Mittels der resultierenden Baujobkennlinien wird der Anwender befähigt, Konsequenzen von Änderungen im Bauteilportfolio oder von Regeln sowie Parametern der Losbildung auf die Beschaffenheit des Baujobportfolios zu ermitteln.

5.2.1 Bauteilportfolios für das LPBF-Verfahren

GEMBRYS definiert Produkte als „materielle Angebotsbestandteile eines produzierenden Unternehmens“ [Gem98, S.7]. Für Anwender des LPBF-Verfahrens sind alle herzustellenden Bauteile demnach als Produkte zu interpretieren. Der Definition folgend, ist das Bauteilportfolio von Anwendern des LPBF-Verfahrens äquivalent zum Produktportfolio bzw. Produktprogramm. Die Begriffe werden im Weiteren synonym verwendet. Eine Abgrenzung zum Produktionsprogramm erfolgt in 5.2.2. Dort wird das zu beherrschende Produktionsprogramm als Ergebnis der verfahrensspezifischen Losbildung detailliert beschrieben.

Die folgenden Ausführungen zielen insbesondere auf die als Einzelteile bezeichneten Elementarteile des Produktportfolios ab (vgl. [DIN12]). Diese sind verfahrensbedingt unmittelbar äquivalent zum Produkt bzw. Erzeugnis des Anwenders, ohne dass eine weitere Zuordnung der Einzelteile zu Gruppen oder Modulen erfolgt (vgl. [Kis14]).[16]

Die Klassifizierung von Produktprogrammen erfolgt gemäß RENNER unter anderem durch Angabe von Programmbreite und -tiefe. Mittels der Programmbreite wird hierbei die Anzahl unterschiedlicher Produktarten beschrieben, während die Programmtiefe der Quantifizierung der Anzahl unterschiedlicher Produktvarianten dient [Ren07]. Programmbreite und -tiefe werden im Folgenden verfahrensspezifisch definiert.

Gemäß DIN-199-1 sind Varianten als „Gegenstände ähnlicher Form und/oder Funktion mit einem in der Regel hohen Anteil identischer Gruppen oder Teile“ definiert [DIN12]. Laut SCHUH hat die Variantenbildung keinen Selbstzweck, sondern ist als Reaktion eines Unternehmens auf marktseitige Anforderungen zu verstehen [Sch18b, S.122]. Im Kontext des LPBF-Verfahrens hat die Variantenbildung erstmalig keinerlei komplexitätssteigernde Auswirkung, da die Fertigung bzw. Produktentstehung werkzeugungebunden aus digitalen Modelldaten erfolgt. Einer steigenden Anzahl von Produktva-

[16] Im LPBF-Verfahren können Module und Baugruppen in einem Fertigungsschritt hergestellt werden, ohne dass eine spätere Montage bzw. Integration von verschiedenen Bauteilen erforderlich ist. Die Gliederungsstufen der vor dem Hintergrund konventioneller Fertigungsverfahren entstandenen Norm sind somit nur eingeschränkt zur Produktgliederung im Umfeld der Additiven Fertigung (insb. pulverbettbasierte Verfahren bzw. LPBF) geeignet (vgl. [Kla18]).

rianten kann demnach fertigungstechnisch mit im Vergleich zu konventionellen Verfahren geringem Aufwand begegnet werden. Der fertigungstechnische Aufwand nimmt auch dann nicht zu, wenn keine Ähnlichkeit hinsichtlich Form und/oder Funktion zwischen zwei Produkten besteht. Da verfahrensspezifisch ferner die Bildung von Gruppen oder Modulen im Produktportfolio ausgeschlossen wird (s.o.), ist für das LPBF-Verfahren ebenfalls kein hoher Anteil identischer Gruppen oder Teile zwischen Produktvarianten festzustellen.

Auf Grundlage obiger Ausführungen wird im Kontext dieser Arbeit einer LPBF-gerechten Definition von Produktvarianten gefolgt:

> *Varianten mittels LPBF-Verfahren gefertigter Produkte sind Gegenstände identischen Werkstoffs. Hinsichtlich Form und Funktion besteht kein Ähnlichkeitszwang zwischen den Gegenständen.*

Eine Übersicht zur Klassifizierung von Varianten hinsichtlich zugrundeliegender Merkmale und deren möglicher Ausprägungen ist bspw. bei HEINA zu finden [Hei99, S.6]. In Anlehnung an die dort genannten Merkmale werden Varianten in dieser Arbeit über technische Kriterien und die Auftrittshäufigkeit der Produkte klassifiziert.

Zur Quantifizierung der Programmbreite ist die Anzahl der Produktarten zu bestimmen. Aufgrund der Spezifika des LPBF-Verfahrens (insb. hinsichtlich der geometrischen Flexibilität bei der Fertigung) erfolgt die Bestimmung der Produktart ausschließlich auf Basis des zur Herstellung der Produkte verwendeten Werkstoffs. Somit ist der Werkstoff bei der Bestimmung von Produktarten als abgrenzendes Merkmal zu verwenden. Weitere zur Abgrenzung von Produktarten geeignete Merkmale werden nicht berücksichtigt. Die Programmbreite eines Anwenders entspricht somit der Anzahl der von ihm verarbeitbaren Werkstoffe bzw. Legierungssysteme.

Bei der Ermittlung der Programmtiefe wird zunächst die Anzahl der je Werkstoff (Produktart) herzustellenden sich voneinander unterscheidenden Geometrien bestimmt. Der Werkstoff ist hierbei das aggregierende Merkmal. Die Summe der unterschiedlichen Geometrien über alle Produktarten ist äquivalent zur Programmtiefe.

Zur Verdeutlichung des Vorgehens bei der Bestimmung von Programmbreite und -tiefe ist in Bild 5.12 ein exemplarisches Bauteilportfolio mit drei Produktarten und zehn Produktvarianten dargestellt. Trotz identischer Geometrien zweier Bauteile (als Dreieck und Kreissegment dargestellt) resultieren aufgrund der unterschiedlichen Werkstoffe (siehe Farbkodierung) zehn Varianten.

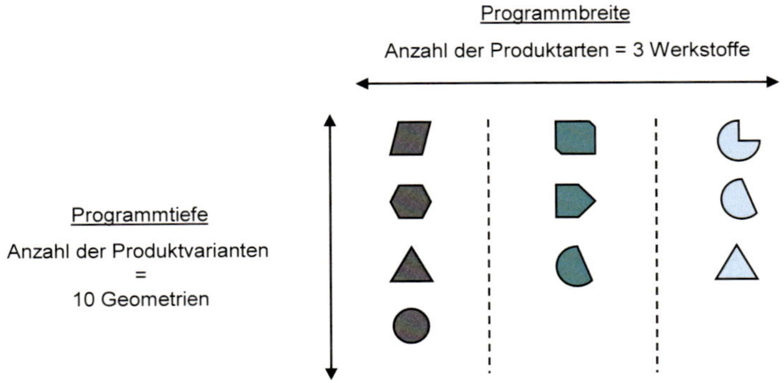

Bild 5.12: Exemplarisches Bauteilportfolio zur Erläuterung von Programmtiefe und -breite

Da eine Kombination von Bauteilen verschiedener Produktarten (Werkstoffe) zu Fertigungslosen verfahrensbedingt nicht möglich ist (siehe 2.1.2), werden die Bauteilportfolios je Produktart bzw. Werkstoff charakterisiert.

Um die Konsequenzen von Änderungen im Bauteilportfolio hinsichtlich der resultierenden Beschaffenheit des Baujobportfolios bewerten zu können, wird im Rahmen der Arbeit ein Algorithmus zur Bildung von hypothetischen Bauteilportfolios entwickelt (vgl. UML-Diagramm in Bild 8.8 im Anhang). Dieser beruht auf Annahmen hinsichtlich der Verteilung von Geometrie-, Zeit- und Mengengrößen der im Portfolio enthaltenen Bauteile (siehe Bild 5.13). Die Häufigkeitsverteilungen werden aus Gründen der Anschaulichkeit mittels geeigneter statistischen Kennzahlen parametriert.[17] Die Kennzahlen dienen ferner als Grundlage bei der späteren Ergründung von Wirkzusammenhängen.

Um gemäß der Zielsetzung der Arbeit eine verfahrensspezifische produktionslogistische Positionierung durchführen zu können, müssen die Vorgabezeiten der zu bearbeitenden Fertigungsaufträge bekannt sein. Wie in 5.1 erläutert, hängen die Vorgabezeiten für die Fertigung mittels LPBF-Verfahren u.a. von den geometrischen Eigenschaften der zu fertigenden Bauteile ab. Dementsprechend ist die Kenntnis der in Bild 5.13 dargestellten geometrischen Größen der im Portfolio enthaltenen Bauteile erforderlich. Da sich die Oberfläche von Bauteilen einer intuitiven Beschreibung durch den Anwender entzieht, wird an dieser Stelle das im vorigen Abschnitt definierte Komplexitätsmaß verwendet (vgl. Formel 5.1).

Zur Bestimmung von bei der Bewältigung eines Produktprogramms resultierenden produktionslogistischen Kennzahlen wie etwa der mittleren Verspätung von Bauteilen

---

[17] Geeignete statistische Kennzahlen sind z.B. der Mittelwert, die Standardabweichung und der Variationskoeffizient zufallsverteilter Variablen (vgl. [Gut17b]).

müssen für jedes zu fertigende Bauteil die in Bild 5.13 dargestellten Zeitgrößen bekannt sein. Darüber hinaus wird die Kenntnis der je Produkt und Kundenauftrag herzustellenden Stückzahl vorausgesetzt.

Die Kombination der in Bild 5.13 dargestellten Merkmale wird im Folgenden als Kundenauftrag bezeichnet. Dieser kann sowohl unternehmensintern (z.B. im Automotive-Umfeld) als auch von einem externen Kunden (z.B. bei einem LPBF-Dienstleister) platziert werden. Ungeachtet des Ursprungs werden alle dem Bereich der LPBF-Fertigung zugehenden Aufträge als Kundenauftrag bezeichnet.

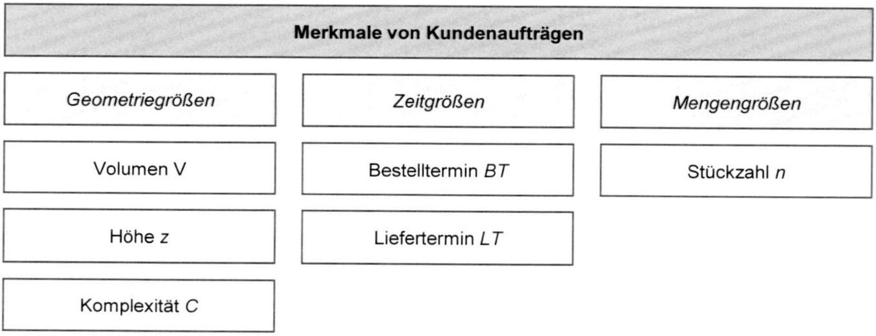

Bild 5.13: Merkmale von Kundenaufträgen für das LPBF-Verfahren

In der Praxis ist eine stochastische Abhängigkeit zwischen den geometrischen und mengenbezogenen Bauteilmerkmalen beobachtbar. Eine solche Abhängigkeit wird in der Stochastik mittels Korrelationskoeffizienten[18] quantifiziert. Anschaulich ist etwa ein positiver Korrelationskoeffizient zwischen Volumen und Höhe eines Bauteils ein Maß für die Wahrscheinlichkeit, dass ein Bauteil großen Volumens ebenfalls eine, im Vergleich zu den anderen Bauteilen der Grundgesamtheit, große Höhe aufweist. An dieser Stelle sei darauf hingewiesen, dass lediglich eine Korrelation der verschiedenen Merkmale beobachtbar ist. Das Vorliegen einer Merkmals-Korrelation ist als Indiz für eine Kausalität zu interpretieren, reicht aber für sich betrachtet nicht zum Nachweis eines kausalen Zusammenhangs aus (vgl. [Wei14, S.9ff]).

Die Korrelation der Merkmalsausprägungen hinsichtlich Volumen, Höhe, Komplexität und Stückzahl muss bei der Bildung von Referenz-BTPs berücksichtigt werden. Hierfür wird eine vierdimensionale multivariate Verteilung gebildet, als deren Randverteilungen die Häufigkeitsverteilungen der relevanten Merkmalsausprägungen gewählt wer-

[18] Die Korrelation ist ein normiertes Maß zur statistischen Beschreibung bi- bzw. multivariater Zufallsgrößen und dient der Quantifizierung des Grades der linearen Abhängigkeit zweier Zufallsvariablen. Im Gegensatz zur Kovarianz ist der Korrelationskoeffizient unabhängig von der Skalierung der zugrundeliegenden Daten und somit normiert.

den. Die Randverteilungen werden unter Berücksichtigung der Korrelationskoeffizienten mittels Verwendung des NORTA-Verfahrens derart skaliert, dass die statistisch geltenden Zusammenhänge zwischen den Merkmalen im resultierenden Bauteilportfolio wiederzufinden sind (vgl. [Car97]). Die Korrelationskoeffizienten werden in der in Formel 5.24 dargestellten Korrelationsmatrix[19] zusammengefasst.

$$\rho_{BTP} = \begin{pmatrix} 1 & \rho_{VC} & \rho_{Vz} & \rho_{Vn} \\ \dots & 1 & \rho_{Cz} & \rho_{Cn} \\ \dots & \dots & 1 & \rho_{zn} \\ \dots & \dots & \dots & 1 \end{pmatrix} \tag{5.24}$$

mit:

ρ_{ij}: Korrelationskoeffizient von Merkmal i und j

Zur Bildung des Bauteilportfolios werden zunächst gemäß der Anzahl der Kundenaufträge N_{KA} Zufallsvektoren auf Grundlage der multivariaten Verteilung erzeugt. Jeder Zufallsvektor KA_i beinhaltet die zur Beschreibung eines Kundenauftrags i erforderlichen Merkmale Volumen V_i, Komplexität C_i, Höhe z_i und Stückzahl n_i der zu fertigenden Geometrie (vgl. Formel 5.25).

$$KA_i = \begin{pmatrix} V_i \\ C_i \\ z_i \\ n_i \end{pmatrix} \tag{5.25}$$

Zur vollständigen Charakterisierung eines Kundenauftrags sind, wie in Bild 5.13 dargestellt, ebenfalls Informationen hinsichtlich des Bestelltermins BT_i und des gewünschten Liefertermins LT_i erforderlich. Für den Fall einer unternehmensinternen Fertigung und Weiterverwendung von Bauteilen ist der Liefertermin äquivalent zum Bedarfstermin. Im Folgenden wird ausschließlich der Begriff des Liefertermins verwendet.

Da die o.g. Zeitgrößen zur Charakterisierung eines Kundenauftrags aus den durchgeführten Analysen historischer Bauteilportfolios bei industriellen Anwendern bislang nicht hervorgehen[20], werden im Folgenden Annahmen zur modellhaften Bestimmung des Bestell- und Liefertermins getroffen. Um produktionslogistische Kennzahlen wie die mittlere Verspätung von Bauteilen bestimmen zu können, werden beide Größen im Rahmen dieser Arbeit mit dem Anspruch größtmöglicher Praxisnähe modelliert.

---

[19] Mittels der Korrelationsmatrix wird die Korrelation zwischen den Komponenten eines Zufallsvektors quantifiziert. Da die Berechnungsvorschrift zur Bestimmung der Korrelationskoeffizienten ein Skalarprodukt und somit kommutativ bzw. symmetrisch hinsichtlich der Multiplikatoren ist, wird in der Korrelationsmatrix auf die Darstellung der unter der Diagonale liegenden Werte verzichtet. Diese sind für alle Kombinationen von Zufallsvariablen äquivalent zu den Werten oberhalb der Diagonale ($\rho ij = \rho ji$).

[20] Dieser Umstand ist einem unzureichenden Detaillierungsgrad der Dokumentation geschuldet.

Hinsichtlich des Bestelltermins wird die Annahme getroffen, dass Kundenaufträge im Betrachtungszeitraum mit einer Rate zugehen, die äquivalent zum Quotienten aus der Anzahl der Kundenaufträge und der Länge des Betrachtungszeitraums ist. Die mittlere Zwischenankunftszeit entspricht dann dem Kehrwert dieses Quotienten. Saisonale Schwankungen werden bei der Modellierung nicht berücksichtigt. Das Bestelldatum wird ferner als unabhängig von allen weiteren zur Charakterisierung von Kundenaufträgen erforderlichen Merkmalen angenommen. Somit weist jeder Zeitpunkt im Betrachtungszeitraum die gleiche Wahrscheinlichkeit des Zugangs eines Kundenauftrags auf. Auf Grundlage dieser Gleichverteilung wird zufallsbasiert ein Bestelltermin BT_i je Kundenauftrag abgeleitet (siehe Formel 5.26). Der in Formel 5.25 dargestellte Zufallsvektor KA_i wird sodann für jedes Bauteil i um den Bestelltermin BT_i ergänzt. Die zeitliche Verteilung des Auftragseingangs im Bezugszeitraum ist exemplarisch für das Referenz-BTP I (siehe folgender Abschnitt) in Bild 5.14 dargestellt.

$$\begin{gathered} BT_i \sim SG(BZ_a, BZ_e) \\ \forall\, i \in \mathbb{N} \land 1 \leq i \leq N_{KA} \end{gathered} \tag{5.26}$$

mit:

SG: Stetige Gleichverteilung auf dem gegebenen Intervall

BZ_a: Anfang des Bezugszeitraums

BZ_e: Ende des Bezugszeitraums

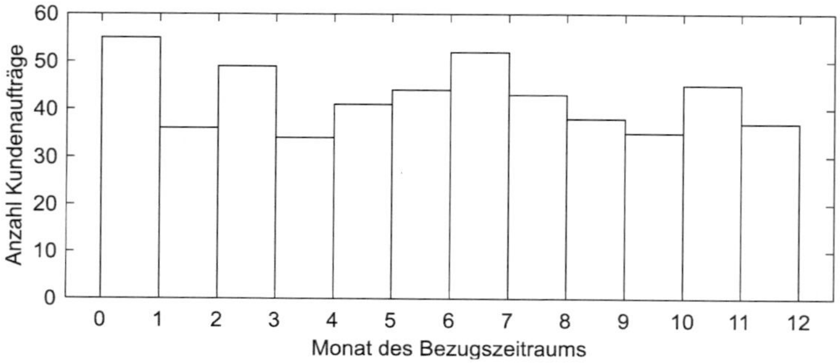

Bild 5.14: Zeitliche Verteilung des Auftragseingangs für das Referenz-Bauteilportfolio I

Zur Bestimmung des Liefertermins LT_i wird unterstellt, dass die geforderte Lieferzeit LZ_i im Zusammenhang mit der zur Fertigung der enthaltenen Bauteilgeometrie erforderlichen Herstellzeit steht. Die Lieferzeiten LZ_i werden dementsprechend unter Berücksichtigung der zur Bestimmung der Herstellzeit identifizierten Einflussgrößen Bauteilvolumen, Bauteilkomplexität und Stückzahl modelliert (siehe 5.1). Der Liefertermin LT_i wird sodann gemäß Formel 5.27 durch Addition von Bestelltermin und Lieferzeit LZ_i bestimmt.

$$LT_i = BT_i + LZ_i \tag{5.27}$$

Zunächst wird die erforderliche Herstellzeit HZ_i für den Kundenauftrag unter der Prämisse einer volumetrischen Bauraumauslastung von 20 % je Baujob bestimmt. Jeder Baujob enthält dabei ausschließlich die Bauteilgeometrie des Kundenauftrags.

Da die einzuhaltende Lieferzeit eine exogene Größe ist und somit vom Auftragnehmer nur bedingt beeinflussbar ist, wird die berechnete Herstellzeit je Kundenauftrag mit einem Korrekturfaktor $K_{L,i}$ multipliziert. Dieser wird zufallsbasiert auf Grundlage einer Normalverteilung ermittelt, deren Lage- und Skalenparameter szenariospezifisch zu definieren sind. Für die weiteren Untersuchungen werden die Verteilungsparameter so gewählt, dass der Korrekturfaktor mit einer Wahrscheinlichkeit von mehr als 99,999 % einen Wert zwischen $K_L = 0{,}8$ und $K_L = 3{,}0$ annimmt.[21] Das Histogramm der zugrundeliegenden Häufigkeitsverteilung ist in Bild 5.15 dargestellt. Mittels dieser Modellierung werden sowohl besonders dringliche Kundenaufträge mit kurzen Lieferzeiten als auch unkritische Kundenaufträge mit im Verhältnis zur Herstellzeit langen Lieferzeiten bei der Bildung der Referenz-BTPs berücksichtigt. Im Vergleich zu den etwa bei WIENDAHL beschriebenen Lieferzeitklassen im Umfeld konventioneller Fertigungsverfahren wird mittels der gewählten Parametrierung dem Leistungsversprechen kürzerer Lieferzeiten durch den Einsatz von Verfahren der Additiven Fertigung Rechnung getragen (vgl. [Wie12]).

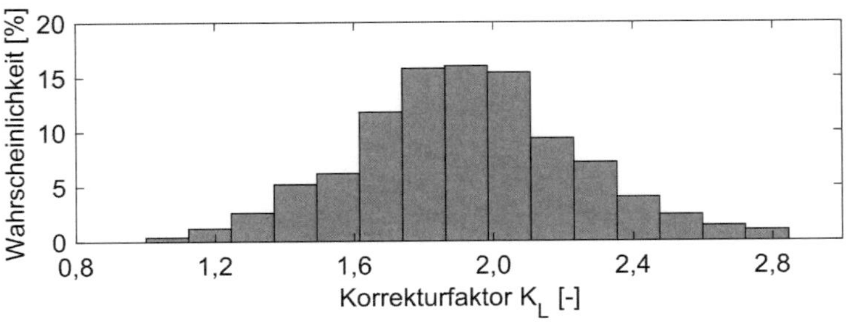

Bild 5.15: Histogramm der Häufigkeitsverteilung des Korrekturfaktors zur Modellierung der Lieferzeiten

Die Lieferzeit LZ_i eines Kundenauftrags wird gemäß der Berechnungsvorschrift in Formel 5.28 bestimmt und ebenfalls je Bauteil i zum zugehörigen Zufallsvektor KA_i hinzugefügt.

[21] Der Lageparameter wird zu $\mu = 1{,}9$ gewählt, der Skalenparameter beträgt $\sigma^2 = 0{,}32$

$$LZ_i = HZ_i * K_{L,i} \tag{5.28}$$

An dieser Stelle sei darauf hingewiesen, dass die Wahl der Verteilungsparameter zur Bestimmung des Korrekturfaktors K_L die Ausprägung der zu ermittelnden produktionslogistischen Kennzahlen, wie z.B. der mittleren Verspätung je Kundenauftrag signifikant beeinflusst. Dementsprechend sorgfältig ist dieser Faktor bei der anwenderindividuellen Durchführung der Methodik zu quantifizieren. Zur Visualisierung der Häufigkeitsverteilung sind in Bild 5.16 die resultierenden Lieferzeiten für das Referenz-BTP I in Form eines Histogramms dargestellt.

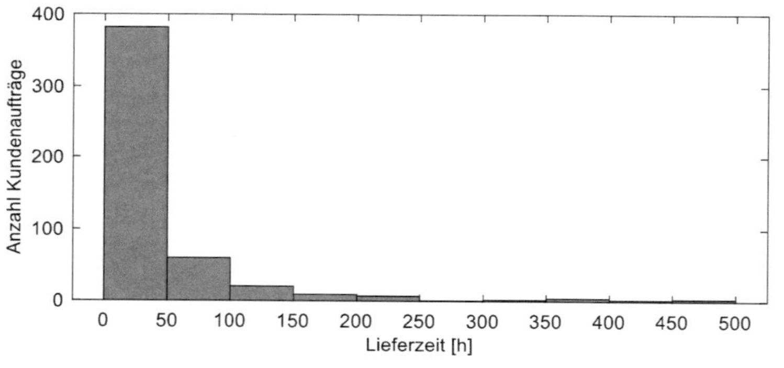

Bild 5.16: Histogramm der Lieferzeiten für das Referenz-Bauteilportfolio I

Der Zufallsvektor KA_i nimmt nach Ergänzung um die Zeitgrößen BT_i und LT_i die in Formel 5.29 beschriebene Form an.

$$KA_i = \begin{pmatrix} V_i \\ C_i \\ z_i \\ n_i \\ BT_i \\ LT_i \end{pmatrix} \tag{5.29}$$

Die Menge aller Zufallsvektoren KA_i entspricht dem gebildeten Bauteilportfolio BTP (vgl. Formel 5.30)

$$BTP = \{KA_i | i \in \mathbb{N} \wedge 1 \leq i \leq N_{KA}\} \tag{5.30}$$

Bei einer anschließenden Charakterisierung des Bauteilportfolios BTP entsprechen die Verteilungen der geometrie- und mengenbezogenen Merkmalsgrößen denen der initial gewählten Randverteilungen. Die Verteilungen der Zeitgrößen des Bestell- und Liefertermins ergeben sich aus den Modellannahmen sowie den bauteilspezifischen Geometrie- und Mengengrößen. Die Bestimmung der Korrelationskoeffizienten der Merkmale ergibt die zu Grunde gelegte Korrelationsmatrix ρ_{BTP}.

Bildung von Referenz-Bauteilportfolios

Hinsichtlich der Beschaffenheit von Bauteilportfolios für das LPBF-Verfahren ist eine Vielzahl von Varianten zu beobachten. Daher werden im folgenden Abschnitt gemäß dem Prinzip der Variantenbildung[22] zunächst solche Bauteilportfolios identifiziert und charakterisiert, die von hoher Allgemeingültigkeit sind und die realen Gegebenheiten bei einer möglichst großen Anzahl von heutigen und zukünftigen Anwendern abbilden.

Im weiteren Verlauf werden in Anlehnung an die von STITTGEN vorgeschlagene Klassifizierung von verfahrensspezifischen Anwendungsszenarien vier Referenz-BTPs gebildet [Sti20b]. Hierfür werden Annahmen hinsichtlich der Häufigkeitsverteilungen der in Bild 5.13 genannten geometrischen und mengenmäßigen Merkmale von Kundenaufträgen getroffen. Die Annahmen werden mittels statistischer Kennzahlen quantifiziert. Konkret werden der Mittelwert und der Variationskoeffizient[23] genutzt, um unter Anwendung des in Bild 8.8 (Anhang) dargestellten Programmcodes ein auf Zufallswerten basierendes Bauteilportfolio zu generieren. Die Zufallsgrößen sind merkmalsweise betaverteilt[24] und ferner gemäß der in Formel 5.32 dargestellten Koeffizienten korreliert.[25] Die Parameter der je Merkmal zugrundeliegenden Betaverteilungen werden analytisch auf Basis der o.g. statistischen Kennzahlen ermittelt (vgl. [Wal16, S.307]).

Die bei der Bildung von Referenz-BTPs getroffenen Annahmen basieren auf im Rahmen von Forschungsprojekten mit industriellen Anwendern sowie durch Expertengespräche generiertem Erfahrungswissen. Die Angaben sind dementsprechend insbesondere als Anhaltspunkt bei der Einordnung anwenderspezifischer Bauteilportfolios zu begreifen und basieren nicht auf realen Bauteilportfolios. Die Referenz-BTPs sind im weiteren Verlauf als Grundlage der simulationsbasierten Bildung von Baujobportfolios erforderlich. Hierbei werden die Regeln und Parameter der simulationsbasierten Zuordnung von Bauteilen zu Baujobs systematisch variiert (vgl. Beschreibung der Losbildung in 5.2.2), um sodann Kennzahlen der resultierenden Baujobs zu bestimmen und mittels Baujobkennlinien zu visualisieren (vgl. 5.2.3).

In Tabelle 5.6 erfolgt zunächst je Referenz-BTP eine Einordnung hinsichtlich des Mittelwerts (blaue Harvey Balls) und des Variationskoeffizienten (schwarze Harvey Balls) der relevanten Merkmale. Hierfür wird eine fünffach abgestufte verbale Ratingskala

---

[22] Vgl. Grundprinzipien der Systemtechnik in 4.3.1.

[23] Der Variationskoeffizient wird gewählt, da mittels dieser statistischen Kennzahl die Streuung der zugrundeliegenden Werte ungeachtet der Ausprägung des Mittelwerts quantifiziert werden kann. Der Variationskoeffizient ist somit eine geeignete Größe zur aggregierten Darstellung von Mittelwert und Standardabweichung beliebiger Grundgesamtheiten.

[24] Beta-Verteilungen sind eine Familie stetiger Wahrscheinlichkeitsverteilungen auf dem Intervall (0,1). Sie werden über zwei Parameter beschrieben. Durch die Begrenzung auf das genannte Intervall ist die Beta-Verteilung besonders gut für die Beschreibung nach oben und unten begrenzter Datenmengen geeignet.

[25] Das hierfür erforderliche Vorgehen wird bei TSOUKALAS beschrieben (vgl. [Tso20]).

verwendet. Die merkmalsweise quantitative Einordnung der Attribute ist in Tabelle 5.7 enthalten. Der Bestelltermin wird in dieser Darstellung nicht berücksichtigt, da er zwischen Start- und Endzeitpunkt des Betrachtungszeitraums als gleichverteilt[26] angenommen wird und sich seiner Ausprägung als Zeitpunkt entsprechend einer Beschreibung mittels statistischer Kennzahlen entzieht. Die Lieferzeiten werden gemäß den Ausführungen im vorigen Abschnitt auf Grundlage von geometrischen und mengenmäßigen Merkmalen rechnerisch bestimmt und sind dementsprechend ebenfalls nicht in der Darstellung enthalten.

Die Anzahl zu erzeugender Kundenaufträge N_{KA} wird neben den genannten Merkmalen der Kundenaufträge als zusätzlicher Parameter bei der algorithmusbasierten Bildung von Referenz-BTPs herangezogen. Um im Folgenden eine Vergleichbarkeit der resultierenden produktionslogistischen Kennzahlen zu gewährleisten, liegt allen Referenz-BTPs die Annahme zugrunde, dass im Betrachtungszeitraum eines Kalenderjahrs ein Referenzvolumen von $V_{PA} = 124.830\ cm^3$ umgeschmolzen wird.[27] Mittels dieses Vorgehens können die von der Beschaffenheit des Bauteilportfolios abhängigen Unterschiede in der Ausprägung der produktionslogistischen Kennzahlen besonders gut dargestellt werden, da eine gemeinsame Bezugsgröße existiert.

Die Anzahl der zur Erreichung des Referenzvolumens erforderlichen Kundenaufträge wird mittels der Berechnungsvorschrift in Formel 5.31 bestimmt. Dieser Wert ist äquivalent zur Kardinalität der als Bauteilportfolio *BTP* bezeichneten Menge aller Kundenaufträge (vgl. Formel 5.30).

$$N_{KA} = \frac{V_{PA}}{\bar{V} * \bar{n}} = |BTP| \qquad (5.31)$$

mit:

V_{PA}: Jährlich umzuschmelzendes Referenzvolumen

$\bar{V}$: Mittelwert des Volumens aller beauftragten Bauteil-Geometrien

$\bar{n}$: Mittelwert der Stückzahl aller beauftragten Bauteil-Geometrien

Die je Referenz-BTP resultierende Anzahl an Kundenaufträgen ist in der letzten Zeile von Tabelle 5.6 dargestellt. Zur Untersuchung des Einflusses der Anzahl an Kundenaufträgen erfolgt in 5.2.3 eine systematische Variation dieses Parameters, während alle anderen Merkmalsausprägungen des Referenz-BTPs unverändert bleiben.

Tabelle 5.6: Merkmalsausprägungen zur Bildung von Referenz-Bauteilportfolios

[26] Die Gleichverteilung ist ein Spezialfall der Beta-Verteilung und resultiert, wenn beide Verteilungsparameter den Wert eins annehmen.

[27] Das Referenzvolumen wird unter der Prämisse gebildet, dass mittels einer LPBF-Anlage in 95 % der je Betriebsjahr zur Verfügung stehenden Zeit von 8.760 Stunden mit einer Aufbaurate von durchschnittlich 15 cm³/h (vgl. [Shi16], [Mar17]) Pulver zu Bauteilen umgeschmolzen wird. Die angenommene Leistung der LPBF-Anlage entspricht dann ihrer maximalen Leistung (siehe 5.3.1).

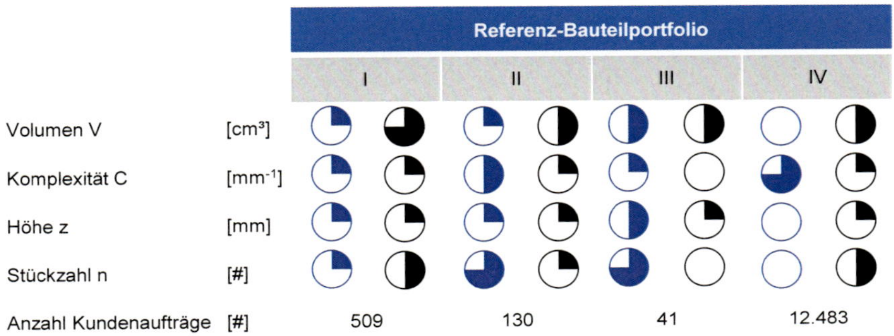

Tabelle 5.7: Intervalle der Merkmalsausprägungen zur Bildung von Referenz-Bauteilportfolios

			sehr gering	gering	mittel	hoch	sehr hoch
Mittelwerte	Volumen	[cm³]	(0, 25]	(25, 75]	(75, 175]	(175, 375]	(375, 600]
	Komplexität	[mm⁻¹]	(0, 1]	(1, 2]	(2, 3]	(3, 4]	(4, 5]
	Höhe	[mm]	(0, 50]	(50, 100]	(100, 150]	(150, 200]	(200, 250]
	Stückzahl	[#]	[1, 5]	(5, 15]	(15, 30]	(30, 50]	(50, 100]
			sehr gering	*gering*	*mittel*	*hoch*	*sehr hoch*
	Variationskoeffizient	[-]	(0; 0,5]	(0,5; 1]	(1; 1,5]	(1,5; 2]	(2; 2,5)

Mittels folgender Überlegungen werden die getroffenen Annahmen begründet. Die qualitative Einordnung der Merkmalsausprägung erfolgt hierbei gemäß der in Tabelle 5.7 erläuterten Rating-Skala.

- Referenz-BTP I: Mittels LPBF-Verfahren gefertigte Bauteile weisen heute ein gemäß obiger Skala als gering zu bezeichnendes Volumen auf, das von einer hohen Streuung gekennzeichnet ist. Diese Streuung resultiert aus der Vielfalt der Kundenanfragen, die etwa bei einem LPBF-Dienstleister eingehen. Sowohl die mittlere Bauteil-Komplexität als auch die Streuung dieses Maßes sind gering, da die geometrischen Freiheiten bei der LPBF-gerechten Bauteilauslegung regelmäßig nicht ausgenutzt werden. Hinsichtlich der Höhe der im Portfolio enthaltenen Bauteile ist festzustellen, dass die anlagenseitig zur Verfügung stehende Höhe des Bauraums in der Regel nicht ausgenutzt wird (vgl. Bauteilportfolio industrieller Anwender bei [Sti21]). Die Werte streuen mit geringer Ausprägung um den Mittelwert der Bauteilhöhe. Die je Kundenauftrag angeforderten Stückzahlen sind im Mittel gering und von einer mittelgroßen Streuung gekennzeichnet.
- Referenz-BTP II: Über die Beschaffenheit des Referenz-BTP II werden insb. die zukünftig durch eine zunehmende Adaption von Verfahren der Additiven Fertigung zu erwartenden Änderungen hinsichtlich der Beschaffenheit von Bauteilportfolios abgebildet. Während die mittleren Volumina der Bauteile unverändert bleiben,

nimmt die Streuung dieses Werts mit der Reduktion der Streuung der Stückzahlen je Kundenauftrag ab[28]. Durch die Etablierung und Verstetigung von LPBF-gerechten, algorithmusunterstützten Konstruktionsverfahren (vgl. [Kri11]) nimmt die mittlere Komplexität der zu fertigenden Bauteile bei konstantem Variationskoeffizienten zu. Hinsichtlich der Bauteilhöhe sind keine signifikanten Änderungen zu erwarten. Mit zunehmendem Bedarf an additiv gefertigten Bauteilen wird eine Zunahme der mittleren Stückzahl je Kundenauftrag erwartet. Durch die Transition von Prototyping-Anwendungen hin zu Klein- und Mittelserien ist ferner eine Verminderung der Streuung der mittleren Stückzahl indiziert.

- Referenz-BTP III: Die im Referenz-BTP III enthaltenen Kundenaufträge sind von Geometrien mittleren Volumens bei ebenfalls mittelgroßer Streuung dieser Größe charakterisiert. Da die Komplexität gering ausgeprägt ist und ferner lediglich ein sehr geringer Variationskoeffizient der Komplexität vorliegt, wird mittels dieses Bauteilportfolios bspw. das Produktprogramms eines Automotive- oder Luftfahrt-OEMs bzw. -Lieferanten im Bereich von Ersatz- oder Serienbauteilen abgebildet (vgl. [Bei18]). Aufgrund des in diesem Umfeld großen Bedarfs an Gleichteilen ist die Stückzahl je Kundenauftrag sehr hoch und von einer geringen Streuung gekennzeichnet. Die Bauteilhöhen werden in diesem Referenz-Portfolio aufgrund der Beschaffenheit branchentypischer Bauteile als mittelgroß angenommen und streuen nur geringfügig.

- Referenz-BTP IV: Mittels des Referenz-BTP IV werden komplexe, kleinvolumige Geometrien berücksichtigt, wie sie etwa im Bereich der Medizintechnik patientenindividuell gefertigt werden (vgl. [Jav18] und die dort genannte weiterführende Literatur). Aufgrund der Individualität der Bauteile nimmt der Variationskoeffizient des Volumens Werte zwischen 1,0 und 1,5 an, während hinsichtlich der Komplexität nur geringe Streuungen zu beobachten sind. Die mittlere Höhe der Bauteile fällt sehr gering aus und ist ebenfalls von einer geringen Streuung gekennzeichnet. Die mittlere Stückzahl je Kundenauftrag ist aufgrund der hohen Individualität der zugrundeliegenden Bauteile sehr gering ausgeprägt und streut im Verhältnis sehr gering.

Für die Korrelationskoeffizienten der Merkmale werden im Folgenden für alle Referenz-BTPs die in Formel 5.32 dargestellten Werte verwendet. Diese basieren auf Analysen von Bauteilportfolios industrieller Anwender und werden zur Untersuchung ihres Einflusses auf den Verlauf der Baujobkennlinien in 5.2.4 einer systematischen Variation unterzogen. Das zur Bestimmung der Korrelationskoeffizienten herangezogene Bauteilportfolio ist bei [Sti21] abrufbar. Alle mit der Stückzahl n eines Kundenauftrags in Verbindung stehenden Korrelationskoeffizienten sind negativ (vgl. letzte Spalte der Korrelationsmatrix). Mit zunehmender Stückzahl sinken somit im Mittel das Volumen,

[28] Diese Werte sind gemäß der in Formel 5.32 dargestellten Matrix korreliert.

die Höhe und die Komplexität der im Kundenauftrag enthaltenen Bauteilgeometrie. Das Volumen *V* und die Komplexität *C* eines Bauteils sind ebenfalls negativ korreliert. Eine Zunahme der Komplexität geht demnach im Mittel mit einer Abnahme des Volumens einher (vgl. Berechnungsgrundlagen der Komplexität C in 5.1). Schließlich ist bei Zunahme der Höhe *z* eine Zunahme des Volumens *V* und der Komplexität *C* der Bauteile zu beobachten. Beide Korrelationskoeffizienten sind dementsprechend positiv.

$$\rho_{BTP} = \begin{pmatrix} 1 & -0{,}200 & 0{,}240 & -0{,}124 \\ \dots & 1 & 0{,}136 & -0{,}205 \\ \dots & \dots & 1 & -0{,}086 \\ \dots & \dots & \dots & 1 \end{pmatrix} \quad (5.32)$$

Für das Referenz-BTP I sind die paarweisen Merkmalskorrelationen (Streudiagramme abseits der Hauptdiagonalen) sowie die Histogramme der Merkmalsverteilungen (entlang der Hauptdiagonale) in Bild 5.17 dargestellt. Dort sind aus Gründen der Anschaulichkeit nur die für die Streudiagramme geltenden Beschriftungen der y-Achsen dargestellt.

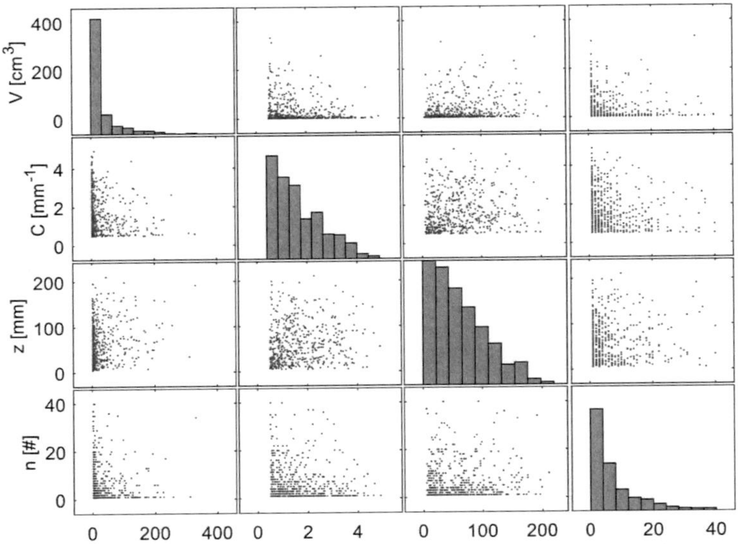

Bild 5.17: Streudiagramme und Histogramme der Merkmalsausprägungen des Referenz-Bauteilportfolios I

Jeder Datenpunkt repräsentiert die quantitative Ausprägung von je zwei Merkmalen der im Referenz-BTP enthaltenen Bauteile. Gemäß den dargestellten Histogrammen nimmt die Häufigkeit großer Ausprägungen für die Merkmale Volumen *V*, Komplexität

C, Höhe *z* und Stückzahl *n* im Referenz-BTP I ab. Demnach sind überwiegend kleinvolumige Bauteile mit geringer Komplexität, Höhe und in geringen Stückzahlen im Referenz-BTP I enthalten. Die paarweisen Merkmalskorrelationen und Histogramme sind für die drei weiteren Referenz-BTPs in Bild 8.2 bis Bild 8.4 des Anhangs dargestellt.

Um einen visuellen Vergleich der zur Beschreibung der Referenz-BTPs herangezogenen statistischen Kennzahlen zu ermöglichen, werden der Variationskoeffizient und der Mittelwert der berücksichtigten Merkmale in Bild 5.18 in Netzdiagrammen dargestellt. Die im Diagramm verwendete Skala wird gemäß dem Füllgrad der in Tabelle 5.6 dargestellten Harvey Balls unterteilt. Mittels dieser Visualisierung sind die Unterschiede der Referenz-BTPs hinsichtlich Mittelwert und Variationskoeffizient der relevanten Merkmale anschaulich darstellbar.

Die Referenz-BTPs dienen bei der im folgenden Abschnitt beschriebenen Bildung von Fertigungslosen als Eingangsgröße. Je Referenz-BTP erfolgt eine systematische Variation der Regeln und Parameter der Losbildung. Die Eigenschaften der resultierenden Baujobs werden sodann in Abhängigkeit der Regeln und Parameter der Losbildung in aggregierter Form als Baujobkennlinien dargestellt.

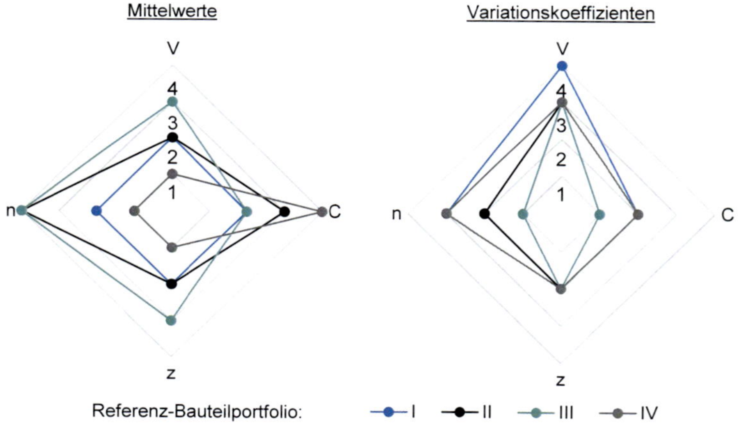

Bild 5.18: Mittelwerte und Variationskoeffizienten der Merkmalsausprägungen für die Referenz-Bauteilportfolios

5.2.2 Baujobportfolios für das LPBF-Verfahren

Analog zum Vorgehen im vorigen Abschnitt erfolgt auch für Baujobportfolios[29] eine verfahrensspezifische Herleitung der Grundlagen. Hierbei wird zunächst eine Abgren-

[29] Die Menge aller in einem Betrachtungszeitraum zu fertigenden Baujobs wird als Baujobportfolio bezeichnet.

zung zu Verfahren der konventionellen Fertigung vorgenommen, eine Vorgehensweise zur Bildung von Baujobs auf Basis eines Bauteilportfolios entwickelt und abschließend hergeleitet, welche Kennzahlen zur Beschreibung der resultierenden Baujobportfolios heranzuziehen sind.

Aufbauend auf den Ausführungen in 2.1.2 sind die im Umfeld konventioneller Fertigungsverfahren entstandenen Begriffsdefinitionen hinsichtlich eines Fertigungsloses bzw. dessen Losgröße für das LPBF-Verfahren nicht anwendbar.

In dieser Arbeit wird das LPBF-spezifische Fertigungslos daher wie folgt definiert:

> *Ein LPBF-Fertigungslos ist eine Menge von Objekten, die einer Substratplatte zur schichtweisen, parallelen Fertigung mittels LPBF-Verfahren ohne Unterbrechung durch Rüstvorgänge zugewiesen sind. Die Objekte bestehen hierbei aus einem identischen Werkstoff und können hinsichtlich ihrer geometrischen Beschaffenheit voneinander abweichen.*
>
> *Die Kardinalität der Menge von Objekten je Substratplatte entspricht der Losgröße und ist durch den zur Verfügung stehenden Bauraum technisch begrenzt.*

Die Gesamtheit aller LPBF-Fertigungslose in einem definierten Bezugszeitraum wird in dieser Arbeit als Produktionsprogramm aufgefasst und im Folgenden als Baujobportfolio (BJP) bezeichnet. Eine Übersicht zu Strukturmerkmalen von Produktionsprogrammen ist bei Möhrle und Helbing zu finden (vgl. [Möh18, S.49; Hel18, S.1240]).

Simulationsbasierte Bildung von Fertigungslosen

In dieser Arbeit wird ein simulativer, dynamisch zeitdiskreter Ansatz[30] zur Bildung von Fertigungslosen verfolgt. Dieser Ansatz wird gewählt, da zum Zeitpunkt der Datenaufbereitung lediglich eine begrenzte Anzahl von Bauteilen zur Zuordnung verfügbar ist. Die Bauteile sind gemäß den Spezifikationen des zugehörigen Kundenauftrags zu fertigen. In der industriellen Praxis erfolgt die Zuordnung von Bauteilen ferner nicht kontinuierlich, sondern in regelmäßigen Intervallen. Je länger diese Intervalle bei konstanter Zugangsrate von Kundenaufträgen sind, desto mehr Bauteile stehen für die Zuordnung zur Verfügung. Da für die aus einem Kundenauftrag stammenden Bauteile der Zugangstermin bekannt ist (siehe 5.2.1), kann für jedes Intervall zwischen zwei Datenaufbereitungs-Zeitpunkten ein entsprechender Bauteil-Pool gebildet werden. Wird ein Bauteil einem Baujob zugeordnet, so wird dieses aus dem Bauteil-Pool entfernt. Der Bauteil-Pool muss am Ende des Intervalls der Datenaufbereitung nicht vollständig geleert sein. Die nicht zugeordneten Bauteile verbleiben im Pool und werden bei der Datenaufbereitung solange berücksichtigt, bis sie einem Baujob zugeordnet werden.

---

[30] Vgl. Gutenschwager zur Klassifikation von Simulationsmethoden [Gut17b].

Die Struktur sowie der Ablauf des entwickelten Simulationsmodells sind dem UML-Diagramm in Bild 8.5 des Anhangs zu entnehmen und werden im Folgenden detailliert.

Die Zuordnung von Bauteilen zu Baujobs erfolgt im zeitlichen Verlauf unter Berücksichtigung der in Tabelle 5.8 dargestellten Regeln. Während die ersten drei Regeln an Losbildungsverfahren aus der konventionellen Fertigung angelehnt sind, weist die Zuordnung von Bauteilen mit dem Ziel einer möglichst homogenen Bauteilhöhe je Baujob einen expliziten Bezug zu den Spezifika des LPBF-Verfahrens auf.

Tabelle 5.8: Regeln der Zuordnung von Bauteilen zu Baujobs

Zuordnungsregel	Erläuterung
FIFO[31]	Die Bauteile im Bauteil-Pool werden in der Reihenfolge des Zugangs zu Baujobs hinzugefügt.
Bedarfstermin[32]	Die Bauteile im Bauteil-Pool werden in der Reihenfolge ihrer Bedarfstermine zu Baujobs hinzugefügt.
Zufall	Die Bauteile im Bauteil-Pool werden in zufälliger Reihenfolge zu Baujobs hinzugefügt.
z-Höhe	Die Bauteile im Bauteil-Pool werden in der Reihenfolge absteigender z-Höhen kombiniert.

Ferner ist gemäß den in Tabelle 5.9 aufgeführten Regeln für jeden zu bildenden Baujob zu bewerten, ob das Hinzufügen eines weiteren Bauteils das Eintreten der sog. Finalisierungsbedingung auslöst. In diesem Fall wird das die Finalisierungsbedingung auslösende Bauteil dem Baujob nicht mehr hinzugefügt, sondern einem neuen Baujob zugeordnet. Tritt die Finalisierungsbedingung ein, gilt der Prozessschritt des Nestings bzw. der Losbildung als abgeschlossen und der Baujob als finalisiert. Im Anschluss an die Finalisierung können keine weiteren Bauteile hinzugefügt werden. Um die Zuordnung weiterer Bauteile aus dem Pool zum Zeitpunkt der Datenaufbereitung zu ermöglichen, wird ein neuer Baujob gebildet, falls weitere Kundenaufträge vorliegen.

Der Finalisierungsparameter kann bei Anwendung der Liefertermin-Regel sowohl negative als auch positive Werte annehmen. Ein positiver Parameter ist hierbei als Puffer bezogen auf den gewünschten Liefertermin zu interpretieren. Das Bauteil muss entsprechend früher fertiggestellt werden. Nimmt der Finalisierungsparameter einen negativen Wert an, so wird eine Verspätung um den definierten Wert in Kauf genommen. Hinsichtlich der Finalisierung gemäß Herstellzeit kann der zugehörige Parameter ausschließlich positive Werte annehmen.

---

[31] FIFO: First-in-First-out

[32] Der Bedarfstermin BT_{BJ} eines Baujobs entspricht dem Minimum der Menge der Liefertermine LT_{BT} aller dem Baujob zugeordneten Bauteile.

Im entwickelten Simulationsmodell werden zwei Finalisierungsregeln berücksichtigt. Während über die Finalisierungsregel der Lieferterminabweichung eine unternehmensexterne, kundenorientierte Perspektive abgebildet wird, bildet die Finalisierung bei Erreichung einer definierten Baujob-Herstellzeit die unternehmensinterne, produktionsorientierte Sichtweise ab. Mittels Anwendung ersterer Regel wird insbesondere der kundenseitige Wunsch einer hohen Liefertermintreue adressiert. Die Fokussierung auf Herstellzeiten führt in der Regel zu homogenen, definierten Auftragszeiten und hat somit eine Verringerung von Auslastungsverlusten der Produktionsmittel zur Folge (vgl. [Nyh12]).

Bestandsbasierte Regeln werden bei der Finalisierung von Baujobs nicht berücksichtigt, da die Bildung von Fertigungslosen im zugrundeliegenden Simulationsmodell losgelöst von den Gegebenheiten der Produktionsumgebung erfolgt (vgl. Bild 4.5). Dementsprechend ist eine Rückkopplung von der Produktionsumgebung in den Bereich der Baujobbildung nicht möglich. Die Losbildung ist daher als unkapazitiert zu bezeichnen (vgl. [Hah98]).

Tabelle 5.9: Regeln der Finalisierung von Baujobs

Finalisierungs-regel	Erläuterung	Parameter
Lieferterminab-weichung	Baujobs werden finalisiert, wenn der Liefertermin um einen definierten Wert unter- bzw. überschritten wird.	$p_{F,LT}$: max. zulässige Lieferterminabweichung in Stunden
Herstellzeit[33]	Baujobs werden finalisiert, wenn die Vorgabezeit einen definierten Wert erstmalig überschreitet.	$p_{F,HZ}$: max. zulässige Herstellzeit in Stunden

Wird eine Finalisierungsregel angewendet, so ergibt sich der Gegenstand der nicht ausgewählten Finalisierungsregeln als eine das entstehende Baujobportfolio charakterisierende Ausgangsgröße. Werden Baujobs bspw. unter der Prämisse der Einhaltung von Lieferterminen aller enthaltenen Bauteile gebildet (Finalisierungsregel der Lieferterminabweichung), so können für das entstehende BJP die Häufigkeitsverteilung sowie statistische Kennzahlen der Herstellzeit abgeleitet werden.

Hierbei ist zu berücksichtigen, dass die im Schritt der Baujobbildung ermittelte Lieferterminabweichung lediglich eine untere Schranke darstellt, deren Wert auch durch Verfahren der Auftragsfreigabe nicht mehr unterschritten werden kann. Durch eine ggf. verzögerte Bearbeitung von Fertigungsaufträgen wird die tatsächliche Terminabweichung immer mindestens so groß sein wie die im Schritt der Baujobbildung ermittelte untere Schranke der Terminabweichung. Da die Baujobs nach Abschluss der Bildung

---

33 Die Herstellzeit eines Baujobs wird unter Berücksichtigung der in 5.1 hergeleiteten Berechnungsvorschriften ermittelt.

fixiert sind, treten hinsichtlich Bauraumauslastung und Herstellzeit keine durch folgende Prozessschritte verursachten Veränderungen auf.

Zur Bildung von Baujobs aus dem zugrundeliegenden Bauteilportfolio ist neben den Zuordnungs- und Finalisierungsregeln die Länge des Intervalls zwischen zwei Datenaufbereitungs-Zeitpunkten als Eingangsparameter zu quantifizieren. Die bauteilspezifischen Bedarfstermine sowie die Zugangsrate von Kundenaufträgen ergeben sich unmittelbar aus dem Bauteilportfolio und sind als exogene Eingangsgrößen vom Anwender nicht beeinflussbar.

Zur Klassifikation von Modellen der Baujobbildung wird im weiteren Verlauf die Notation *Z / F / PF / I* verwendet. Diese ist an die Klassifikation von Warteschlangenmodellen nach KENDALL angelehnt (siehe 2.2.3). Hierbei wird mittels der Merkmale *Z* bzw. *F* die gewählte Zuordnungs- bzw. Finalisierungsregel bezeichnet. Das Merkmal *PF* wird zur Quantifizierung des Parameters der Finalisierungsregel verwendet. Mittels des Merkmals *I* wird die Länge des Intervalls zwischen zwei Datenaufbereitungs-Zeitpunkten quantifiziert.

Die vorgeschlagene Notation erlaubt eine übersichtliche Darstellung der bei der Bildung eines Baujobportfolios herangezogenen Eingangsgrößen. Die zulässigen Parameter der einzelnen Merkmale sind in Tabelle 5.10 dargestellt.

Tabelle 5.10: Parameter zur Beschreibung der Merkmale bei der Klassifikation von Modellen der Baujobbildung

Merkmal	**Mögliche Ausprägungen**
Zuordnungsregel *Z* (vgl. Tabelle 5.8)	*FF* (FIFO) *BT* (Bedarfstermin) *ZU* (Zufall) *ZH* (Z-Homogenität)
Finalisierungsregel *F* (vgl. Tabelle 5.9)	*LT* (Liefertermin-Überschreitung) *HZ* (Herstellzeit-Überschreitung)
Parameter der Finalisierungsregel *PF*	Numerischer Wert gemäß regelspezifischer Parameterbeschreibung in Tabelle 5.9
Intervall zwischen Datenaufbereitungszeitpunkten *I*	Positive, ganze Zahl: $I \in \mathbb{N}^*$ (Einheit: Stunden)

Um einen quantitativen Vergleich der simulativ gebildeten Baujobportfolios zu ermöglichen, werden für die in Bild 5.19 dargestellten Merkmalsgruppen auf Grundlage der simulativ bestimmten Fertigungslose Kennzahlen berechnet. Diese verfahrensspezifischen und produktionslogistischen Kennzahlen werden im Folgenden als Merkmale des Baujobportfolios bezeichnet und beinhalten je nach Merkmalsgruppe kumulierte Werte, Mittelwerte, Standardabweichungen und Variationskoeffizienten.

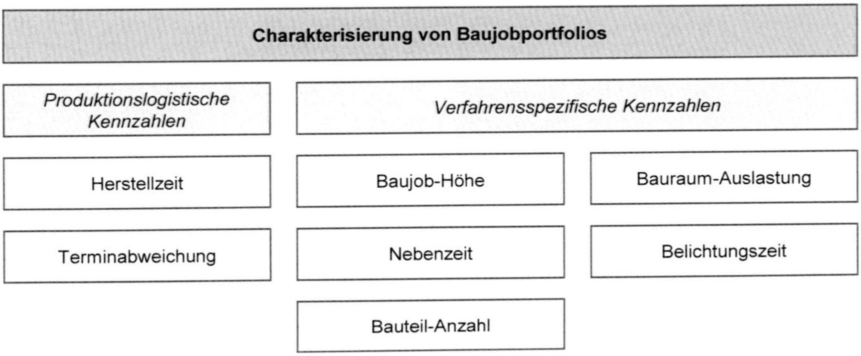

Bild 5.19: Merkmalsgruppen zur Charakterisierung von Baujobportfolios für das LPBF-Verfahren

Die Häufigkeitsverteilungen der je Merkmalsgruppe zugrundeliegenden Daten sind für ein exemplarisches Baujobportfolio[34] in Bild 5.20 dargestellt. Da die zugrundeliegenden Baujobs mittels der Regel der Herstellzeit finalisiert werden, treten nur in geringem Maße Baujobs auf, die länger als 50 Stunden dauern (siehe Histogramm A in Bild 5.20). Solche Baujobs beinhalten jeweils nur ein Bauteil, dessen Fertigung ohne Kombination mit weiteren Bauteilen bereits mehr als 50 Stunden in Anspruch nimmt. Da die Belichtungszeit Bestandteil der Herstellzeit ist, ähneln sich die Häufigkeitsverteilungen bei geringerer absoluter Ausprägung der Belichtungszeit (siehe Histogramm F in Bild 5.20). Hinsichtlich der Terminabweichung ist festzuhalten, dass ein Großteil der Baujobs im Fall unkapazitierter Losbildung[35] vor dem geforderten Liefertermin fertiggestellt werden kann (siehe Histogramm B in Bild 5.20). Die Ausreißer bei ca. -3.000 bzw. -4.000 Stunden Terminabweichung[36] sind auf Baujobs zurückzuführen, die jeweils nur ein großvolumiges, in großer Stückzahl beauftragtes Bauteil enthalten und dementsprechend gemäß der in 5.2.1 beschriebenen Modellierung durch lange Lieferzeiten charakterisiert sind.

Die Häufigkeitsverteilungen der Ausprägungen der geometrischen Merkmale der Bauraum-Auslastung (siehe Histogramm C in Bild 5.20) und der Anzahl der Bauteile je Baujob (siehe Histogramm D Bild 5.20) weisen einen exponentiell fallenden Verlauf auf. Dieser wird durch die Begrenzung der zulässigen Herstellzeit bzw. Lieferterminüberschreitung verursacht. Die Baujob-Höhen weisen eine Häufigkeitsverteilung auf,

---

[34] Das zugrundeliegende Baujobportfolio ist gemäß der oben eingeführten Notation als ZH/HZ/60/24 zu beschreiben und beruht auf Referenz-BTP I (siehe 5.3.1).

[35] Bei unkapazitierter Losbildung werden die gegenwärtige Belastung in der Produktionsumgebung und die Anzahl der dort zur Verfügung stehenden Produktionsmittel nicht berücksichtigt (vgl. [Hah98]).

[36] Negative Terminabweichungen bedeuten eine Fertigstellung vor dem gewünschten Liefertermin

die hinsichtlich des Verlaufs der Verteilung der Bauteil-Höhen im Referenz-BTP I ähnelt (siehe Histogramm E in Bild 5.20 sowie Histogramm in Bild 5.17).

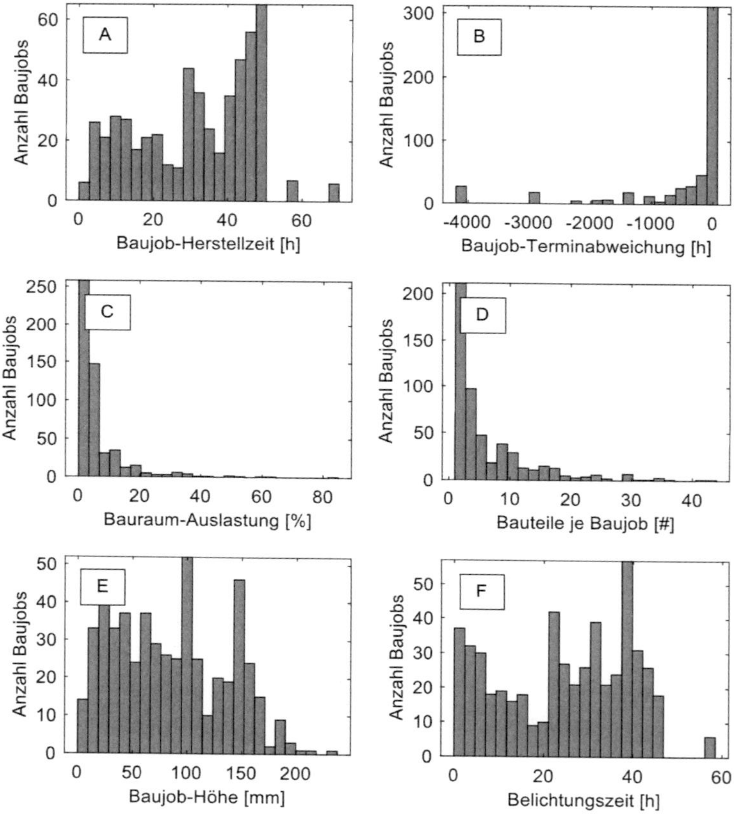

Bild 5.20: Charakterisierung eines ZH/HZ/50/24 Baujobportfolios auf Basis von Referenz-Bauteilportfolio I

Bildung von Referenz-Baujobportfolios

Basierend auf den in 5.2.1 gebildeten Referenz-BTPs werden unter Anwendung des im vorigen Abschnitt beschriebenen Vorgehens simulationsbasiert Baujobportfolios gebildet. Hierfür werden die je Referenz-BTP enthaltenen Bauteile unter Berücksichtigung verschiedener Regeln und Parameter der Losbildung zu Baujobs zugeordnet. Mittels systematischer Variation der Eigenschaften der Losbildung entstehen so je Referenz-BTP mehrere Baujobportfolios. Jedes dieser Baujobportfolios basiert auf dem zugrundeliegenden Bauteilportfolio sowie den zur Losbildung herangezogenen Regeln und Parametern. Das Vorgehen zur simulationsbasierten Zuordnung der in den Referenz-BTPs enthaltenen Bauteilen zu

Baujobs unter Berücksichtigung der Regeln und Parameter der Losbildung wird schematisch in Bild 5.21 beschrieben (vgl. auch UML-Diagramm in Bild 8.5 im Anhang).

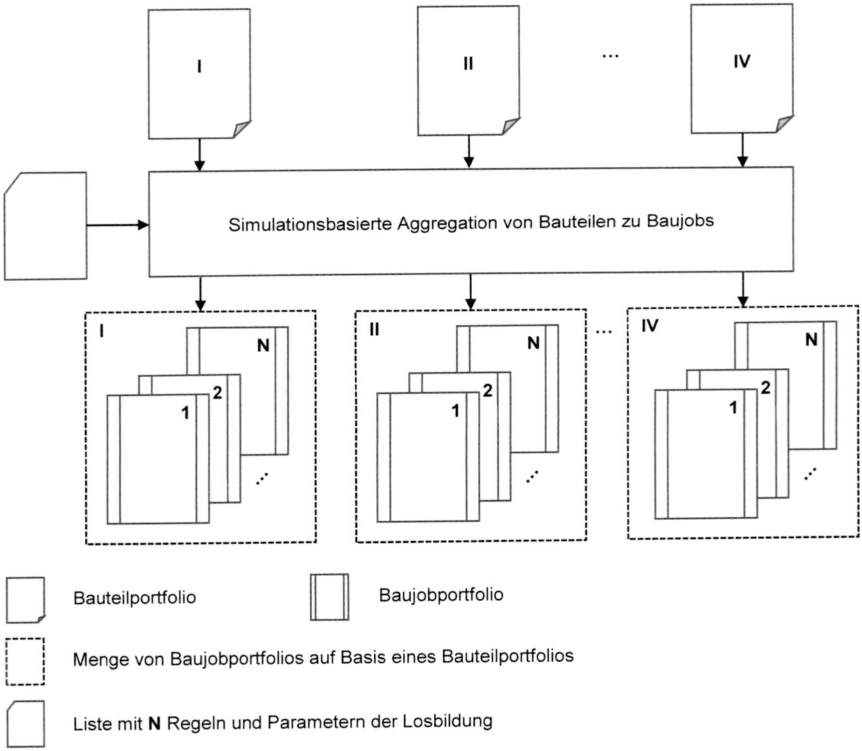

Bild 5.21: Schematisches Vorgehen zur Bildung von Baujobportfolios aus Bauteilportfolios

Die zur simulationsbasierten Losbildung herangezogenen Regeln und Parameter werden wie in der in Tabelle 5.11 enthaltenen Übersicht beschrieben variiert. Dort sind die Merkmale zur Bildung von Baujobs (Zuordnungsregel, Finalisierungsregel sowie -parameter und Intervall der Datenaufbereitung) inkl. der zulässigen Ausprägungen dargestellt. Da die bei der Simulation als Eingangsgröße herangezogenen Bauteilportfolios zufallsbasiert unter Angabe von Häufigkeitsverteilungen der relevanten Merkmale gebildet werden (siehe 5.2.1), sind mehrere Simulationsläufe je Referenz-BTP bei Anwendung identischer Regel- und Parameterkombinationen der Losbildung erforderlich. Die statistischen Merkmale (Häufigkeitsverteilung und Kennzahlen) des Referenz-BTPs bleiben dabei unverändert, während sich die tatsächlich im Bauteilportfolio enthaltenen Kundenaufträge aufgrund der stochastischen Eigenschaft der Generierung unterscheiden. Zur quantitativen Charakterisierung der simulativ gebildeten Baujobportfolios werden die Kennzahlen durch Mittelwertbildung unter Berücksichtigung von

$N_{LB,sim}$ = *10* Simulationsläufen[37] bestimmt. Insgesamt werden somit $N_{BJP,sim}$ = *2.520* Baujobportfolios je Referenz-BTP gebildet. Nach entsprechender Mittelwertbildung resultieren je Referenz-BTP $\overline{N}_{BJP,sim}$ = *252* mit Kennzahlen versehene Baujobportfolios zur weiteren Verwendung (siehe Tabelle 5.11).

Tabelle 5.11: Regeln und Parameter der Losbildung

Merkmal bei der Bildung von Baujobs		Ausprägungen	Anzahl
Zuordnungsregel		FF, BT, ZU, ZH	4
Finalisierungsregel	Max. Herstellzeit [h]	30, 50, 70, 90	7
	Max. Terminabweichung [h]	-24, 0, 24	
Intervall der Datenaufbereitung [h]		6, 12, 24, 36, 48, 60, 72, 84, 96	9
		Kombinationsmöglichkeiten	**252**

Die Kennzahlen der resultierenden Baujobportfolios werden je zugrundeliegendem Referenz-BTP zu Tabellenwerken zusammengefasst. In Tabelle 5.12 ist die Struktur eines solchen Tabellenwerks dargestellt. Die Tabellenwerke werden aufgrund der Vielzahl enthaltener Daten über einen Forschungsdaten-Dienst zur Verfügung gestellt und sind bei [Sti21] abrufbar. Zur Veranschaulichung sind in der Tabelle auszugsweise Kennzahlen von drei Baujobportfolios auf Grundlage des Referenz-BTPs I dargestellt. Eine Übersicht der berechneten BJP-Kennzahlen ist Tabelle 5.13 zu entnehmen.

[37] Nach zehn Simulationsläufen ist eine Konvergenz des Mittelwerts der je Simulationslauf berechneten Kennzahlen festzustellen. Das Berücksichtigen der Ergebnisse weiterer Simulationsläufe bei der Mittelwertberechnung führt ab dieser Anzahl von Simulationsläufen zu relativen Änderungen kleiner als 5 %.

Tabelle 5.12: Struktur der Tabellenwerke zur Dokumentation von Baujobportfolio-Kennzahlen

		Losbildung				Herstellzeit				Belichtungszeit					Baujob-Höhe					...		
Referenz-BTP	ID BJP	Zuordnungsregel	Finalisierungsregel	Finalisierungsparameter	Intervall Datenaufbereitung	Kumuliert [10^3 h]	Mittelwert [h]	Standardabweichung [h]	Variationskoeffizient [-]	Kumuliert [10^3 h]	Mittelwert [h]	Standardabweichung [h]	Variationskoeffizient [-]	Anteil an Herstellzeit [%]	Kumuliert [mm]	Mittelwert [mm]	Standardabweichung [mm]	Variationskoeffizient [-]	Mittl. VK der Bauteilhöhe [-]	:	:	:
–	1	FF	HZ	30	6	9,8	24	11	...	8,7	20	8	...	...	...	...	...	...	...	...	...	...
	2	FF	HZ	50	6	8,2	40	15	...	8,7	35	13	...	...	...	...	...	...	...	...	...	...
	...	...	...	...	...	...	...	...	...	...	...	...	...	...	...	...	...	...	...	...	...	...
	252	...	...	...	...	...	...	...	...	...	...	...	...	...	...	...	...	...	...	...	...	...

5.2.3 Darstellung der Wirkzusammenhänge

Um die Auswirkungen der bei der Losbildung gewählten Regeln und Parameter (vgl. Tabelle 5.11) sowie des zugrundeliegenden Bauteilportfolios auf die Beschaffenheit der resultierenden Baujobportfolios zu untersuchen, sind die in den Tabellenwerken enthaltenen Daten zunächst gemäß dem gewünschten Verwendungszweck auszuwählen, zu visualisieren und anschließend zu interpretieren. Das hierfür erforderliche Vorgehen wird im Folgenden beschrieben.

Die aus der Visualisierung der ausgewählten Daten resultierenden Kurven werden im Folgenden als Baujobkennlinien bezeichnet. Da in den Tabellenwerken lediglich Datenpunkte enthalten sind, wird zur Darstellung der Kurvenverläufe zwischen den Datenpunkten interpoliert.[38]

Bei der Visualisierung wird aus Anschaulichkeitsgründen der Konvention gefolgt, dass die Wirkzusammenhänge in der zweidimensionalen Euklidischen Ebene des Vektorraums $\mathbb{R}^2$ abgebildet werden. Ferner werden folgende Grundsätze berücksichtigt:

- Die Regeln und Parameter bei der Bildung von Baujobportfolios aus Bauteilportfolios werden entweder auf der Abszisse oder in Form von Kurvenscharen dargestellt

[38] Aufgrund der Beschaffenheit der Daten und der zu erwartenden Kurvenverläufe (degressive bzw. progressive Zu- oder Abnahme der Werte und anschließender Übergang in einen Sättigungsbereich) wird das Verfahren der stückweisen kubischen Splines angewendet (vgl. [Fri80]). Bei geringem Rechenaufwand wird mittels dieses Verfahrens gewährleistet, dass keine vermeintliche Oszillation als Resultat der Interpolation zu beobachten ist.

und sind als unabhängige Variablen zu interpretieren. Diese sind vom Anwender im Rahmen der Losbildung beeinflussbar.

- Die Merkmale der Baujobportfolios werden auf den Ordinaten als abhängige Variablen dargestellt.

Da zahlreiche Möglichkeiten zur Kombination bzw. Visualisierung von abhängigen und unabhängigen Variablen bestehen, wird eine entsprechende Notation zur Klassifizierung verwendet. Diese dient der Beschreibung der Eigenschaften des Schaubilds zur Visualisierung und lautet *Y1 / Y2 / X / KS / F1 / F2 / F3*. Jeder Parameter dient hierbei der Beschreibung einer Eigenschaft des Schaubilds der Baujobkennlinie.

Die Parameter zur Beschreibung der Eigenschaften des Schaubilds sind in der linken Spalte von Tabelle 5.13 dargestellt. Die zulässigen Ausprägungen sind der rechten Spalte zu entnehmen. Da sowohl die Zuordnungs- als auch die Finalisierungsregel der Losbildung hinsichtlich ihrer Ausprägungen nominal skaliert sind, eignen sie sich nicht zur Darstellung auf der Abszisse und können ausschließlich über die Bildung von Kurvenscharen berücksichtigt werden. Alle BJP-Merkmale hingegen sind kardinal skaliert und somit zur Darstellung auf den Achsen des Schaubilds geeignet.

Hinsichtlich der Merkmale *X*, *KS*, *F1*, *F2* und *F3* herrscht gegenseitige Ausschließlichkeit bzgl. der möglichen Ausprägungen. Wenn bspw. *X* die Ausprägung *FP* annimmt, so können *KS*, *F1*, *F2* sowie *F3* diese Ausprägung nicht mehr annehmen. Die mittels „-“ bezeichnete und als *nicht festgelegt* zu beschreibende Ausprägung ist nur für eines der Merkmale *KS*, *F1*, *F2* und *F3* zulässig. Wird mehr als ein Merkmal zur Visualisierung nicht festgelegt, so sind die auszuwählenden Daten nicht eindeutig beschrieben.

Tabelle 5.13: Parameter zur Klassifizierung von Schaubildern zur Darstellung von Baujobkennlinien

Parameter	Mögliche Ausprägungen / BJP-Kennzahlen
BJP-Kennzahl zur Darstellung auf der linken Ordinate ***Y1***	$\sum_{HZ}$: kumulierte Herstellzeit μ_{HZ}: Mittelwert der Herstellzeit σ_{HZ}: Standardabweichung der Herstellzeit VK_{HZ}: Variationskoeffizient der Herstellzeit $\sum_{V}$: kumulierte Verspätung μ_{V}: Mittelwert der Verspätung σ_{V}: Standardabweichung der Verspätung VK_{V}: Variationskoeffizient der Verspätung $\varnothing_{V}$: rel. Anteil verspäteter Baujobs $\sum_{BZ}$: kumulierte Belichtungszeit μ_{BZ}: Mittelwert der Belichtungszeit σ_{BZ}: Standardabweichung der Belichtungszeit VK_{BZ}: Variationskoeffizient der Belichtungszeit $\varnothing_{BZ}$: rel. Anteil der Belichtungszeit $\sum_{NZ}$: kumulierte Nebenzeit

	μ_{NZ}: σ_{NZ}: VK_{NZ}: $\emptyset_{NZ}$: μ_{BA}: σ_{BA}: VK_{BA}: μ_{BT}: σ_{BT}: VK_{BT}: μ_{BH}: σ_{BH}: VK_{BH}: $\mu_{VK,BH}$: $\sum_{BJ}$:	Mittelwert der Nebenzeit Standardabweichung der Nebenzeit Variationskoeffizient der Nebenzeit rel. Anteil der Nebenzeitzeit Mittelwert der Bauraumauslastung Standardabweichung der Bauraumauslastung Variationskoeffizient der Bauraumauslastung Mittelwert der Bauteilanzahl je Baujob Standardabweichung der Bauteilanzahl je Baujob Variationskoeffizient der Bauteilanzahl je Baujob Mittelwert der Baujobhöhe Standardabweichung der Baujobhöhe Variationskoeffizient der Baujobhöhe Mittelwert des Variationskoeff. der Bauteilhöhe je Baujob kumulierte Anzahl von Baujobs
Baujobportfolio-Merkmal zur Darstellung auf der rechten Ordinate ***Y2***	s.o.	
Regeln bzw. Parameter der Losbildung zur Darstellung auf der Abszisse ***X***	*FP*: *ID*:	Finalisierungsparameter der Losbildung Intervall der Datenaufbereitung
Regeln bzw. Parameter der Losbildung zur Darstellung der Kurvenscharen ***KS***	*ZR*: *FR*: *FP*: *ID*: -:	Zuordnungsregel der Losbildung Finalisierungsregel der Losbildung Finalisierungsparameter der Losbildung Intervall der Datenaufbereitung Nicht festgelegt
Fixierte Regeln bzw. Parameter der Losbildung ***F1, F2, F3***	*s.o.*	

Im Rahmen der folgenden Visualisierungen wird auf der Abszisse der Baujobkennlinien-Diagramme ausschließlich das Intervall der Datenaufbereitung als unabhängige Größe dargestellt. Das Merkmal *X* der oben beschriebenen Klassifizierung nimmt demnach die Ausprägung *ID* an.

5.2.4 Wirkzusammenhänge

Basierend auf den in den vorigen Abschnitten beschriebenen Grundlagen werden im Folgenden die Wirkzusammenhänge verfahrensspezifischer produktionslogistischer Kennzahlen und deren Abhängigkeit von in der Losbildung getroffenen Entscheidungen beschrieben. Um die erforderlichen Grundlagen hinsichtlich der zu verwendenden Nomenklatur sowie Darstellungsform zu vermitteln, werden zunächst beispielhafte Interpretationen von Baujobkennlinien durchgeführt. Der Einfluss der in der Losbildung zu treffenden Entscheidungen wird dabei systematisch untersucht.

Trotz der Zugehörigkeit des vorliegenden Abschnitts zu den Grundlagen der Methodik wird aus Gründen der Anschaulichkeit bereits an dieser Stelle auf Beispiele zurückgegriffen. Eine verallgemeinernde, alle Wirkzusammenhänge berücksichtigende Erläuterung ist aufgrund der Vielfalt der gebildeten Kennzahlen nicht anschaulich möglich. Die aus den angeführten Beispielen herleitbaren, allgemeingültigen Erkenntnisse werden in 5.2.5 beschrieben.

Um eine Vergleichbarkeit der angeführten Beispiele zu gewährleisten, wird die Untersuchung der Wirkzusammenhänge zunächst auf die sechs folgenden Kennzahlen beschränkt (vgl. Tabelle 5.13):

- $\sum_{HZ}$: kumulierte Herstellzeit
- μ_{HZ}: Mittelwert der Herstellzeit
- VK_{HZ}: Variationskoeffizient der Herstellzeit
- μ_{BT}: Mittelwert der Bauteilanzahl je Baujob
- μ_{V}: Mittelwert der Verspätung
- $\sum_{BJ}$: kumulierte Anzahl der Baujobs

Durch diese vorläufige Einschränkung werden produktionslogistische sowie verfahrensspezifische Kennzahlen bei der Grundlagenbildung gleichermaßen berücksichtigt.

Einfluss der Finalisierungsregel und des Finalisierungsparameters

In Bild 5.22 sind exemplarisch die mittlere Herstellzeit (linke Ordinate, schwarze Linien) sowie die mittlere Terminabweichung (rechte Ordinate, blaue Linien) für verschiedene Finalisierungsparameter (Kurvenscharen) in Abhängigkeit des Intervalls der Datenaufbereitung (Abszisse) dargestellt.

Die den Datenpunkten zugrundeliegenden Baujobportfolios entsprechen gemäß der eingeführten Klassifizierung dem Typ *FF / HZ / [30,…,90] / [6,…,96]* bzw. *FF / LT / [-24,0,24] / [6,…,96]*. Demnach erfolgt die Zuordnung der Bauteile im Beispiel in beiden Fällen unter Berücksichtigung des FIFO-Prinzips. Die Baujobs werden bei Erreichung einer definierten Herstellzeit bzw. Überschreitung einer definierten Terminabweichung freigegeben. Zur Visualisierung wird im Beispiel auf Schaubilder des Typs μ_{HZ} */* μ_{V} */ ID / FP / ZR / FR / -* zurückgegriffen. Die Kurvenscharen sind im Beispiel durch verschiedene Symbole kodiert, welche die Ausprägung der zugrundeliegenden Finalisierungsparameter repräsentieren.

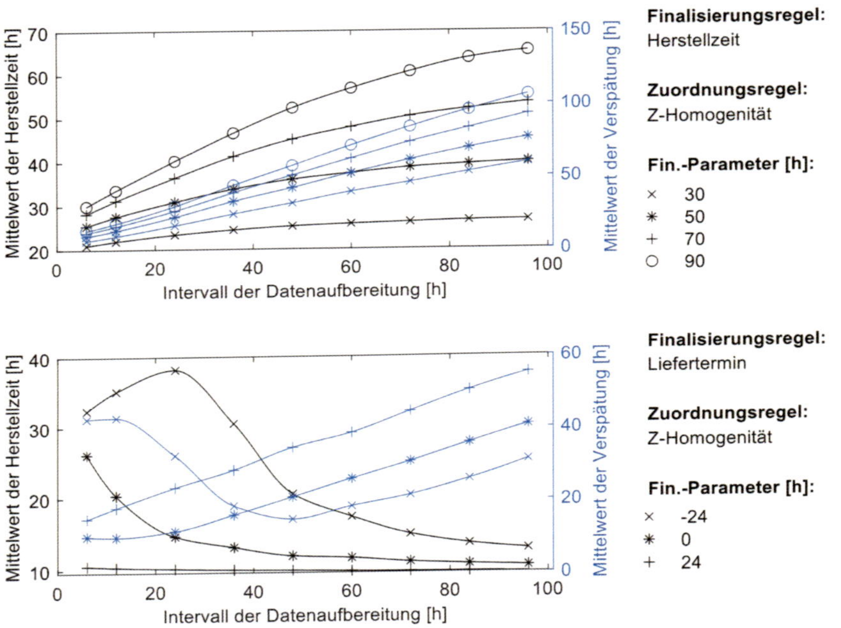

Bild 5.22: Einfluss des Finalisierungsparameters auf den Verlauf der Baujobkennlinien

Im Folgenden wird eine Interpretation der Baujobkennlinien anhand des o.g. Beispiels durchgeführt. Diese dient der Einordnung der identifizierten Wirkzusammenhänge und ist als Anhaltspunkt bei der in Kapitel 6 beschriebenen Anwendung der Methodik nutzbar.

Im Vergleich zwischen dem oberen und unteren Baujobkennlinien-Diagramm ist der Einfluss der Finalisierungsregel auf die mittlere Herstellzeit sowie die mittlere Verspätung bei ansonsten identischen Randbedingungen erkennbar. Die Baujob-Finalisierung gemäß der Herstellzeit führt mit einer Zunahme des Intervalls der Datenaufbereitung sowohl zu steigenden mittleren Herstellzeiten als auch Verspätungen.

Werden Baujobs hingegen mittels der Liefertermin-Regel finalisiert, so ist mit zunehmendem Intervall der Datenaufbereitung ebenfalls eine Zunahme der mittleren Verspätung je Baujob zu beobachten. Diese entsteht, da die in zugehenden Kundenaufträgen enthaltenen Bauteile bei längeren Intervallen der Datenaufbereitung im Mittel länger auf die Zuordnung zu einem Baujob warten.

Werden keine Lieferterminüberschreitungen zugelassen (mit Sternchen gekennzeichnete Kurven im unteren Teil von Bild 5.22), so werden die Baujobs mit Zunahme des Intervalls der Datenaufbereitung im Mittel kürzer, während die mittlere Verspätung zunimmt. Daraus resultiert, dass bei gewünschter Einhaltung der Liefertermine die Datenaufbereitung in möglichst geringen Zeitabständen (hier sechs Stunden) durchzuführen ist. Die mittlere Verspätung beträgt dann ca. zehn Stunden, die mittlere Herstellzeit 27 Stunden je Baujob. Eine vergleichbare mittlere Herstellzeit ist bei Finalisierung gemäß der Herstellzeit-Regel bei einem Finalisierungsparameter von 50 Stunden und einem Intervall der Datenaufbereitung von zwölf Stunden erreichbar (mit Sternchen markierte Kurven im oberen Teil von Bild 5.22). Die mittlere Verspätung beträgt an diesem Betriebspunkt ca. 20 Stunden. Während also die Frequenz der Datenaufbereitung bei Finalisierung gemäß Liefertermin-Regel höher ist, müssen bei Finalisierung gemäß Herstellzeit im Mittel höhere Verspätungen in Kauf genommen werden.

Werden Terminabweichungen zugelassen (Finalisierungsparameter mit negativem Vorzeichen im unteren Teil von Bild 5.22), so ist im Kurvenverlauf der mittleren Herstellzeit ein Maximum zu beobachten. Der Wert der x-Koordinate des Maximums (hier: Intervall der Datenaufbereitung) entspricht in diesem Fall betragsmäßig der zugelassenen Lieferterminabweichung.

Wird im Beispiel ein Betriebspunkt über die Wahl des Finalisierungsparameters und des Intervalls der Datenaufbereitung festgelegt, so sind alle weiteren Kennzahlen des Baujobportfolios am Betriebspunkt ebenfalls quantifizierbar. Im Sinne einer ganzheitlichen Betrachtung des Produktionsszenarios sind Baujobkennlinien ebenfalls unter Berücksichtigung anderweitiger verfügbarer Kennzahlen zu erstellen.

Im Folgenden werden aus Gründen der Übersichtlichkeit exemplarische Wirkzusammenhänge für einen fixierten Finalisierungsparameter von null Stunden zulässiger Lieferterminabweichung visualisiert. Der Typ der zugrundeliegenden Baujobportfolios lautet *FF / LT / 0 / [6,...,96]*.

Um bspw. in einem weiteren Analyseschritt die resultierende Auslastung der Produktionsumgebung zu bewerten, wird die kumulierte Herstellzeit auf der linken Ordinate über dem Intervall der Datenaufbereitung aufgetragen. Alle anderen Randbedingungen bleiben gleich. Auf der rechten Ordinate wird zusätzlich der Variationskoeffizient der Baujob-Herstellzeit dargestellt. Da nur eine einzelne Baujobkennlinie und keine Kurvenschar visualisiert wird, entsprechen die Diagramme in Bild 5.23 dem Typ $\sum_{HZ}$ / σ_{HZ} / *ID / - / ZR / FR / FP*.

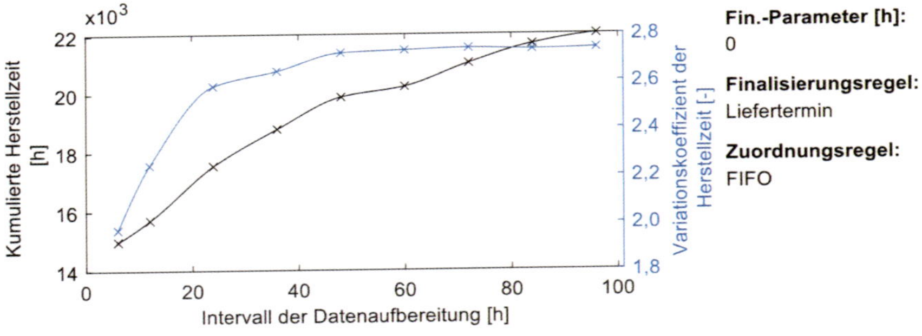

Bild 5.23: Verlauf von kumulierter Herstellzeit und Variationskoeffizient der Herstellzeit bei Finalisierung gemäß Liefertermin-Regel

Für das gewünschte Intervall der Datenaufbereitung i.H.v. sechs Stunden resultiert bei Einhaltung der Liefertermine (Finalisierungsparameter beträgt null Stunden) ein kumulierter Arbeitsinhalt von ca. 15.000 Stunden zur Bewältigung des Produktionsprogramms (vgl. Bild 5.23). Im vorliegenden Beispiel nimmt der Variationskoeffizient der Herstellzeit einen im Verhältnis hohen Wert von 1,9 an (vgl. [Nyh12, S.19]). Für längere Intervalle der Datenaufbereitung nimmt der Variationskoeffizient der Herstellzeit bis zu einem Höchstwert von 2,75 zu.[39]

Wird hingegen, wie bereits oben erläutert, die Herstellzeit mit einem Parameter von 50 Stunden als Finalisierungsregel bei ansonsten gleichen Randbedingungen angewendet, so resultiert die in Bild 5.24 dargestellte Baujobkennlinie. Anders als bei der Finalisierung gemäß Liefertermin-Regel fallen sowohl kumulierte Herstellzeit als auch der Variationskoeffizient der Herstellzeit mit zunehmendem Intervall der Datenaufbereitung. Dieser Verlauf resultiert, da durch das länger werdende Intervall der Datenaufbereitung ein größerer Bauteil-Pool zur Zuordnung zu einem Baujob zur Verfügung steht und diese erst bei Erreichen einer Grenze von 50 Stunden finalisiert werden. Während die zur Bewältigung des Bauteilportfolios aufzubringende Belichtungszeit konstant ist, werden die erforderlichen Nebenzeiten für das Rüsten und das Beschichten durch eine effizientere Zuordnung von Bauteilen zu Baujobs reduziert.

[39] Eine hoher Variationskoeffizient der Herstellzeit führt in der Produktion in der Regel zu Auslastungsverlusten (siehe 2.2.3).

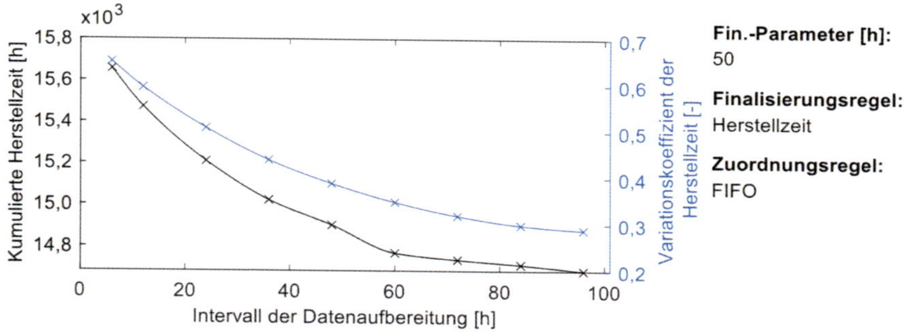

Bild 5.24: Verlauf von kumulierter Herstellzeit und Variationskoeffizient der Herstellzeit bei Finalisierung gemäß Herstellzeit-Regel

Im Vergleich der in Bild 5.23 und Bild 5.24 dargestellten Baujobkennlinien wird der Einfluss der Finalisierungsregel auf die kumulierte Herstellzeit und den Variationskoeffizienten der Herstellzeit deutlich. Bei Anwendung der Liefertermin-Regel zur Finalisierung von Baujobs ist mit zunehmendem Intervall der Datenaufbereitung eine Zunahme von beiden Kennzahlen beobachtbar. Im Falle der Anwendung der Herstellzeit-Regel zur Finalisierung kann sowohl eine betragsmäßig geringere Ausprägung der Kennzahlen als auch eine Abnahme selbiger mit zunehmendem Intervall der Datenaufbereitung festgestellt werden.

Über die exemplarisch dargestellten Wirkzusammenhänge hinaus bestehen zahlreiche weitere Möglichkeiten der Visualisierung von Kennzahlen. Ein Vorgehen zur problemspezifischen Visualisierung durch den Anwender wird in Kapitel 6 beschrieben.

Im Folgenden werden weitere Baujobkennlinien gebildet, um den Einfluss der in Tabelle 5.11 dargestellten Regeln und Parameter der Losbildung sowie weiterer Modellparameter aus dem Bereich der Bauteilportfolios auf die resultierenden Baujobportfolio-Kennzahlen systematisch zu ergründen. Die identifizierten Einflüsse werden im Sinne größtmöglicher Anschaulichkeit an verschiedenen Beispielen erläutert.

Einfluss der Zuordnungsregel

Mittels der Baujobkennlinien in Bild 5.25 wird der Einfluss der bei der Losbildung gewählten Zuordnungsregeln visualisiert. Die Baujobkennlinien in der oberen Bildhälfte basieren auf der Finalisierung von Baujobs bei der Erreichung einer Herstellzeit von 50 Stunden. In der unteren Bildhälfte werden die Baujobs so finalisiert, dass die Terminabweichung möglichst nah am Wert von null Stunden liegt. Die Schaubilder entsprechen dem Typ $\sum_{HZ} / \mu_V / ID / ZR / FR / FP / -$ und basieren auf Referenz-BTP I.

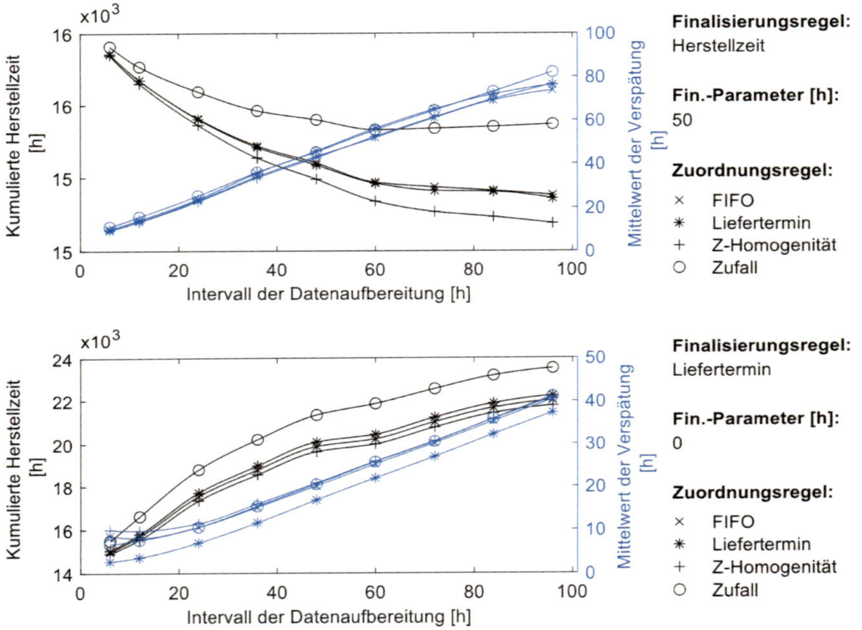

Bild 5.25: Einfluss der Zuordnungsregeln auf den Verlauf der Baujobkennlinien

Hinsichtlich der kumulierten Herstellzeiten (linke Ordinate) ist festzustellen, dass die Zuordnung gemäß der Regel homogener Z-Höhen für beide Finalisierungsregeln zu den geringsten Werten führt. Der Grund hierfür ist die sinkende Anzahl der erforderlichen Beschichtungs- und Absenkvorgänge bei der Bewältigung des zugrundeliegenden Bauteilportfolios. Der prozentuale Vorteil gegenüber den anderen Regeln nimmt mit steigendem Intervall der Datenaufbereitung zu, da die Zuordnungsregel homogener Z-Höhen umso effizienter ist, je mehr Bauteile im Pool zur Verfügung stehen.

Durch die Wahl der Finalisierungsregel wird bei Zugrunde legen der mittleren Verspätung je Baujob als Kennzahl die Rangfolge der Zuordnungsregeln beeinflusst. Bei der Finalisierung von Baujobs gemäß Liefertermin-Überschreitung führt die Zuordnung gemäß Liefertermin-Regel zu den geringsten mittleren Verspätungen. Wird hingegen mittels der Herstellzeit-Regel finalisiert, so ist die Zuordnung durch FIFO und Z-Homogenität gleichermaßen effizient.

Die Finalisierungsregeln weisen die Gemeinsamkeit auf, dass die zufallsbasierte Zuordnung von Bauteilen zu Baujobs im Verhältnis zu den weiteren Regeln zu höheren kumulierten Herstellzeiten und höheren mittleren Verspätungen führt. Dementsprechend ist von einer Anwendung dieser Zuordnungsregel im Produktionsalltag abzusehen.

Einfluss der Beschaffenheit des Bauteilportfolios

Wie bereits ausgeführt, hat die Beschaffenheit des zu fertigenden Bauteilportfolios einen signifikanten Einfluss auf die Ausprägung der resultierenden verfahrensspezifischen produktionslogistischen Kennzahlen des Baujobportfolios (vgl. Anforderungen aus der Additiven Fertigung in 2.4.2).

Zur Verdeutlichung des Einflusses der Beschaffenheit des Bauteilportfolios sind in Bild 5.26 die Baujobkennlinien der vier in 5.2.1 beschriebenen Referenz-BTPs dargestellt. Im oberen Bereich des Bildes erfolgt die Finalisierung von Baujobs gemäß der Regel der Herstellzeit nach 50 Stunden, während im unteren Bereich die Baujobkennlinien bei Finalisierung gemäß Liefertermin-Regel ohne Gewährung eines zeitlichen Puffers[40] dargestellt sind. Zur Zuordnung von Bauteilen zu Baujobs wird in beiden Fällen exemplarisch die Liefertermin-Regel angewendet.

Insbesondere mittels des Verlaufs der Kennlinien zur Beschreibung der kumulierten Herstellzeit (siehe schwarze Kurven in Bild 5.26) kann der Einfluss der Beschaffenheit des Bauteilportfolios anschaulich dargestellt werden. An dieser Stelle sei nochmals darauf hingewiesen, dass das insgesamt umzuschmelzende Volumen für alle vier Referenz-BTPs identisch ist. Dennoch ist zur Fertigung des Referenz-BTP IV bei Verwendung der Finalisierungsregel der Herstellzeit ca. doppelt so viel Zeit wie zur Bewältigung des Referenz-BTP I erforderlich. Wird die Liefertermin-Regel zur Finalisierung von Baujobs herangezogen, so ist die zur Bewältigung des Referenz-BTP IV erforderliche Herstellzeit dreimal so groß wie für das Referenz-BTP I. Dieser signifikante Unterschied ist insbesondere auf die größere Komplexität und die kleinere Stückzahl je Kundenauftrag der im Referenz-BTP IV enthaltenen Bauteile zurückzuführen.

Ferner ist hinsichtlich der kumulierten Herstellzeit festzustellen, dass die zu priorisierende Finalisierungsregel von der Beschaffenheit des zugrundeliegenden Bauteilportfolios abhängt. Für die Referenz-BTPs I und IV ist die kumulierte Herstellzeit ungeachtet des Intervalls der Datenaufbereitung bei Finalisierung gemäß Herstellzeit-Regel kürzer als bei Finalisierung gemäß Liefertermin-Regel. Für die Referenz-BTPs II und III ist ein umgekehrter Zusammenhang beobachtbar.

Mittels der Darstellung des Mittelwerts der Bauteilanzahl je Baujob wird ferner eine verfahrensspezifische Eigenschaft der resultierenden Baujobs veranschaulicht (siehe blaue Kurven in Bild 5.26). Auch für die Ausprägung dieser Kennzahl sind signifikante Unterschiede sowohl in Hinblick auf die Finalisierungsregel als auch die Beschaffenheit des Bauteilportfolios festzustellen. Während die mittlere Anzahl der Bauteile je Baujob bei Finalisierung gemäß der Herstellzeit-Regel mit zunehmendem Intervall der Datenaufbereitung zunimmt, ist bei Finalisierung gemäß der Liefertermin-Regel eine

[40] Der Finalisierungsparameter beträgt in diesem Fall null Stunden.

umgekehrte Entwicklung beobachtbar. Letzterer Zusammenhang ist darauf zurückzuführen, dass mit zunehmendem Intervall der Datenaufbereitung die bis zum Liefertermin verfügbare Zeit abnimmt und somit im Mittel weniger Bauteile zu einem Baujob zugeordnet werden.

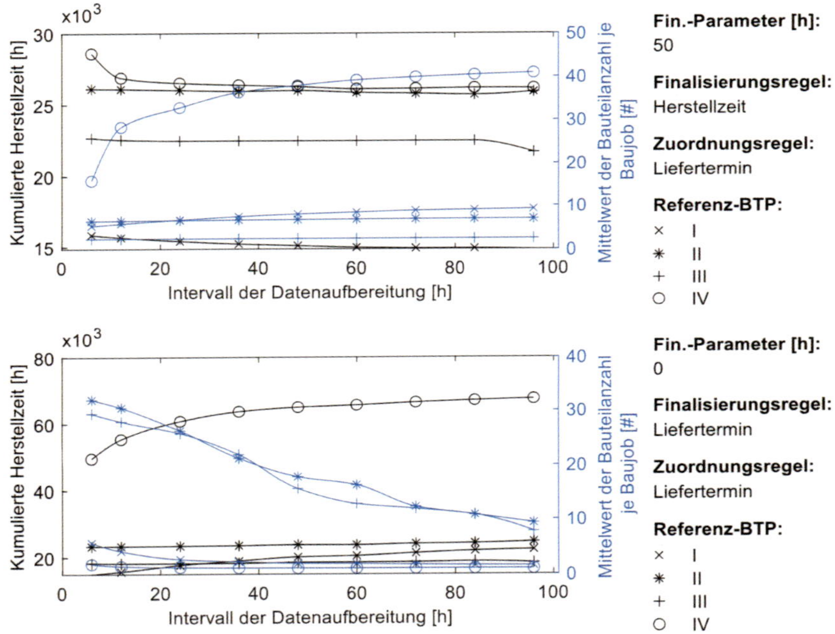

Bild 5.26: Einfluss des Bauteilportfolios auf den Verlauf der Baujobkennlinien

Ausgehend von den obigen, auf die vier Referenz-BTPs bezogenen Untersuchungen werden im Folgenden die Auswirkungen von Veränderungen einzelner Bauteilportfolio-Merkmale analysiert. Hierfür wird das Referenz-BTP I zu Grunde gelegt und exemplarisch jeweils die Anzahl der Kundenaufträge, die Komplexität der enthaltenen Bauteile sowie die Korrelation der geometrischen Bauteil-Merkmale systematisch variiert. Alle weiteren Eigenschaften des Bauteilportfolios behalten dabei die in Tabelle 5.6 beschriebene Ausprägung bei.

Variation der Anzahl der Kundenaufträge

Wie bei der Ableitung der Referenz-BTPs in 5.2.1 beschrieben, wird die Anzahl der im Betrachtungszeitraum enthaltenen Kundenaufträge zur Vergleichbarkeit der Bauteilportfolios auf Grundlage eines konstanten umzuschmelzenden Volumens bestimmt. Im Folgenden wird exemplarisch der Einfluss einer Verringerung bzw. Erhöhung der Anzahl der Kundenaufträge bei ansonsten identischen Randbedingungen des Referenz-BTP I untersucht. In Bild 5.27 sind die Baujobkennlinien für $N_{KA} = 300$ (41 % Verringerung im Vergleich zu Referenz-BTP I) bzw. N_{KA} = *700* Kundenaufträge (38 % Steigerung im Vergleich zu Referenz-BTP I) dargestellt. Die resultierende relative Veränderung der kumulierten Herstellzeit beträgt bei Berücksichtigung des Baujobportfolio-Typs *FF / HZ / 50 / 24* ca. +37 % bei Erhöhung der Anzahl der Kundenaufträge und ca. -45 % bei einer Verringerung (siehe oberes Baujobkennlinien-Diagramm in Bild 5.27). Für alle weiteren dargestellten Datenpunkte mit abweichenden Intervallen der Datenaufbereitung ergeben sich betragsmäßig vergleichbare relative Änderungen. Zwischen Anzahl der Kundenaufträge und kumulierter Herstellzeit kann bei identischen Randbedingungen demnach ein linearer Zusammenhang unterstellt werden.

Im unteren Teil von Bild 5.27 ist der Mittelwert der Herstellzeit sowie die Anzahl der Baujobs in Abhängigkeit des Intervalls der Datenaufbereitung dargestellt. Die Anzahl der zur Bewältigung des Produktprogramms erforderlichen Jobs wird mit zunehmendem Intervall der Datenaufbereitung kleiner. Dieser Wirkzusammenhang ist auf die Vergrößerung des Bauteil-Pools bei zunehmendem Intervall der Datenaufbereitung zurückzuführen. Die relativen Unterschiede hinsichtlich der Anzahl der Jobs sind wie die kumulierte Herstellzeit betragsmäßig vergleichbar zur relativen Veränderung der Anzahl der Kundenaufträge.

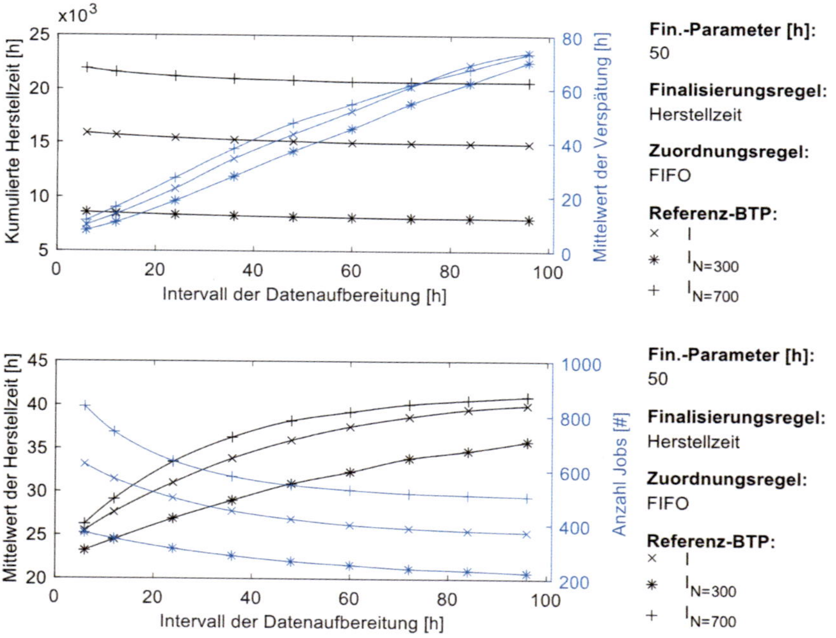

Bild 5.27: Einfluss der Anzahl der Kundenaufträge auf den Verlauf der Baujobkennlinien

Im Hinblick auf die mittlere Herstellzeit je Baujob sind insbesondere bei geringen und hohen Intervallen der Datenaufbereitung nur geringfügige Unterschiede bei Variation der Anzahl der Kundenaufträge feststellbar (siehe schwarze Kurven im unteren Teil von Bild 5.27). Bei geringen Intervallen der Datenaufbereitung (z.B. sechs Stunden) ist die Wahrscheinlichkeit, dass mehrere Kundenaufträge während eines Intervalls eingehen für die berücksichtigten Szenarien gering. Dementsprechend sind bzgl. der mittleren Herstellzeit nur geringfügige Abweichungen beobachtbar. Nach oben ist der Mittelwert der Herstellzeit durch den Finalisierungsparameter begrenzt. Da die Baujobkennlinien in allen drei Szenarien gegen diese Obergrenze streben, ist nur im Zwischenbereich des Intervalls der Datenaufbereitung (12 bis 72 Stunden) eine signifikante Abweichung des Mittelwerts der Herstellzeit festzustellen.

Variation der Bauteilkomplexität

Wie in 5.1.1 beschrieben, hat die geometrische Komplexität eines Bauteils signifikanten Einfluss auf die erforderliche Herstellzeit. Im Folgenden wird daher untersucht, welche Auswirkungen eine Erhöhung der Komplexität im Bauteilportfolio auf die verfahrensspezifischen produktionslogistischen Kennzahlen hat. Hierfür wird die dem Referenz-BTP I zugrundeliegende Häufigkeitsverteilung der Bauteil-Komplexität gemäß dem Histogramm in Bild 5.28 angepasst. Alle weiteren Bauteilportfolio-Merkmale bleiben unverändert, das resultierende Bauteilportfolio wird als I_{C+} bezeichnet.

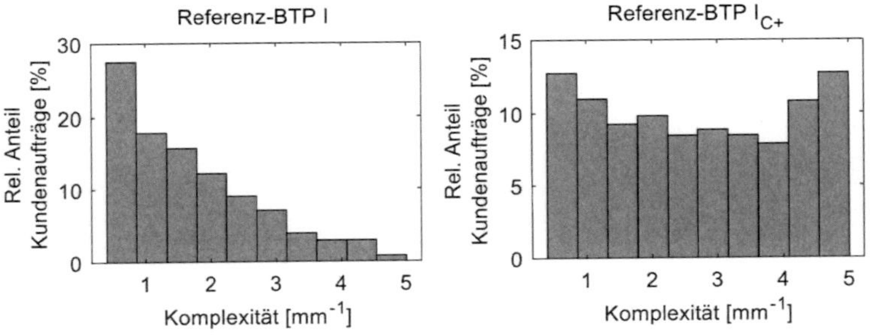

Bild 5.28: Histogramm der Komplexitäts-Verteilung in den Referenz-Bauteilportfolios I und I_{C+}

Im Referenz-BTP I_{C+} beträgt der Mittelwert der Komplexität $\mu_C = 2,7\ mm^{-1}$, die Standardabweichung beläuft sich auf $\sigma_C = 1,9\ mm^{-1}$. Im Vergleich zum Referenz-BTP I wird der Mittelwert der Komplexität um 58 % erhöht, während die Standardabweichung um 24 % zunimmt (vgl. Tabelle 5.6). In Bild 5.29 sind die kumulierte Herstellzeit und der Mittelwert der Bauteilanzahl je Baujob für beide Referenz-BTPs in Abhängigkeit des Intervalls der Datenaufbereitung dargestellt. Der relative Unterschied der kumulierten Herstellzeit zwischen den beiden Referenz-BTPs ist für alle Intervalle der Datenaufbereitung näherungsweise identisch und beläuft sich auf ca. 38 % bei Finalisierung gemäß der Herstellzeit-Regel (schwarze Kurven im oberen Schaubild) und ca. 25 % bei Finalisierung gemäß der Liefertermin-Regel (schwarze Kurven im unteren Schaubild). Dieser Zusammenhang ist darauf zurückzuführen, dass eine Erhöhung der Bauteil-Komplexität gemäß den Ausführungen in 5.1.1 zu einer erhöhten Herstellzeit führt.

Hinsichtlich des Mittelwerts der Bauteilanzahl je Baujob ist mit zunehmendem Intervall der Datenaufbereitung bei Finalisierung gemäß der Herstellzeit-Regel ein zunehmender relativer Unterschied zwischen den Kennzahlen der beiden Referenz-BTPs zu beobachten (blaue Kurven im oberen Schaubild). Dieser Trend ergibt sich aus den Eigenschaften der Finalisierungsregel. Bei zunehmenden Intervallen der Datenaufbereitung nähert sich die Herstellzeit der im Beispiel zulässigen Obergrenze von 50 Stunden an und wirkt somit begrenzend auf die zulässige Anzahl von Bauteilen je Baujob. Diese ist bei komplexeren Bauteilen aufgrund der größeren Belichtungszeit je Bauteil geringer.

Bei Finalisierung gemäß der Liefertermin-Regel beträgt der relative Unterschied der Referenz-BTPs hinsichtlich der mittleren Bauteilanzahl je Baujob ca. 5 % für das kürzeste Intervall der Datenaufbereitung. Findet die Datenaufbereitung alle 24 Stunden statt, so ist ein relativer Unterschied von ca. 25 % beobachtbar. Für Intervalle größer als 60 Stunden nimmt der relative Unterschied bei gleichzeitig geringer absoluter Ausprägung Werte kleiner als 10 % an. Die Komplexität des Bauteilportfolios hat demnach bei Finalisierung gemäß der Herstellzeit-Regel einen größeren Einfluss auf die mittlere Bauteilanzahl je Baujob als bei Finalisierung gemäß der Liefertermin-Regel.

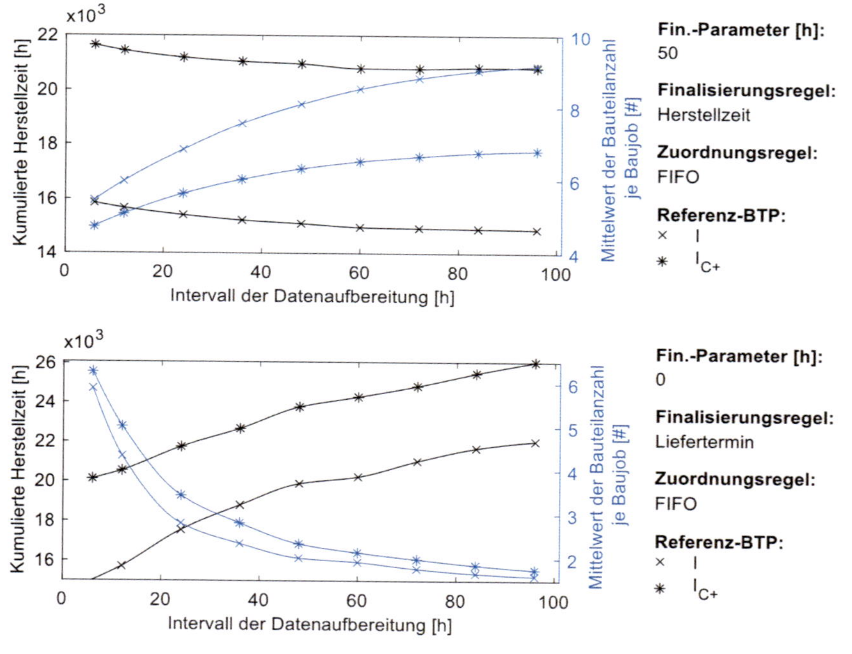

Bild 5.29: Einfluss der Bauteil-Komplexität auf den Verlauf der Baujobkennlinien

Variation der Korrelationskoeffizienten von Bauteilportfolio-Merkmalen

Den Ausführungen in 5.2.1 folgend, ist eine Korrelation der geometrie- und mengenbezogenen Merkmale der in einem Bauteilportfolio enthaltenen Kundenaufträge beobachtbar. So sind etwa Bauteile mit niedriger Höhe in der Regel durch ein geringes Volumen charakterisiert. Gleichzeitig erfolgt die Beauftragung von Bauteilen großen Volumens im Mittel mit geringeren Stückzahlen (vgl. Korrelationsmatrix in Formel 5.32).

Im Folgenden wird daher untersucht, inwiefern die Koeffizienten zur Quantifizierung der Merkmals-Korrelation die Ausprägung der verfahrensspezifischen produktionlogistischen Kennzahlen beeinflussen. Hierfür wird die in Formel 5.32 definierte Korrelationsmatrix wie in Tabelle 5.14 beschrieben angepasst. Für das Referenz-BTP $I_{\rho 0}$ wird unterstellt, dass alle Merkmals-Korrelationen den Wert null annehmen. Im Referenz-BTP $I_{\rho +}$ werden die im Referenz-BTP I betragsmäßig erhöht. Negative Korrelationskoeffizienten nehmen demnach kleinere Werte an, während positive Korrelationskoeffizienten vergrößert werden.

Tabelle 5.14: Anpassung der Korrelationsmatrizen zur Untersuchung des Einflusses auf die Baujobkennlinien

$$\rho_0 = \begin{pmatrix} 1 & 0 & 0 & 0 \\ ... & 1 & 0 & 0 \\ ... & ... & 1 & 0 \\ ... & ... & ... & 1 \end{pmatrix}$$	$$\rho_+ = \begin{pmatrix} 1 & -0{,}30 & 0{,}36 & -0{,}19 \\ ... & 1 & 0{,}21 & -0{,}31 \\ ... & ... & 1 & -0{,}13 \\ ... & ... & ... & 1 \end{pmatrix}$$
Korrelationsmatrix des Referenz-BTPs $I_{\rho 0}$	Korrelationsmatrix des Referenz-BTPs $I_{\rho +}$

In Bild 5.30 sind der Mittelwert von Herstellzeit und Verspätung für die Finalisierungsregel der Herstellzeit (oberes Schaubild) bzw. des Liefertermins (unteres Schaubild) unter Variation der dem Referenz-BTP I zugrundeliegenden Merkmals-Korrelationen dargestellt. Die Finalisierungsparameter betragen 50 bzw. 0 Stunden, die Zuordnung findet gemäß der FIFO-Regel statt. Ungeachtet der gewählten Finalisierungsregel ist im Falle vollständig unkorrelierter Merkmale (Referenz-BTP $I_{\rho 0}$) eine Erhöhung des Mittelwerts der Herstellzeit beobachtbar (siehe schwarze Kurven in Bild 5.30). Diese Zunahme ist darauf zurückzuführen, dass in Bauteilportfolios mit unkorrelierten Merkmalen die Wahrscheinlichkeit höher ist, niedrige Bauteile mit großem Volumen oder etwa hohe Stückzahlen großvolumiger Bauteile vorzufinden. Da die erforderliche Herstellzeit signifikant von Volumen, Komplexität und Höhe der zu fertigenden Bauteile abhängt, führt eine betragsmäßige Verringerung der Korrelationskoeffizienten zu einer Aufhebung der durch die ursprünglichen Korrelationskoeffizienten modellierten Einschränkungen hinsichtlich der möglichen Kombinationen von Merkmalsausprägungen.

Umgekehrt ist die für das Referenz-BTP $I_{\rho +}$ durchgeführte betragsmäßige Erhöhung der Korrelationskoeffizienten anschaulich als Erhöhung des Grads der Einschränkung hinsichtlich der möglichen Kombinationen von Merkmalsausprägungen zu interpretieren. Durch die Abhängigkeit der Herstellzeit von den o.g. geometrischen Größen hat die systematische betragsmäßige Erhöhung der Korrelationskoeffizienten ungeachtet der Finalisierungsregel geringere Mittelwerte der Herstellzeit zur Folge.

Bei Finalisierung gemäß der Herstellzeit-Regel ist keine Abhängigkeit des Mittelwerts der Herstellzeit vom Grad der Merkmals-Korrelation festzustellen (siehe blaue Kurven im oberen Teil von Bild 5.30). Diese Beobachtung resultiert aus der in 5.2.1 beschriebenen Modellierung der je Kundenauftrag zulässigen Lieferzeiten. Da unterstellt wird, dass die Lieferzeiten von den zu erwartenden Herstellzeiten abhängen, führt eine Änderung dieser Eigenschaften zu einer proportionalen Änderung der zulässigen Lieferzeiten.

Werden Baujobs hingegen mittels Liefertermin-Regel finalisiert, so führt eine geringere Ausprägung der Merkmals-Korrelationen zu höheren Mittelwerten der Verspätung (siehe blaue Kurven im unteren Teil von Bild 5.30). In diesem Fall wird die durch Anpassung der Korrelationskoeffizienten induzierte Änderung der zulässigen Lieferzeiten nicht vollständig durch die Änderung der Herstellzeiten kompensiert. Ursächlich hierfür ist die fast ausschließliche Zuordnung von Bauteilen eines Kundenauftrags zu einem Baujob ohne eine Berücksichtigung von Bauteilen aus anderen, jedoch im selben Intervall der Datenaufbereitung zugehenden Kundenaufträgen.

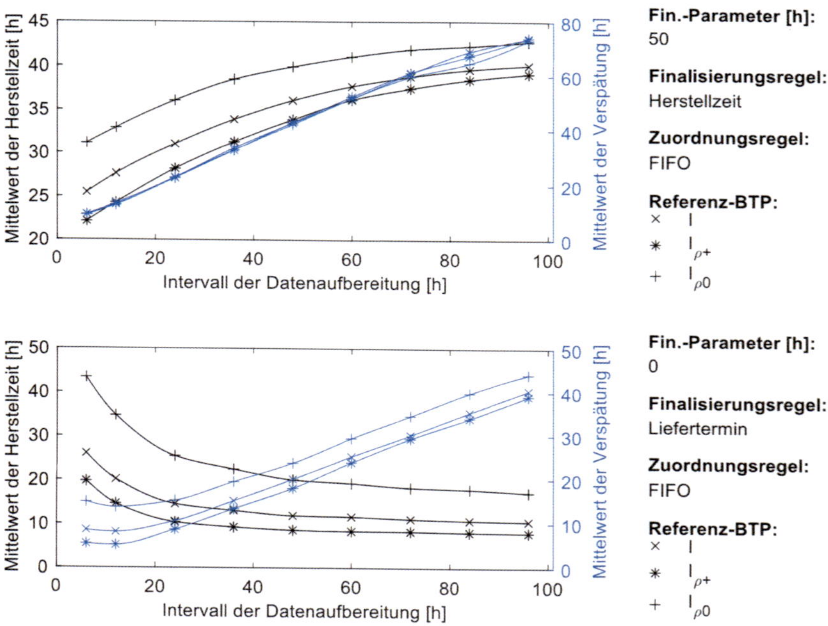

Bild 5.30: Einfluss der Korrelation von Bauteilmerkmalen auf den Verlauf der Baujobkennlinien

Der Vollständigkeit halber sei darauf hingewiesen, dass die Korrelationskoeffizienten der Bauteil-Merkmale als exogene Größen vom Anwender in der Regel nicht beeinflussbar sind. Dennoch sind sie bei der simulationsbasierten Bewertung verfahrensspezifischer produktionslogistischer Potenziale zu berücksichtigen.

Einfluss der werkstoffspezifischen Aufbaurate

Bei der simulationsbasierten Bildung von Baujobportfolios werden die baujobspezifischen Herstellzeiten in Abhängigkeit der geometrischen Beschaffenheit der zu fertigenden Bauteile bestimmt. Daher werden im Folgenden die Auswirkungen einer Erhöhung der dabei herangezogenen komplexitätsbasierten Aufbaurate untersucht (siehe 5.1.1). Eine Erhöhung der Aufbaurate wird in der Regel über eine Anpassung von Prozessparametern wie Schichtstärke, Belichtungsgeschwindigkeit oder dem Hatching-Abstand erreicht.[41] Ferner wird das simultane Belichten mittels mehrerer Laserstrahlquellen zur Steigerung der Aufbaurate eingesetzt (vgl. [Kho20]).

Darüber hinaus besteht die Möglichkeit, die Herstellzeit mittels Verkürzung von Rüst- und Nebenzeiten zu verringern (vgl. Formel 2.1).

Bei der in 5.1.1 beschriebenen Herleitung des Berechnungsmodells zur Bestimmung komplexitätsbasierter Aufbauraten wird auf die prozessparameter-spezifische Konstante m_c zurückgegriffen. Mittels dieser Konstante wird die in Formel 5.13 dargestellte Modellgleichung zur Beschreibung des Zusammenhangs zwischen Bauteilkomplexität und erforderlicher Belichtungszeit bzw. Aufbaurate parametriert. Alle weiteren, zur Bestimmung der gesamten Herstellzeit t_{Gesamt} heranzuziehenden Parameter (siehe 5.1.1 und Formel 5.23) bleiben im Beispiel unverändert.

In Bild 5.31 und Bild 5.32 sind die aus einer Variation der komplexitätsabhängigen Aufbaurate resultierenden Baujobkennlinien auf Grundlage des Referenz-BTP I dargestellt. Die Baujobs werden jeweils bei Erreichung von 50 h Herstellzeit finalisiert, die Zuordnung erfolgt gemäß der FIFO-Regel. Bei den als Referenz-BTP I‘ dargestellten Kurven wird die Konstante zur Bestimmung der Herstellzeit um 30 % auf $m_C = 0{,}27\ s/mm^2$ reduziert (vgl. Formel 5.14). Alle übrigen Eigenschaften des Referenz-BTPs bleiben unverändert. Anschaulich wird durch die beschriebene Anpassung das je Zeiteinheit umschmelzbare Volumen erhöht.

---

[41] Bei Anpassung der genannten Parameter sind Laserleistung, Spotgröße etc. i.d.R. ebenfalls anzupassen.

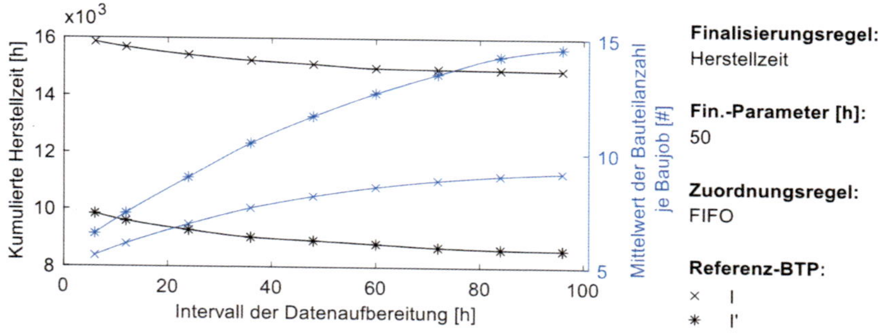

Bild 5.31: Vergleich von kumulierter Herstellzeit und Mittelwert der Bauteilanzahl bei Erhöhung der Aufbaurate

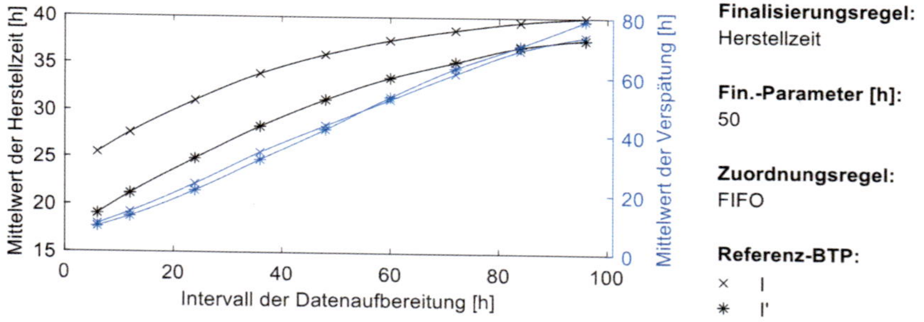

Bild 5.32: Vergleich von Mittelwert der Herstellzeit und Mittelwert der Verspätung bei Erhöhung der Aufbaurate

Im Beispiel führt die Erhöhung der Aufbaurate hinsichtlich der kumulierten Herstellzeit zu einer Verringerung von ca. 38 % (siehe schwarze Kurven in Bild 5.31). Die Verringerung stellt sich ungeachtet des gewählten Intervalls der Datenaufbereitung ein. Da die Baujobs in beiden betrachteten Szenarien (Referenz-BTP I bzw. I') bei Erreichung von 50 h Herstellzeit finalisiert werden, geht die Erhöhung der Aufbaurate mit einer größeren Anzahl an Bauteilen je Baujob einher (siehe blaue Kurven in Bild 5.31). Mit zunehmendem Intervall der Datenaufbereitung wird der Einfluss der Aufbaurate auf diese Kennzahl größer. Dieser Zusammenhang ist auf den rückläufigen Anteil der Nebenzeiten bei zunehmendem Intervall der Datenaufbereitung zurückzuführen. Da bei Erhöhung der Aufbaurate die zur Belichtung zur Verfügung stehende Zeit effizienter genutzt wird, nimmt die mögliche Anzahl von Bauteilen je Baujob überproportional zu.

Der Mittelwert der Herstellzeit nimmt bei Erhöhung der Aufbaurate und kleinem Intervall der Datenaufbereitung von 6 h im Beispiel um ca. 22 % ab (siehe schwarze Kurven in Bild 5.32). Beträgt das Intervall der Datenaufbereitung 96 h, so können mittels Erhöhung der Aufbaurate lediglich 8 % der mittleren Herstellzeit eingespart werden. Das Potenzial zur Verringerung der mittleren Herstellzeit nimmt demnach bei Erhöhung der

Aufbaurate mit zunehmendem Intervall der Datenaufbereitung ab. Hinsichtlich der mittleren Verspätung je Baujob ist festzustellen, dass eine Erhöhung der Aufbaurate bei Finalisierung gemäß Herstellzeit ungeachtet des Intervalls der Datenaufbereitung keine signifikanten Auswirkungen hat (siehe blaue Kurven in Bild 5.32). Dieser Zusammenhang ist darauf zurückzuführen, dass die durch die Erhöhung der Aufbaurate herbeigeführte Verringerung der Herstellzeit gemäß der im Beispiel gewählten Finalisierungsregel durch das Hinzufügen weiterer Bauteile kompensiert wird. Die durch die Erhöhung der Aufbaurate erzielbare Verringerung der Herstellzeit und somit auch der mittleren Verspätung wird demnach durch das Hinzufügen von Bauteilen bis zur Erreichung des Finalisierungsparameters vollständig aufgehoben.

5.2.5 Interpretation der Ergebnisse

Aufbauend auf den im vorigen Abschnitt beschriebenen quantitativen Wirkzusammenhängen können die folgenden allgemeingültigen, qualitativen Gesetzmäßigkeiten der Losbildung[42] abgeleitet werden:

- Die zufallsbasierte Zuordnung von Bauteilen zu Baujobs führt im Vergleich zu den anderen, systematischen Zuordnungsregeln im Mittel zu höheren kumulierten Herstellzeiten und höheren Terminabweichungen (siehe Bild 5.25). Sie ist dementsprechend beim Nesting vom Anwender möglichst zu vermeiden.

- Bei Finalisierung von Baujobs gemäß der Regel der Lieferterminabweichung sind möglichst kurze Intervalle der Datenaufbereitung zu wählen, um sowohl die kumulierte Herstellzeit als auch mittlere Verspätung gering zu halten. Dieser Zusammenhang ist darauf zurückzuführen, dass bei Erhöhung des Intervalls der Datenaufbereitung die mittlere Liegezeit der Bauteile zunimmt und somit eine geringere Anzahl an Bauteilen je Baujob zugeordnet wird, um die Liefertermin-Bedingung nicht zu verletzen. Folglich sind mehr Baujobs erforderlich, um alle Bauteile zu fertigen. Während die erforderliche Belichtungszeit konstant ist, nimmt insb. der Anteil an Nebenzeiten (Rüstzeiten und Beschichterfahrten bzw. Absenkvorgänge) zur Bewältigung des Produktprogramms zu.

- Bei Finalisierung von Baujobs gemäß der Regel der Herstellzeit hat der gewählte Finalisierungsparameter bei niedrigen Ausprägungen ungeachtet des gewählten Intervalls der Datenaufbereitung einen signifikanten Einfluss auf die kumuliert erforderliche Herstellzeit.

- Die Finalisierung von Baujobs gemäß der Regel der Lieferterminabweichung hat stark streuende Herstellzeiten zur Folge, die in der Produktion typischerweise zu Auslastungsverlusten führen. Mit zunehmendem Intervall der Datenaufbereitung

[42] An dieser Stelle ist von Allgemeingültigkeit die Rede, sobald für eine Teilmenge der zu berücksichtigenden Merkmale bzw. der zu berücksichtigenden Größen eine qualitativ als richtig zu bewertende Aussage getroffen werden kann.

geht eine Zunahme des Variationskoeffizienten bis zu dem Wert einher, an dem jedes Bauteil in einem einzelnen Baujob gefertigt wird.

- Die Streuung der Herstellzeiten ist bei Finalisierung gemäß der Regel der Herstellzeiten signifikant geringer als bei der Finalisierung gemäß Liefertermin. Der zur Quantifizierung der Streuung der Herstellzeit herangezogene Variationskoeffizient nimmt mit zunehmendem Intervall der Datenaufbereitung ab.
- Bei Finalisierung gemäß der Herstellzeit-Regel ist mit zunehmendem Intervall der Datenaufbereitung ebenfalls eine größere mittlere Verspätung der Baujobs beobachtbar. Gleichzeitig nimmt die kumulierte Herstellzeit ab. In diesem Fall ist vom Anwender eine gezielte Positionierung im Spannungsfeld von Kapazitätsbedarf und Liefertermin-Überschreitungen erforderlich.

Bei der Anwendung dieser Erkenntnisse in der Praxis müssen aus der Modellbildung resultierende Einschränkungen berücksichtigt werden, die im Folgenden beschrieben werden. Während die charakteristischen Verläufe der kennzahlspezifischen Baujobkennlinien grundsätzlich identisch sind, hat die Beschaffenheit des Bauteilportfolios insb. Einfluss auf die quantitative Ausprägung der Baujobportfolio-Kennzahlen und somit auf die Lage der Kennlinien. In der Regel wird der Anwender demnach individuelle Kennzahlen-Tabellenwerke zur produktionslogistischen Positionierung erstellen müssen.

Bei der Bildung der Baujobportfolios wird eine unkapazitierte Losbildung zugrunde gelegt. Dementsprechend können keine Aussagen über resultierende Anlagenauslastungen getroffen werden, sondern lediglich etwa die in einem definierten Zeitraum erforderlichen Produktionsstunden zur Bewältigung des Produktprogramms ermittelt werden.

Da Fertigungslose bei Eintreten der Finalisierungsbedingung als für den nächsten Fertigungsschritt freigegeben gelten, besteht keine unmittelbare Möglichkeit der Bestandsregelung an der folgenden Arbeitsstation. Da in der Realität digitale Zwischenlager zur Aufbewahrung der Baujobdaten existieren und eine Einlastung in die Fertigung in der Regel nur dann erfolgt, wenn die entsprechenden Kapazitäten vorhanden sind, ist die errechnete mittlere Terminabweichung je Kundenauftrag als untere Schranke zu interpretieren. Unter der Prämisse, dass ein Baujob nach der Finalisierung als fixiert gilt und dementsprechend keine Anpassungen mehr daran vorgenommen werden können, kann diese untere Schranke auch durch Reihenfolgevertauschungen etc. bei der Auftragsfreigabe nicht mehr unterschritten werden.

5.3 Produktionsumgebung und produktionslogistische Zielgrößen

Nachdem im vorigen Abschnitt die Wirkzusammenhänge bei der Bildung von Baujobportfolios aus Bauteilportfolios analysiert werden, wird im Folgenden der Einfluss der Beschaffenheit von Baujobportfolio und Produktionsumgebung auf die Ausprägung der erreichbaren Anlagenauslastung untersucht. Die Ausführungen sind auf die Anlagenauslastung beschränkt, da das den Untersuchungen zugrundeliegende

LPBF-spezifische Simulationsmodell [Sti20b] keine Bestandsregelung[43] zulässt und somit Kennzahlen wie die mittlere Durchlaufzeit oder der mittlere Bestand nicht quantifizierbar sind (vgl. 2.2.3).

Anschaulich wird ein Baujobportfolio wie in Bild 4.5 dargestellt in die Produktionsumgebung eingelastet. Anschließend wird analysiert, welche Auslastung für das modellierte Produktionsszenario resultiert. Anhand dieses Vorgehens werden die Wirkzusammenhänge der verfahrensspezifischen produktionslogistischen Kennzahlen und der produktionslogistischen Zielgröße der Auslastung ermittelt. Bevor die Auslastung bestimmt werden kann, muss zunächst die maximale Leistung verfahrensspezifisch definiert werden (siehe 2.2.2).

Da im Umfeld der Additiven Fertigung mittels LPBF-Verfahren in der Regel keine kurzfristige Kapazitätsflexibilität herrscht[44], führt eine die maximal zur Verfügung stehende Leistung der Produktionsumgebung überschreitende Belastung zu einer kontinuierlichen Zunahme des Bestands. Die Arbeitssysteme befinden sich dann nicht im eingeschwungenen Zustand, da mehr Arbeitsinhalte zugehen als bearbeitet werden können. In diesem Fall sind die berechneten mittleren Zeitgrößen nicht aussagefähig, da diese bei konstantem Zugang von Fertigungsaufträgen im Zeitverlauf gleichmäßig zunehmen. Die mittlere Auslastung nimmt in diesem Fall den maximalen Wert von 100 % an, die Leistung des entsprechenden Arbeitssystems ist äquivalent zu dessen maximaler Leistung. Wie in 2.2.3 dargestellt, ist das Modell der Produktionskennlinien von NYHUIS nur anwendbar, wenn sich das betrachtete Arbeitssystem im eingeschwungenen Zustand befindet (vgl. [Nyh12, S.120]).

Da für jedes Baujobportfolio die Häufigkeitsverteilungen der Herstellzeiten bekannt sind, kann für Arbeitssysteme, die sich im eingeschwungenen Zustand befinden, unter entsprechender Modellierung des Flussgrades dennoch eine Indikation hinsichtlich der Durchlaufzeit bestimmt werden.

Analog zum Vorgehen bei der Untersuchung des Einflusses von Beschaffenheit des Bauteilportfolios sowie der Regeln und Parameter der Losbildung auf die Beschaffenheit des Baujobportfolios erfolgt auch in diesem Abschnitt eine systematische Variation der Merkmalsausprägungen von Baujobportfolio und Produktionsumgebung. Die jeweils zu berücksichtigenden Merkmale und möglichen Ausprägungen werden im Folgenden beschrieben. Zur systematischen Untersuchung des Einflusses der Merkmale

---

43 Mittels Bestandsregelung wird bei der Freigabe von Aufträgen sichergestellt, dass der in der Fertigung resultierende Bestand die gewünschte Ausprägung annimmt.

44 Diese Tatsache ist vor allem dem Umstand geschuldet, dass Verfahrensparameter werkstoffspezifisch sind und vom Anwender als schützenswertes geistiges Eigentum behandelt werden. Somit ist eine kurz- bzw. mittelfristige Kapazitätserhöhung zum Ausgleich von Auslastungsspitzen bzw. Überlast verfahrensbedingt nicht möglich.

von Baujobportfolio und Produktionsumgebung auf die produktionslogistische Zielgröße der Auslastung wird eine auf der Monte-Carlo-Methode basierende, globale Sensitivitätsanalyse[45] durchgeführt.

5.3.1 Eigenschaften LPBF-spezifischer Produktionsumgebungen

Die Produktionsumgebung zur Fertigung mittels LPBF-Verfahren ist maßgeblich von der Anzahl vorhandener Maschinen gekennzeichnet. Diese werden durch den maximal zur Verfügung stehenden Bauraum, die verarbeitbaren Werkstoffe, die anfallenden Zeitanteile zur Rüstung und Abrüstung sowie die maximal verfügbare Leistung charakterisiert. Während bei der zur Ableitung der Baujobkennlinien durchgeführten Losbildung ein unkapazitierter Ansatz gewählt wird (vgl. [Hah98]), muss zur Bestimmung der im Produktionsszenario resultierenden Anlagenauslastung die Anzahl verfügbarer Anlagen bekannt sein.

In dieser Arbeit wird nur ein Produktprogramm bei der simulativen Ermittlung der Auslastung berücksichtigt. Alle dort enthaltenen Bauteile bestehen gemäß den Ausführungen in 5.2.1 aus dem gleichen Werkstoff. Demnach ist bei der Beschreibung des Maschinenparks nicht hinsichtlich der jeweils verarbeitbaren Werkstoffe zu differenzieren.

Da insbesondere Tätigkeiten, die das Rüsten und Abrüsten von LPBF-Anlagen betreffen, von einem geringen Automatisierungsgrad gekennzeichnet sind, ist die Anwesenheit von Anlagenbedienern vor dem Beginn und nach dem Ende eines Baujobs erforderlich. Im Rahmen der Parametrierung des Simulationsmodells wird von einem Dreischicht-Betrieb ausgegangen und die Anzahl der je Schicht anwesenden Anlagenbediener quantifiziert (vgl. [Bul95]). Der Fertigungsprozess selbst läuft automatisiert und dementsprechend ohne das Eingreifen von Anlagenbedienern ab. Die Behebung von ggf. durch Prozessabbrüche resultierenden Anlagenstillständen durch das Bedienpersonal wird in der Modellbildung nicht berücksichtigt. Im produktionslogistischen Kontext werden diese Stillstände etwa über die maximal zur Verfügung stehende Leistung der Anlagen abgebildet (siehe folgender Abschnitt).

Hinsichtlich der zur Fertigung mittels LPBF-Verfahren erforderlichen pulverförmigen Werkstoffe und Substratplatten wird unterstellt, dass diese Verbrauchsmaterialien jederzeit in ausreichender Menge zur Verfügung stehen. Unterbrechungen des Materialflusses sind somit ausgeschlossen.

Die Charakterisierung der Produktionsumgebung erfolgt ausschließlich für den Prozessschritt Additive Fertigung. Vor- und nachgelagerte Prozessschritte werden nicht

---

[45] Mittels einer Sensitivitätsanalyse wird der Einfluss der Varianzen in den Eingangsgrößen des zu analysierenden Systems auf die Varianz der Ausgangsgrößen ermittelt. Typische Anwendungsgebiete sowie eine weitere Unterteilung hinsichtlich problemspezifischer Anforderungen sind bspw. bei SIEBERTZ zu finden [Sie17]. Der globale Ansatz der Sensitivitätsanalyse wird gewählt, um auch die Interaktion zwischen den Parametern berücksichtigen und quantifizieren zu können. Bei der lokalen Sensitivitätsanalyse wird jeweils nur eine Eingangsgröße separat variiert, während alle weiteren fixiert werden.

berücksichtigt. Entlang der Prozesskette liegen upstream lediglich an Computer-Arbeitsplätzen durchzuführende Arbeitsvorgänge vor, während für die downstream zum Einsatz kommenden konventionellen Fertigungsverfahren auf bereits etablierte produktionslogistische Wirkmodelle zurückgegriffen werden kann.

Die erforderlichen Größen bzw. Kennzahlen zur Charakterisierung der Produktionsumgebung sind in Bild 5.33 zusammengefasst. Abweichend vom Vorgehen bei der Bestimmung der Baujobkennlinien sind zur Ermittlung der Anlagenauslastung keine Informationen hinsichtlich der Beschaffenheit des Bauraums oder der werkstoffabhängigen Aufbauraten der in der Produktionsumgebung enthaltenen Maschinen erforderlich.

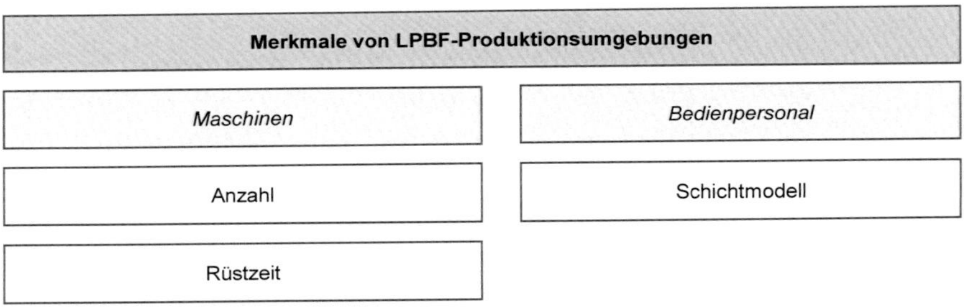

Bild 5.33: Merkmale von Produktionsumgebungen

Maximale Leistung einer LPBF-Anlage

Da im Folgenden insbesondere auf Leistungsgrößen wie etwa die mittlere Anlagenauslastung abgestellt wird, ist eine verfahrensspezifische Definition der maximalen Leistung einer LPBF-Anlage erforderlich.

Aufgrund der vollständig automatisierten Prozessführung des LPBF-Verfahrens ist die Anwesenheit von Bedienpersonal lediglich für Rüst- und Abrüstvorgänge erforderlich. Demnach hängt die maximal verfügbare Leistung einer LPBF-Anlage abweichend von den Definitionen aus dem Bereich der konventionellen Fertigung (siehe 2.2.2) nicht von der verfügbaren Personalkapazität ab. Werden Baujobs zu einem Zeitpunkt fertiggestellt, zu dem keine Anlagenbediener anwesend sind, so wirken sich die Anwesenheitszeiten des Bedienpersonals auf die mittlere Auslastung einer LPBF-Anlage aus. Die maximal verfügbare Leistung wird jedoch aufgrund der automatisierten Prozessführung der Höhe nach lediglich durch regelmäßig durchzuführende Wartungsarbeiten begrenzt. Anders als bei der Berechnung von Kennwerten der Gesamtanlageneffektivität werden ungeplante Maschinenstillstände bei der Bestimmung produktionslogistischer Kennzahlen nicht berücksichtigt.

In der vorliegenden Arbeit wird die im Datenblatt spezifizierte technische Verfügbarkeit der LPBF-Anlage herangezogen, um die maximale Leistung $L_{max,LPBF}$ zu bestimmen (vgl. [Ebe14, S.68ff]). Datenerhebungen bei industriellen Anwendern des LPBF-Verfahrens ergeben, dass diese Wartungsarbeiten aufgrund von Unwägbarkeiten typischerweise doppelt so lange dauern, wie vom Hersteller spezifiziert. Dementsprechend wird die technische Verfügbarkeit V_{LPBF} um einen Sicherheitsfaktor $S_{Wartung}$ ergänzt. Die maximale Leistung $L_{max,LPBF}$ wird gemäß der Berechnungsvorschrift in Formel 5.33 ermittelt und in der Einheit Stunden je Betriebskalendertag angegeben.

Aufgrund des hohen Automatisierungsgrades des Fertigungsprozesses nimmt die maximal verfügbare Leistung im Vergleich zur konventionellen Fertigung hohe Werte an. In der Literatur werden in Abhängigkeit des zugrundeliegenden Anwesenheitsmodells der Anlagenbediener Werte zwischen 16 und 23,5 Stunden je Betriebskalendertag angegeben (vgl. [Sti20b]).

$$L_{max,LPBF} = (1 - S_{Wartung} * (1 - V_{LPBF})) \, {}^{Std}/_{BKT} \tag{5.33}$$

mit:

$S_{Wartung}$: Empirisch ermittelter Sicherheitsfaktor bezogen auf die Verfügbarkeit

V_{LPBF}: Technische Verfügbarkeit der LPBF-Anlage gemäß Datenblatt

5.3.2 Charakterisierung von Baujobportfolios

Bei der Ermittlung der Anlagenauslastung wird das dem jeweiligen Produktionsszenario zugrundeliegende Baujobportfolio über die Verteilung der Herstellzeiten der enthaltenen Baujobs, deren Anzahl sowie die Länge des Betrachtungszeitraums charakterisiert (siehe Bild 5.34). Die bei der Herleitung der Baujobkennlinien genannten Merkmale von Baujobportfolios sind dabei nicht relevant. Demnach ist die Kenntnis der im Baujobportfolio enthaltenen Bauteile bzw. deren Beschaffenheit ebenfalls nicht erforderlich.

Auf Basis dieser Angaben wird die zur simulativen Bestimmung der Anlagenauslastung erforderliche Liste mit Fertigungsaufträgen gebildet (vgl. Grundlagen der Simulation in [Sti20b]).

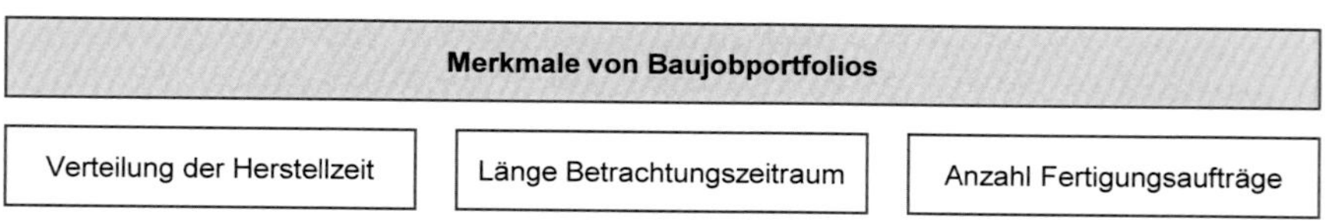

Bild 5.34: Merkmale von Baujobportfolios

Bei der im folgenden Abschnitt beschriebenen Modellierung der Wirkzusammenhänge wird die Verteilung der Herstellzeiten über entsprechende Verteilungsparameter abgebildet, während die Länge des Betrachtungszeitraums sowie die zu bearbeitende Anzahl der Fertigungsaufträge zur mittleren Freigaberate aggregiert wird. Die zur Herleitung dieser Kennzahlen herangezogenen Zusammenhänge werden in Bild 5.35 und Bild 5.36 anhand eines Beispiels veranschaulicht. Dort beträgt die mittlere Freigaberate 2,5 Aufträge je Betriebskalendertag über einen Zeitraum von 100 Tagen. Die Verteilung der Herstellzeiten wird mittels einer Gammaverteilung approximiert, deren Parameter im Schaubild angegeben sind. Die Daten des Beispiels entstammen einem auf dem Referenz-BTP I basierenden Baujobportfolio des Typs *FF / HZ / 50 / 48*. Aufgrund des gleichverteilten Zugangs von Kundenaufträgen im Betrachtungszeitraum (siehe 5.2.1) folgen auch die daraus abgeleiteten Fertigungsaufträge einer Gleichverteilung. Im Beispiel werden zwischen null und fünf Fertigungsaufträge je Betriebskalendertag freigegeben. Die Schwankungsbreite von fünf Tagen resultiert aus dem im Verhältnis langen Intervall der Datenaufbereitung und einer mittleren Zugangsrate von 1,4 Kundenaufträgen je Betriebskalendertag (siehe Tabelle 5.6).

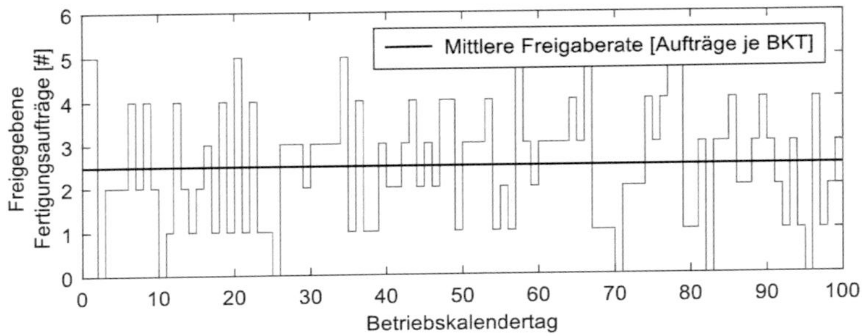

Bild 5.35: Anzahl freigegebener Fertigungsaufträge im Zeitverlauf

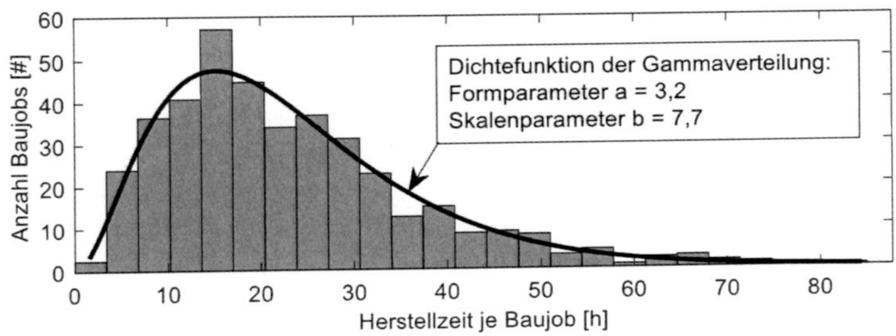

Bild 5.36: Häufigkeitsverteilung der Herstellzeiten und Dichtefunktion der zur Approximation verwendeten Gamma-Verteilung

5.3.3 Wirkzusammenhänge

Um zunächst ein Verständnis hinsichtlich der Wirkzusammenhänge der in den beiden vorigen Absätzen beschriebenen Kennzahlen zur Charakterisierung von Baujobportfolio bzw. Produktionsumgebung und der Anlagenauslastung zu generieren, wird eine auf der Monte-Carlo-Methode basierende Sensitivitätsanalyse durchgeführt. Die hierfür zu berücksichtigenden Parameter und Ausgangsgrößen sind in Bild 5.37 dargestellt.

Während Herstellzeiten sowie Auftragsfreigaberate Merkmale des Baujobportfolios sind (siehe 5.3.2), werden mittels der Anzahl verfügbarer LPBF-Anlagen und des Schichtmodells die Gegebenheiten der Produktionsumgebung als Parameter der Sensitivitätsanalyse abgebildet.

Das zugrundeliegende Simulationsmodell wird bei STITTGEN beschrieben sowie validiert und bei der Durchführung der Sensitivitätsanalyse als Black Box[46] behandelt [Sti20b]. Die Vorgehensweise bei der Sensitivitätsanalyse wird im Folgenden verkürzt dargestellt[47], der Fokus liegt auf den getroffenen Annahmen sowie den gewonnenen Erkenntnissen.

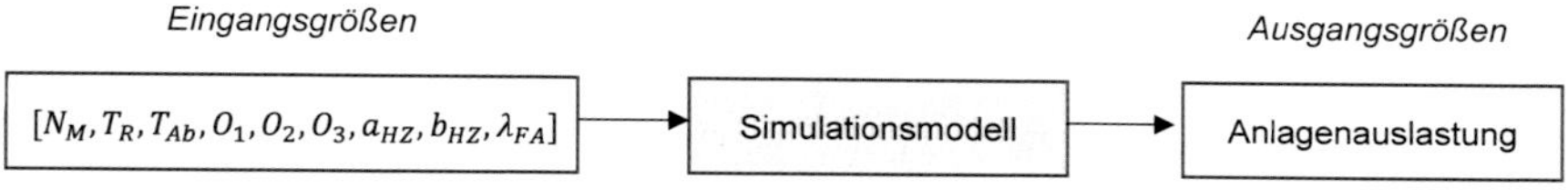

Bild 5.37: Parameter und Ausgangsgrößen des Simulationsmodells zur Ermittlung LPBF-spezifischer Zielgrößen der Produktionslogistik

Um eine Sensitivitätsanalyse mittels Monte-Carlo-Methode durchzuführen, muss zunächst der Versuchsraum mittels Sampling generiert werden. Die dabei berücksichtigten Parameter sowie die jeweils zugrundeliegenden Verteilungen und Werte-Intervalle sind in Tabelle 5.15 dargestellt. In der Tabelle sind ferner die im weiteren Verlauf zur Beschriftung von Diagrammachsen verwendeten Formelzeichen enthalten. Die Intervalle der Parameter werden derart gewählt, dass ein möglichst großer Anteil von Produktionsszenarien des LPBF-Verfahrens abgedeckt wird. Bis auf die zur Beschreibung der Häufigkeitsverteilung der Herstellzeiten herangezogenen Werte werden die Ausprägungen aller übrigen Parameter als gleichverteilt angenommen. Definitionsgemäß können die Parameter zur Quantifizierung der Anzahl der Maschinen und der Anzahl answesender Anlagenbediener während einer Schicht nur ganzzahlige Werte annehmen, die Verteilungen sind dementsprechend diskreter Natur. Auch die erforderlichen Rüst- sowie Abrüstzeiten werden aufgrund ihrer im Vergleich zu den Herstellzeiten geringen Ausprägung als diskrete, ganzzahlige Werte modelliert. Da die Freigaberate der Fertigungsaufträge als Mittelwert über den gesamten Betrachtungszeitraum definiert ist, wird sie auf dem gegebenen Intervall als stetig gleichverteilt modelliert.

Alle im Versuchsraum enthaltenen Parameterkombinationen entsprechen einem Produktionsszenario. Eine Überprüfung der Plausibilität der Parameterkombinationen wird im Rahmen einer Sensitivitätsanalyse definitionsgemäß nicht durchgeführt. Da für die gewählten Parameter unterstellt wird, dass sie stochastisch unabhängig sind, können beim Sampling Kombinationen resultieren, die in der Realität nicht oder lediglich mit einer geringen Wahrscheinlichkeit vorzufinden sind. So besteht etwa die Möglichkeit, dass beim Sampling ein Produktionsszenario gebildet wird, welches zehn Anlagen beinhaltet, aber geichzeitig von einer mittleren Herstellzeit i.H.v. 8 Stunden sowie einer Freigaberate von 0,5 Aufträgen je Betriebskalendertag charakterisiert ist. Ein solches

---

[46] Als Black Box wird in der Systemtheorie ein lediglich hinsichtlich der Input-Output-Beziehungen relevantes System bezeichnet. Selbst wenn dessen innere Struktur bekannt ist, wird im Anwendungszusammenhang nur das äußere Verhalten betrachtet (vgl. [Gei20]).

[47] Eine detaillierte Beschreibung ist bei SALTELLI zu finden [Sal08].

Szenario ist in der Realität zwar abbildbar, aufgrund der resultierenden, geringen Anlagenauslastung von weniger als 2 % mit hoher Wahrscheinlichkeit aber unwirtschaftlich.

Das Sampling zur Generierung des Versuchsraum erfolgt mittels der Latin Hypercube Methode (vgl. [McK79]). Insgesamt werden 66.000 Datensätze unter Variation der genannten Parameter generiert. Jeder Datensatz ist als Betriebspunkt eines Produktionsszenarios aufzufassen. Anschließend werden je Betriebspunkt 20 Simulationsläufe zur Bestimmung der Anlagenauslastung durchgeführt und anschließend der arithmetische Mittelwert aus den 20 resultierenden Anlagenauslastungen errechnet. Dieses Vorgehen ist erforderlich, da die Liste der abzuarbeitenden Fertigungsaufträge zufallsbasiert erzeugt wird. Hierbei werden die im Sampling generierten Parametern zur Beschreibung der Verteilung der Herstellzeit berücksichtigt.

Tabelle 5.15: Parameter der Sensitivitätsanalyse und zugehörige Verteilungen bzw. Intervalle

Parameter	**Verteilung**	**Definitions bereich**	**Einheit**	**Formel-zeichen**
Anzahl von Maschinen	Diskrete Gleichverteilung	[1 - 10]	[#]	N_M
Rüstzeit	Diskrete Gleichverteilung	[1 - 4]	[h]	T_R
Abrüstzeit	Diskrete Gleichverteilung	[1 - 4]	[h]	T_{Ab}
Anlagenbediener in der 1. Schicht	Diskrete Gleichverteilung	[0 - 5]	[#]	O_1
Anlagenbediener in der 2. Schicht	Diskrete Gleichverteilung	[0 - 5]	[#]	O_2
Anlagenbediener in der 3. Schicht	Diskrete Gleichverteilung	[0 - 5]	[#]	O_3
Skalenparameter der Verteilung der Herstellzeit	Angepasste Verteilung	[1 - 144]	[-]	a_{HZ}
Formparameter der Verteilung der Herstellzeit	Angepasste Verteilung	[0,1 - 25]	[-]	b_{HZ}
Freigaberate der Fertigungsaufträge	Gleichverteilung	[0,1 - 12]	Aufträge/ Tag	λ_{FA}

Da die Herstellzeiten als gammaverteilt[48] modelliert werden, sind zur Verringerung der Rechenaufwände bei der Simulation trotz der geringeren Intuitivität die Verteilungsparameter anstelle von statistischen Kennwerten als Parameter beim Sampling zu verwenden [Sti20b]. Die Parameter der Gammaverteilung können mittels in den Formeln 5.34 und 5.35 dargestellten Berechnungsvorschriften im mathematischen Sinne eindeutig in statistische Kennzahlen transformiert werden. Um eine gleichmäßige Vertei-

[48] Die Gammaverteilung wird gewählt, da sie als Häufigkeitsverteilung eine im Vergleich zu anderen Verteilungen große Flexibilität hinsichtlich des Verlaufs der Dichtefunktion zulässt (vgl [Are08]).

lung von Mittelwert und Standardabweichung der Herstellzeiten beim Sampling sicherzustellen und Herstellzeitverteilungen auszuschließen, die in der Realität nicht beobachtbar sind, werden die für die statistischen Kennzahlen zulässigen Werte nach oben beschränkt.

$$\mu_{HZ} = a * b < 120\,h \tag{5.34}$$

$$\sigma_{HZ} = \sqrt{a} * b < 60\,h \tag{5.35}$$

mit:

a: Skalenparameter der Gamma-Verteilung

b: Formparameter der Gamma-Verteilung

Globale Sensitivitätsanalyse

Mittels einer varianzbasierten Sensitivitätsanalyse wird zunächst ein Verständnis des Einflusses der Parameter auf die Auslastung der Produktionsumgebung generiert. Die in Bild 5.38 dargestellten Haupt- und Totaleffekte werden zur Quantifizierung dieses Einflusses herangezogen. Diese auch als Sensitivitätsindizes bezeichneten Größen erlauben eine Priorisierung der Parameter, die für den gesamten vom Sampling abgedeckten Lösungsraum gültig ist. Während mittels der Haupteffekte lediglich der direkte Einfluss eines Parameters auf die Ausgangsgröße quantifiziert wird, werden mittels des Totaleffekts zusätzlich die Einflüsse aller weiteren Parameter berücksichtigt. Demnach sind die Ausprägungen der Totaleffekte betragsmäßig größer als die Haupteffekte. Die Bedeutung der in der Abbildung verwendeten Formelzeichen wird im folgenden Absatz erläutert.

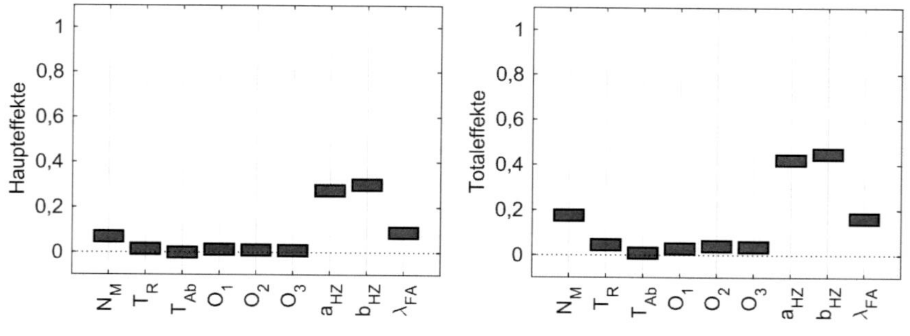

Bild 5.38: Mittels varianzbasierter Sensitivitätsanalyse ermittelte Einflüsse auf die Anlagenauslastung

Gemäß den Ergebnissen der varianzbasierten Sensitivitätsanalyse haben die Modellierung der Herstellzeitverteilung mit den Parametern a_{HZ} und b_{HZ}, die Anzahl von Maschinen N_M sowie die Freigaberate von Fertigungsaufträgen λ_{FA} im aufgespannten Versuchsraum den größten Einfluss auf die Anlagenauslastung. Aufgrund der im Verhältnis zu den Haupteffekten hohen Ausprägung der Totaleffekte der beiden letzteren

Parameter N_M und λ_{FA} haben diese insbesondere im Zusammenspiel mit den anderen Parametern einen großen Einfluss auf die resultierende Anlagenauslastung.

Die Rüstzeiten T_R und T_{Ab} haben einen im Verhältnis geringen Einfluss auf die Anlagenauslastung, da sie im zugrundeliegenden Datensatz im Mittel lediglich 9,7 % des gesamten mittleren Zeitbedarfs zur Fertigung eines Baujobs bedingen. Aufgrund des hohen Automatisierungsgrades des dem LPBF-Verfahren zugrundeliegenden Fertigungsprozesses (siehe 2.1.4) und dem im Verhältnis zu den Herstellzeiten geringen Rüstzeiten hat auch die Anzahl der je Schicht anwesenden Anlagenbediener nur einen geringen Einfluss auf die Anlagenauslastung. Aufgrund der geringen Ausprägung der Einflüsse der fünf genannten Parameter bedürfen diese einer geringeren anwenderseitigen Aufmerksamkeit bei der Erschließung produktionslogistischer Potenziale zur Steigerung der Anlagenauslastung.

Regionale Sensitivitätsanalyse

Die regionale Sensitivitätsanalyse ermöglicht die Quantifizierung des Einflusses von Parametern, wenn die Ausgangsgrößen vom Anwender gezielt auf ein bestimmtes Intervall beschränkt werden (vgl. Bild 5.39). Hierfür werden die Parametersätze nach der Durchführung der Simulationen in zwei Gruppen aufgeteilt. Parametersätze, die zu Ausgangsgrößen innerhalb des definierten Intervalls führen (engl. „behavioral"), konstituieren die erste Gruppe und werden im Folgenden mangels einer etablierten Übersetzung in die deutsche Sprache als „zielführend" bezeichnet. Solche Parametersätze, die zu Ausgangsgrößen außerhalb der Intervallgrenzen führen (engl. „non-behavioral"), werden analog als „nicht-zielführend" bezeichnet.

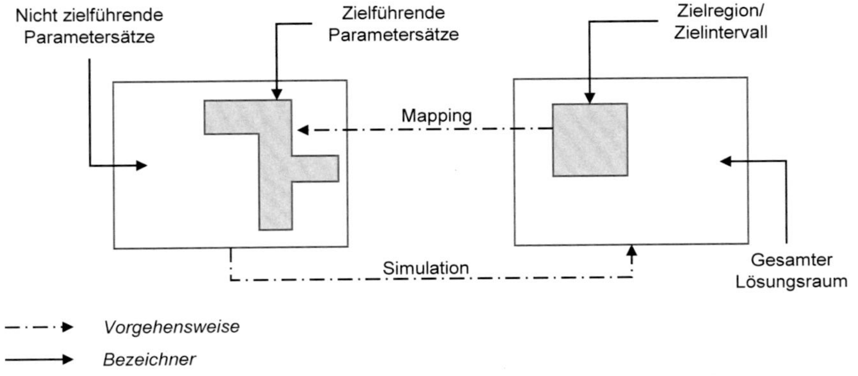

Bild 5.39: Schematische Darstellung des Vorgehens bei der regionalen Sensitivitätsanalyse

Die Sensitivität der Ausgangsgrößen auf dem definierten Intervall wird anschließend wie bei [Sal08, S.183ff] beschrieben aus der maximalen vertikalen Distanz MVD der kumulierten Dichtefunktionen der zielführenden und nicht-zielführenden Samples ermittelt. In Bild 5.40 sind die Einflüsse der Parameter für Maschinenauslastungen größer 60 % bzw. 90 % dargestellt.

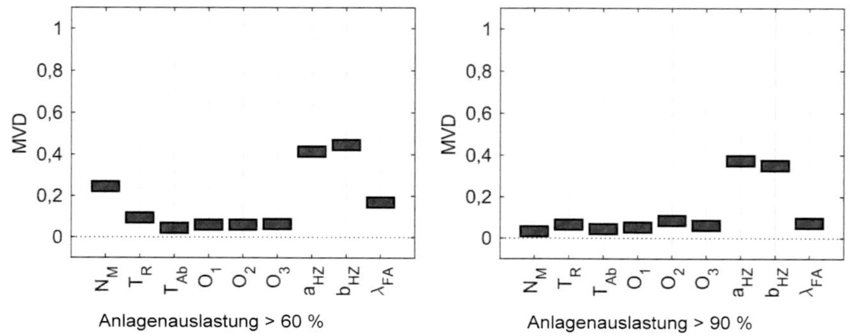

Bild 5.40: Ergebnisse der regionalen Sensitivitätsanalyse

Während die Einflüsse der Parameter bei Anlagenauslastungen größer 60 % im gleichen Verhältnis zueinander stehen wie bei der globalen, varianzbasierten Sensitivitätsanalyse, sinkt der Einfluss der Anzahl von Maschinen und der Freigaberate von Fertigungsaufträgen bei Anlagenauslastungen größer 90 % signifikant (vgl. linkes und rechtes Diagramm in Bild 5.40). Da im zugrundeliegenden Simulationsmodell keine Bestandsregelung implementiert ist, befinden sich die im Sampling enthaltenen Produktionsumgebungen teilweise nicht im eingeschwungenen Zustand und sind somit von im Zeitverlauf stetig zunehmenden Beständen gekennzeichnet. Sowohl das Hinzufügen weiterer Maschinen als auch die Reduktion der Freigaberate der Fertigungsaufträge haben dann einen geringen Einfluss auf die Anlagenauslastung (siehe MVD von N_M und λ_{FA} im rechten Teil von Bild 5.40). Der Einfluss der Verteilung der Herstellzeiten bleibt auch bei Anlagenauslastungen größer als 90 % bestehen und ist der einzige Hebel zu deren Erhöhung (siehe Bild 5.40 rechts, MVD > 0,38). Dieser Umstand ist darauf zurückzuführen, dass mit zunehmenden Herstellzeiten die zu Auslastungsverlusten führenden Abwesenheitszeiten der Anlagenbediener besser kompensiert werden können.

5.3.4 Interpretation der Ergebnisse

Gemäß den Ergebnissen der durchgeführten Sensitivitätsanalyse können die für die Ausprägung der Anlagenauslastung relevanten Eingangsgrößen auf die Anzahl der Anlagen, die Freigaberate der Fertigungsaufträge und die Parameter der Häufigkeitsverteilung der Herstellzeiten beschränkt werden. Letztere können mit den in Formel 5.34 und 5.35 genannten Berechnungsvorschiften in statistische Kennzahlen umgerechnet werden.

Bei der Anwendung der mittels Sensitivitätsanalysen generierten Erkenntnisse hinsichtlich der Parameter-Einflüsse auf die Ausgangsgrößen eines Modells ist zu berücksichtigen, dass jedem Sensitivitätsfaktor eine große Anzahl von Datenpunkten zugrunde liegt. Gemäß den dargestellten Ergebnissen hat etwa die Freigaberate von

Fertigungsaufträgen mit einer höheren Wahrscheinlichkeit einen Einfluss auf die Anlagenauslastung als bspw. die Rüstzeit. Gleichwohl existieren im Sampling Produktionsszenarien mit hohen Rüstzeitanteilen sowie geringen Freigaberaten von Fertigungsaufträgen, die von hohen Anlagenauslastungen charakterisiert sind. Hierfür sind dann die Ausprägungen der übrigen Parameter verantwortlich, die im Einzelfall zu einer Kompensation der zwar als relevant identifizierten, aber im spezifischen Produktionsszenario gering ausgeprägten Parameter führt.

Ferner sind folgende Einschränkungen zu berücksichtigen. Die mittels varianzbasierter Sensitivitätsanalyse quantifizierten Einflüsse gelten ausschließlich im Kontext des per Sampling generierten Versuchsraums. Gleichzeitig kann auf Grundlage der dargestellten Effekte keine Aussage hinsichtlich der an definierten Betriebspunkten zu erwartenden Anlagenauslastung getroffen werden, sondern lediglich eine Tendenz abgeleitet werden. Zur exakten Quantifizierung der Auslastung ist eine betriebspunktspezifische Simulation erforderlich, wie sie bei STITTGEN beschrieben wird [Sti20b].

5.4 Zwischenfazit

Mittels der in 5.1, 5.2 und 5.3 durchgeführten Untersuchungen wird gezeigt, dass die im Rahmen der Modellbildung berücksichtigten Eigenschaften eines Produktionsszenarios signifikanten Einfluss auf die Ausprägung der verfahrensspezifischen produktionslogistischen Kennzahlen haben. Als Basis für eine belastbare produktionslogistische Positionierung im Umfeld des LPBF-Verfahrens sind insbesondere die folgenden Eigenschaften des Produktionsszenarios zu berücksichtigen:

- Geometrieabhängigkeit der Herstellzeit
- Merkmale des zu bewältigenden Produktprogramms und deren Korrelation
- Regeln und Parameter der Losbildung
- Verteilung der Herstellzeit im Produktionsprogramm

Demnach muss eine Methodik zur produktionslogistischen Positionierung im Umfeld des LPBF-Verfahrens (vgl. Forschungsfrage in 3.2.2) Modelle und Methoden beinhalten, mittels derer die genannten Einflüsse quantitativ und qualitativ beschreibbar sind. Die erste untergeordnete Forschungsfrage nach einer Vorgehensweise zur Bestimmung von Herstellzeiten anhand geometrischer Merkmale wird in 5.1 beantwortet. Hierbei ist insbesondere die die herzustellenden Bauteile charakterisierende Komplexität zu berücksichtigen.

Die zweite untergeordnete Forschungsfrage bzgl. der die verfahrensspezifischen produktionslogistischen Kennzahlen beeinflussenden Merkmale von Bauteilen bzw. Baujobs wird anhand des in 5.2 und 5.3 beschriebenen Vorgehens beantwortet. Hinsichtlich der Bauteile sind insbesondere Zeit-, Geometrie- und Mengengrößen zu berücksichtigen (siehe 5.2.1). Die verfahrensspezifischen produktionslogistischen Kennzahlen hängen signifikant von den Regeln und Parameter der Losbildung ab (siehe 5.2.4).

Der Einfluss der genannten Größen wird in der vorliegenden Arbeit simulationsbasiert ermittelt.

Die dritte untergeordnete Forschungsfrage hat die Auswahl geeigneter Einflussgrößen zur gezielten produktionslogistischen Positionierung zum Gegenstand und wird unter Verwendung der generierten Erkenntnisse in der Anwendung der Methodik (siehe Kapitel 6) beantwortet.

Bei der Beantwortung der Forschungsfragen wird den in 2.4 formulierten Anforderungen aus der Additiven Fertigung und der Produktionslogistik unter Nutzung quantitativer Modelle und Methoden (siehe Bild 3.1) Rechnung getragen. Somit ist auch die übergeordnete Forschungsfrage nach der Gestaltung einer Methodik zur produktionslogistischen Positionierung im Umfeld des LPBF-Verfahrens mittels Synthese der beschriebenen Modelle und Methoden abschließend beantwortet.

6 Anwendung der Methodik

Aufbauend auf der in Kapitel 1 dargestellten Konzeption und den in Kapitel 0 hergeleiteten Grundlagen werden im Folgenden die zur Anwendung der Methodik erforderlichen Schritte erläutert (siehe Bild 6.1). Hierfür wird je Methodikbaustein das Vorgehen beschrieben und anhand von Beispielen präzisiert (vgl. 6.1 bis 6.3). Die Ausführungen sind insb. als Leitfaden zur Anwendung der Methodik zu verstehen und auf die Bildung von Baujobkennlinien fokussiert. Die Gliederung der folgenden Abschnitte wird aus der Abfolge und Abgrenzung der Methodikbausteine hergeleitet.

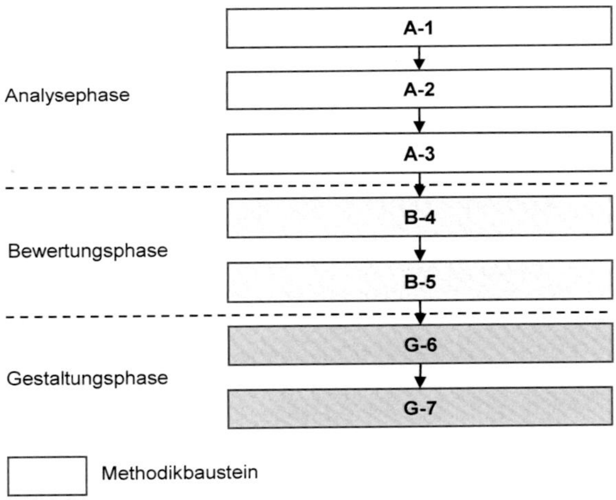

Bild 6.1: Übersicht der Methodikbausteine

6.1 Analysephase

Als erster Schritt der Analysephase erfolgt eine systematische Beschreibung der anwenderspezifischen Problemstellung der verfahrensspezifischen produktionslogistischen Gegebenheiten. Daraufhin erfolgt die Beschreibung des zu analysierenden Bauteilportfolios sowie der zu berücksichtigen Regeln und Parameter der Losbildung als Grundlage für die simulationsbasierte Bildung von Baujobportfolios in der Bewertungsphase.

6.1.1 Systematik zur Problembeschreibung (Methodikbaustein A-1)

Laut BLUM entstehen Probleme aus Abweichungen zwischen vorhandenen und gewünschten Zuständen [Blu91]. Ausgehend von Problemen wird in der Regel ein Problemlöseprozess initiiert, mittels dessen Anwendung die identifizierte Abweichung beseitigt werden soll [Pfo77]. Vom Anwender der Methodik ist zunächst das zugrundeliegende Problem im betrachteten Produktionsszenario zu beschreiben. Hierfür ist die Kenntnis quantitativer Merkmalsausprägungen des gewünschten bzw. des vorhandenen Zustands nicht zwingend erforderlich, da in der vorliegenden Arbeit im Sinne einer

Reduzierung des initialen Aufwands ein qualitativer Ansatz der Problembeschreibung gewählt wird.

Der auf die Problembeschreibung folgende Problemlöseprozess beruht auf der Anwendung der in den folgenden Abschnitten dargestellten Methodikbausteine und ist unter Berücksichtigung der qualitativen Problembeschreibung zu gestalten. Im systemtheoretischen Sinne dient die Ausgangsgröße der Problembeschreibung somit als Eingangsgröße des Problemlöseprozesses.

Um einen zielgerichteten, eindeutigen Problemlöseprozess initiieren zu können, wählt der Anwender die auf sein Produktionsprogramm zutreffenden Probleme aus der in Tabelle 6.1 dargestellten Liste aus. Diese werden in der Bewertungsphase zur Auswahl und Visualisierung problemspezifischer BJP-Kennzahlen herangezogen. Bei Mehrfachauswahl ist das im Folgenden beschriebene Vorgehen mehrfach zu durchlaufen. Eine Priorisierung der Probleme kann hierbei zur Reihenfolgebildung genutzt werden, ist aber nicht zwingend erforderlich. Falls die anwenderspezifische Problemstellung nicht in der Tabelle enthalten ist, so können dennoch Wirkzusammenhänge der BJP-Kennzahlen abgeleitet werden. Die im Tabellenwerk auszuwählenden Kennzahlen sind dann vom Anwender gemäß seinem Vorverständnis zu ermitteln.

Tabelle 6.1: Erfassung der anwenderspezifischen Problemstellung

Problembeschreibung	ja	nein
...aus dem Bereich des Produktionsprogramms		
• Geringe Termintreue		
• Geringe/hohe/schwankende Herstellzeiten der Baujobs		
• Geringe/hohe/schwankende Bauteil-Anzahl je Baujob		
• Geringe/hohe/schwankende Auslastung des Bauraums		
• Schwankende Bauteilhöhen innerhalb der Baujobs		
• Unsicherheit bzgl. der wertschöpfenden Zeitanteile		
• Unsicherheit bzgl. der Frequenz der Datenaufbereitung		
• Unsicherheit bzgl. der Zuordnung von Bauteilen zu Baujobs		
• Unsicherheit bzgl. Konsequenzen neuer Bauteilportfolios		
• Unsicherheit bzgl. des Einflusses von Produktivitätssteigerungen		

6.1.2 Charakterisierung von Bauteilportfolios (Methodikbaustein A-2)

Nach Durchführung der Problembeschreibung ist das in einem definierten Zeitabschnitt fertigungstechnisch zu bewältigende Bauteilportfolio hinsichtlich geometrischer, mengenmäßiger und zeitlicher Größen vom Anwender zu charakterisieren (siehe Bild 5.13).

Die Charakterisierung kann sowohl für ein reales (ex post, beruhend auf historischen Daten des Anwenders) als auch für ein hypothetisches (ex ante, beruhend auf Annahmen des Anwenders) Bauteilportfolio erfolgen. Hinsichtlich der simulativen Weiterverarbeitung der Daten zur Charakterisierung des Bauteilportfolios ist nicht zwischen den beiden Anwendungszwecken zu unterscheiden.

Erfolgt die Charakterisierung ex post, so ist für jedes zum Portfolio zugehörige Bauteil die Kenntnis der in Bild 5.13 dargestellten Merkmale erforderlich. Je nach Ausgestaltung der unternehmensinternen Informationssysteme des Anwenders sind diese bspw. dem Enterprise Resource Planning zu entnehmen.

Zur Veranschaulichung werden die sämtlich kardinal skalierten Merkmalsausprägungen als BTP-spezifische Häufigkeitsverteilung dargestellt. Hierfür werden die Merkmalsausprägungen für jedes im Portfolio enthaltene Bauteil erfasst und bspw. in Form von Histogrammen visualisiert. Des Weiteren werden statistische Kennwerte (Mittelwert, Standardabweichung, Variationskoeffizient) zur Beschreibung der Merkmale gebildet. Mittels dieses Vorgehens können die Merkmale von Bauteilportfolios sowohl visuell als auch quantitativ miteinander verglichen werden (vgl. 5.2.1).

Erfolgt die Charakterisierung ex ante (also für ein hypothetisches Bauteilportfolio, das vom Anwender voraussichtlich zukünftig zu bewältigen ist), so sind je Merkmal Annahmen hinsichtlich des Mittelwerts sowie der Standardabweichung zu treffen. Diese werden unter Berücksichtigung der ebenfalls anzugebenden minimal und maximal auftretenden Merkmalsausprägungen zur Modellierung entsprechender Häufigkeitsverteilungen herangezogen.

Auf Grundlage der Häufigkeitsverteilungen werden im weiteren Verlauf zufallsbasiert Bauteilportfolios gebildet. Hierfür sind ferner die Länge des Betrachtungszeitraums und die Anzahl der darin zugehenden Kundenaufträge vom Anwender zu quantifizieren. Die genannten Größen und Merkmalsausprägungen sind erforderlich, da sie als Eingangsgröße bei der Bildung von Baujobportfolios herangezogen werden (siehe Bild 8.8 im Anhang). In Bild 6.2 sind die zur Charakterisierung des Bauteilportfolios erforderlichen Informationen zusammengefasst.

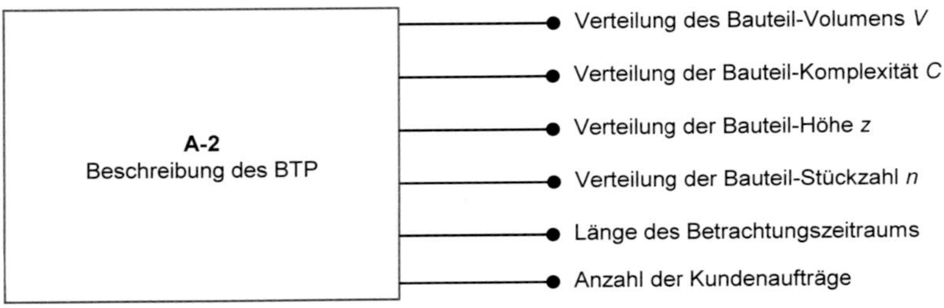

Bild 6.2: Kennzahlen zur Charakterisierung des Bauteilportfolios

6.1.3 Charakterisierung von Losbildungsverfahren (Methodikbaustein A-3)

Für das Ableiten von problemspezifischen Baujobkennlinien sind ferner die zu berücksichtigenden Regeln bei der Bildung von Fertigungslosen zu definieren. Hierfür wird auf die zur Klassifikation in 5.2.2 eingeführten Notation zurückgegriffen. Die jeweiligen Ausprägungen der Merkmale sind in Tabelle 5.10 zu finden.

Für den Fall, dass der Anwender keine Zuordnungsregel *Z* bei der Bildung von Fertigungslosen anwendet, ist von einer zufallsbasierten Zuordnung von Bauteilen zu Baujobs auszugehen (*Z* = *ZU*). Die zur Charakterisierung des Losbildungsverfahrens zu berücksichtigende Finalisierungsregel *F* ist je nach gewünschter produktionslogistischer Positionierung des Anwenders zu definieren. Ist eine hohe Auslastung gewünscht, so erfolgt die Auftragsfreigabe typischerweise gemäß der Herstellzeit-Regel (*F* = *HZ*). Wird hingegen eine hohe Termintreue angestrebt, so werden die einzuhaltenden, bauteilspezifischen Liefertermine (*F* = *LT*) bei der Freigabe von Fertigungsaufträgen berücksichtigt.

Während bei der Finalisierung gemäß Herstellzeit der die Baujob-Freigabe auslösende Zeitwert quantifiziert werden muss, ist bei der Finalisierung gemäß Liefertermin anzugeben, um welchen Wert der Liefertermin unterschritten werden muss (Puffer) bzw. überschritten werden darf (Inkaufnahme definierter Verzögerungen).

Das Losbildungsverfahren ist vollständig charakterisiert, wenn zusätzlich zu den oben beschriebenen Merkmalen das Intervall der Datenaufbereitung *I* quantifiziert ist.

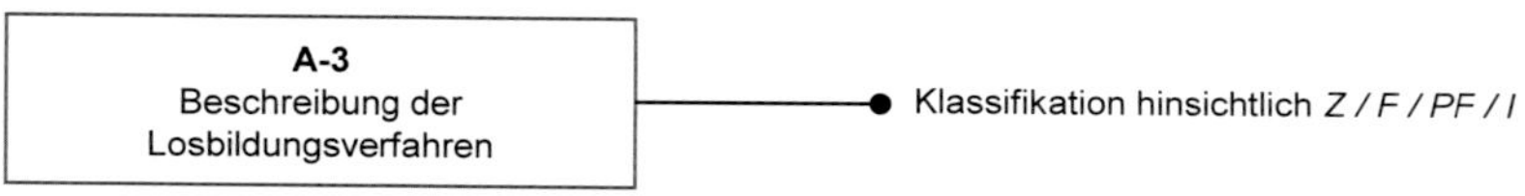

Bild 6.3: Kennzahlen zur Charakterisierung der Losbildung

Die Analysephase ist abgeschlossen, wenn folgende Bedingungen erfüllt sind:

- Die Problembeschreibung ist fertiggestellt.
- Die Bauteilportfolios sind hinsichtlich der relevanten Merkmale und Größen beschrieben.
- Die Verfahren der Losbildung sind hinsichtlich der relevanten Regeln und Parameter beschrieben.

6.2 Bewertungsphase

Mittels der in der Bewertungsphase enthaltenen Methodikbausteine wird der Anwender befähigt, eine Bewertung der verfahrensspezifischen produktionslogistischen Potenziale für sein individuelles Produktionsszenario durchzuführen. Hierfür wird zunächst die Bildung von Baujobportfolios inkl. erforderlicher Kennzahlen beschrieben und sodann aufgezeigt, wie die Kennzahlen inkl. des anwenderindividuellen Betriebspunkts zu visualisieren sind.

6.2.1 Bildung von Baujobportfolios und Berechnung von Kennzahlen (Methodikbaustein B-4)

Zu Beginn der Bewertungsphase werden auf Grundlage der in der Analysephase beschriebenen anwenderindividuellen Bauteilportfolios sowie Regeln und Parameter der Losbildung simulationsbasiert Baujobportfolios gebildet. Daraufhin werden die zur Beschreibung heranzuziehenden BJP-Kennzahlen berechnet und in einem Tabellenwerk dokumentiert. Das erforderliche Vorgehen zur simulationsbasierten Bildung von Baujobporfolios sowie zur Berechnung der BJP-Kennzahlen wird ausführlich in 5.2.2 beschrieben. Dementsprechend sind an dieser Stelle der Methodik-Anwendung keine weiteren Ausführungen erforderlich. Das resultierende Tabellenwerk beinhaltet aufgrund des geringen zur Ermittlung erforderlichen Rechenaufwands alle in Tabelle 5.13 aufgeführten BJP-Kennzahlen. Im Folgenden wird die Extraktion der gemäß Problembeschreibung relevanten Daten aus dem Tabellenwerk und deren sachgemäße Visualisierung beschrieben.

6.2.2 Visualisierung problemspezifischer Baujobkennlinien (Methodikbaustein B-5)

Vor der Visualisierung von Baujobkennlinien müssen zunächst die auf Grundlage der Problembeschreibung als relevant identifizierten BJP-Kennzahlen aus dem Tabellenwerk extrahiert werden. Die Extraktion erfolgt gemäß der im Folgenden zu definierenden problemrelevanten BJP-Merkmale sowie der bei der Bildung angewendeten Regeln und Parameter der Losbildung. Die BJP-Merkmale sind in der Kopfzeile des Tabellenwerks enthalten, während die bei der Losbildung herangezogenen Regeln und Parameter der Vorspalte zu entnehmen sind (vgl. Tabelle 5.12).

Der Anwender kann zwischen verschiedenen Kennzahlen zur Charakterisierung des Baujobportfolios auswählen (vgl. Tabelle 5.13). Diese beinhalten kumulative und prozentuale Werte sowie statistische Kennzahlen (Mittelwert, Standardabweichung und Variationskoeffizient). Die Auswahl der problemindividuellen Merkmalsgruppe erfolgt gemäß dem Wortlaut der Problembeschreibung. Sieht sich der Anwender etwa mit Problemen bzgl. der Baujob-Herstellzeiten konfrontiert, so ist die Merkmalsgruppe „*Herstellzeit*“ auszuwählen. Sind zu geringe bzw. zu hohe Herstellzeiten beobachtbar, so werden zunächst die konkreten Merkmale „*Mittelwert*“ und „*kumuliert*“ ausgewählt. Bei Schwankungen der zu analysierenden Größe sind die Merkmale „*Standardabweichung*“ und „*Variationskoeffizient*“ zu wählen.

Beinhaltet der Wortlaut der Problembeschreibung den Begriff der „*Unsicherheit*“, so gehen die auszuwählenden Merkmalsgruppen bzw. Merkmals-Paare nicht unmittelbar aus der Formulierung hervor. Eine Übersicht der bei Unsicherheiten auszuwählenden Merkmale ist in Tabelle 6.2 dargestellt. Die Erläuterung der dort verwendeten Formelsymbole ist Tabelle 5.13 zu entnehmen.

Tabelle 6.2: Problemspezifische Auswahl von Baujobportfolio-Merkmalen

	Problembeschreibung	Merkmal 1	Merkmal 2
Unsicherheit bzgl.	...der wertschöpfenden Zeitanteile	$\sum_{BZ}$, μ_{BZ}, $\varnothing_{BZ}$, VK_{BZ}	$\sum_{HZ}$, μ_{HZ}, VK_{HZ}
	...der Frequenz der Datenaufbereitung	μ_{TA}, $\varnothing_{TA}$, VK_{TA}	$\sum_{HZ}$, μ_{HZ}, VK_{HZ}
	...der Zuordnung von Bauteilen zu Baujobs	μ_{BT}, VK_{BT}	μ_{BA}, VK_{BA}
	...der Konsequenzen neuer Bauteilportfolios	μ_{TA}, μ_{HZ}	μ_{BA}, μ_{BT}, μ_{BH}
	...des Einflusses von Produktivitätssteigerungen	$\sum_{HZ}$, μ_{HZ}	μ_{TA}, $\varnothing_{TA}$

Grundsätzlich sind vom Anwender all diejenigen Baujobportfolio-Merkmale zur Visualisierung auszuwählen, die gemäß seinem verfahrensspezifischen produktionslogistischen Verständnis zur Lösung der individuellen Probleme geeignet sind. Aufgrund der inhärenten Subjektivität dieses Verständnisses können an dieser Stelle keine expliziten Vorgaben hinsichtlich aller problemindividuell auszuwählenden Baujobportfolio-Merkmale gemacht werden. Je mehr Merkmals-Paare ausgewählt und visualisiert werden, desto umfangreicher ist die vom Anwender zu gewinnende Erkenntnis bzgl. der verfahrensspezifischen produktionslogistischen Positionierung.

Auf Basis der aus den Tabellenwerken extrahierten problemrelevanten Daten werden unter Berücksichtigung der in 5.2.3 dargestellten Konventionen die Kennliniendiagramme erstellt. Die Kennzahlen zur Charakterisierung der Baujobportfolios werden auf der linken bzw. rechten Ordinate als abhängige Variable dargestellt, während das Intervall der Datenaufbereitung bzw. die Finalisierungsparameter gemäß der Konvention typischerweise auf der Abszisse als unabhängige Variable abgetragen wird. Mittels der Bildung von Kurvenscharen werden entweder verschiedene Zuordnungsregeln oder Finalisierungsparameter miteinander verglichen. Die jeweils nicht zu vergleichende Größe wird entsprechend der zur Verfügung stehenden Ausprägungen fixiert und im Kennlinien-Diagramm angegeben (siehe 5.2.3).

Das beschriebene Vorgehen zur Ermittlung problemrelevanter Daten aus dem Tabellenwerk sowie deren Visualisierung wird im Folgenden anhand eines Beispiels konkretisiert.

Ist der Anwender mit schwankenden Herstellzeiten der Baujobs in seinem Produktionsprogramm bzw. Baujobportfolio konfrontiert, so werden zunächst die folgenden Merkmale bei der Visualisierung der Wirkzusammenhänge als abhängige Variable herangezogen:

- Standardabweichung der Herstellzeit von Baujobs σ_{HZ}
- Variationskoeffizient der Herstellzeit von Baujobs VK_{HZ}

Ferner ist eine Finalisierungsregel bei der Losbildung sowie ein entsprechender Finalisierungsparameter zur Identifikation problemspezifischer Baujobportfolios auszuwählen. Für das Beispiel liegt der Fokus auf einer möglichst hohen Auslastung der Maschinen und dementsprechend homogenen Herstellzeiten der Baujobs. Als Finalisierungsregel wird daher die Herstellzeit *HZ* mit einem Parameter *PF = 50 h* herangezogen (vgl. Tabelle 5.10).

Da der Anwender den Einfluss des Intervalls der Datenaufbereitung bzw. der bei der Losbildung verwendeten Zuordnungsregeln auf die Herstellzeit nachvollziehen möchte, werden diese Größen im Beispiel nicht fixiert. Sie fungieren somit als unabhängige Variablen bei der Visualisierung der Wirkzusammenhänge.

Sind die problemspezifischen Spalten (Kennzahlen des Baujobportfolios) und Zeilen (unter Variation von Losbildungsregeln resultierendes Baujobportfolio) im Tabellenwerk identifiziert, werden die in den Zellen enthaltenen Werte extrahiert und gemäß den obigen Ausführungen visualisiert. Die Baujobkennlinien für das angeführte Beispiel sind in Bild 6.4 dargestellt.

Dort ist ferner der vom Anwender bei der Charakterisierung des Losbildungsverfahrens identifizierte Betriebspunkt eingezeichnet. Da der Anwender im Beispiel in einem Intervall von *I = 24 Stunden* die Datenaufbereitung durchführt, ist das Baujobportfolio als *ZU / HZ / 50 / 24* zu klassifizieren.[49]

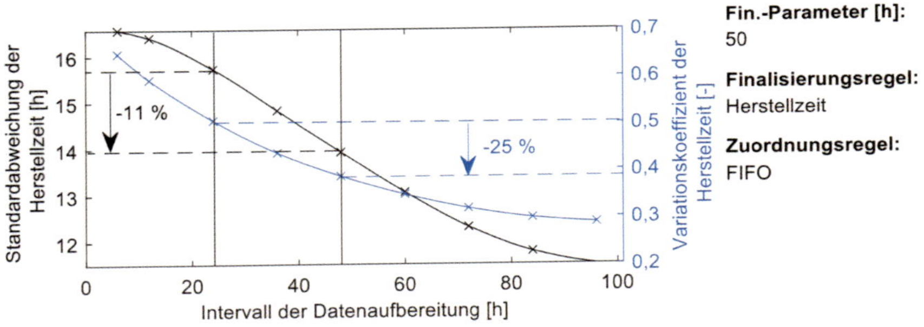

Bild 6.4: Exemplarische Baujobkennlinien auf Basis des Referenz-Bauteilportfolios I

Ungeachtet der erstellten Problembeschreibung wird dem Anwender nahegelegt, zusätzliche Baujobkennlinien unter Berücksichtigung weiterer abhängiger Größen zu visualisieren und dort den Betriebspunkt ebenfalls einzutragen. Mittels dieses Vorgehens wird sichergestellt, dass beim Anwender ein ganzheitliches Verständnis hinsichtlich der Konsequenzen von Änderungen der von ihm beeinflussbaren Größen (Intervall der Datenaufbereitung, Zuordnungsregel, Finalisierungsregel bzw. -parameter) auf die

---

[49] Zuordnung von Bauteilen gemäß Zufallsprinzip, Freigabe spätestens bei Erreichung von 50 Stunden Herstellzeit, Datenaufbereitung alle 24 Stunden.

Ausprägung verfahrensspezifischer produktionslogistischer Kennzahlen generiert wird.

Auf Grundlage der visualisierten Wirkzusammenhänge wird der Anwender befähigt, die durch Anpassung der unabhängigen Größen herbeizuführenden Veränderungen der BJP-Kennzahlen qualitativ und quantitativ zu bewerten. So besteht im dargestellten Beispiel hinsichtlich des Variationskoeffizienten der Herstellzeit ein Verringerungspotenzial von ca. 25 %, wenn das Intervall der Datenaufbereitung bei Anwendung der FIFO-Zuordnungsregel von 24 auf 48 Stunden verdoppelt wird. Die Standardabweichung kann hierbei um ca. 11 % verringert werden. Im Sinne einer vollständigen Bewertung der Konsequenzen einer solchen Anpassung sind weitere Baujobkennlinien unter Berücksichtigung zusätzlicher BJP-Kennzahlen zu erstellen.

Die Bewertungsphase ist abgeschlossen, wenn folgende Bedingungen erfüllt sind:

- Die zur Visualisierung vorgesehenen Merkmals-Paare sind problemspezifisch festgelegt.
- Die den Merkmals-Paaren zugrundeliegenden Kennzahlen sind aus dem Tabellenwerk extrahiert.
- Die Baujobkennlinien sind auf Basis der extrahierten Zahlenwerte erstellt.
- Der Betriebspunkt des Anwenders ist bei Bedarf in das Schaubild der Baujobkennlinien eingezeichnet.

6.3 Gestaltungsphase

In der Gestaltungsphase erfolgt zunächst die systematische Erfassung der produktionslogistischen Zielsetzung des Anwenders (Baustein G-5). Im darauffolgenden Methodikbaustein werden zielindividuelle Gestaltungsmaßnahmen unter Berücksichtigung der im Rahmen der Grundlagen der Methodik gewonnenen Erkenntnisse erläutert (Baustein G-6). Das in der Bewertungsphase beschriebene Vorgehen dient dabei der quantitativen Beurteilung der gestalterischen Maßnahmen.

6.3.1 Systematik zur Zieldefinition (Methodikbaustein G-6)

Bei der Zielsetzung wird analog zur Problembeschreibung im Methodikbaustein A-1 ein qualitativer Ansatz gewählt. So wird bspw. lediglich die Verringerung einer Kennzahl angestrebt, ohne in der Zielsetzung unmittelbar den gewünschten Grad der Verringerung zu quantifizieren. Die Quantifizierung der maßnahmenindividuellen Einflüsse erfolgt nach Auswahl einer zielspezifischen Gestaltungsmaßnahme auf Grundlage des Vorgehens der Analyse- und Bewertungsphase mittels der Visualisierung von Baujobkennlinien.

Die Zieldefinition wird auf Größen aus dem Bereich der Produktionslogistik beschränkt. So sind etwa auch Ziele wie die Erhöhung der Anzahl von Bauteilen je Baujob oder der Bauraumauslastung adressierbar, werden in dieser Arbeit aber nicht berücksichtigt. Dieses Vorgehen wird gewählt, da der Anwender in der Regel keinerlei Vorgaben hinsichtlich der Beschaffenheit der zu fertigenden Baujobs (bspw. Anzahl Bauteile, volumetrische Packungsdichte etc.) macht. Vielmehr ist der Anwender daran interessiert, das Produktionsprogramm mit den zur Verfügung stehenden Kapazitäten in einem möglichst kurzem Zeitraum oder unter Erreichung einer möglichst großen Termintreue zu bewältigen. Dementsprechend werden im Rahmen der Methodik-Anwendung die in Tabelle 6.3 dargestellten produktionslogistischen Zielsetzungen als praxisrelevante Beispiele zur Ableitung entsprechender Gestaltungsmaßnahmen berücksichtigt.

Tabelle 6.3: Erfassung der anwenderspezifischen Zielsetzung

Zielsetzung	ja	nein
...hinsichtlich produktionslogistischer Kennzahlen		
• Z1: Lieferverzögerungen reduzieren		
• Z2: Herstellzeiten homogenisieren		
• Z3: Kapazitätsbedarf reduzieren		
• Z4: Physische Bestandsbindung in der Produktion reduzieren		
• Z5: Wertschöpfende Zeitanteile im Fertigungsprozess erhöhen		

Bevor die zur Erreichung der jeweiligen Ziele vorgeschlagenen Maßnahmen abgeleitet und bewertet werden, erfolgt eine Kurzbeschreibung der in Tabelle 6.3 dargestellten Ziele. Dieses Vorgehen dient der Verbesserung der Nachvollziehbarkeit beim Anwender.

<u>Z1: Lieferverzögerungen reduzieren:</u>

Die Reduzierung von Lieferverzögerungen geht mit einer Erhöhung der produktionslogistischen Zielgröße der Termintreue einher. Gemäß der in dieser Arbeit verwendeten Definition der verspäteten Fertigstellung von Baujobs (vgl. 5.2.2) werden Lieferverzögerungen dann reduziert, wenn die mittlere Verspätung der Baujobs durch geeignete Regeln und Parameter bei der Losbildung verringert werden kann.

<u>Z2: Herstellzeiten homogenisieren</u>

Homogene Herstellzeiten führen in einer Produktionsumgebung in der Regel zu geringeren Auslastungsverlusten und somit zu höheren Anlagenauslastungen. Dieser Wirkzusammenhang ist auf die verbesserte Planungsgrundlage bei der Terminierung von Fertigungsaufträgen, etwa unter Berücksichtigung der Anwesenheitszeiten von Anlagenbedienern, zurückzuführen. So können nicht nur höhere Anlagenauslastungen, sondern bspw. ebenfalls geringere Liegezeiten oder eine Reduzierung des Bedienpersonals adressiert werden.

<u>Z3: Kapazitätsbedarf reduzieren</u>

Der Kapazitätsbedarf zur produktionsseitigen Bewältigung des Produktprogramms resultiert unmittelbar aus der zur Fertigung des entsprechenden Produktionsprogramms erforderlichen Zeit. Durch die verfahrensbedingte Möglichkeit der Kombination verschiedenartiger Bauteile zu einem Baujob besteht eine im Vergleich zu konventionellen Fertigungsverfahren höhere Flexibilität bei der Losbildung. Diese Flexibilität kann vom Anwender dazu genutzt werden, den Kapazitätsbedarf gezielt zu beeinflussen und somit etwa die gewünschte Anlagenauslastung in der vorhandenen Produktionsumgebung zu erreichen.

Z4: Physische Bestandsbindung in der Produktion reduzieren

Bei der Additiven Fertigung mittels LPBF-Verfahren muss neben Substratplatten insbesondere pulverförmiger Werkstoff bevorratet werden. Die entsprechende Menge hängt u.a. von produktionsseitigen Faktoren, wie etwa der Anzahl der eingesetzten Maschinen sowie der Zugangsrate von Fertigungsaufträgen, ab. Ferner sind verfahrensspezifische Aspekte, wie etwa die mittlere Baujob-Höhe, der Wiederverwendungsgrad des Pulvers (vgl. [Hei19]) und die mittlere volumetrische Bauraumauslastung bei der Bestimmung des Pulverbedarfs zu berücksichtigen. Abseits des Bedarfs an pulverförmigem Werkstoff sowie Substraten führt auch die verfrühte Fertigstellung von Bauteilen zu unerwünschten Beständen in der Produktion bzw. dem Fertigwarenlager.

Z5: Wertschöpfende Zeitanteile im Fertigungsprozess erhöhen

Bezogen auf den Fertigungsprozess mittels LPBF-Verfahren (siehe 2.1.1 bzw. Bild 2.4) ist nur die Belichtungszeit als primär wertschöpfend zu bezeichnen, da während der Belichtung pulverförmiger Werkstoff zum gewünschten Bauteil umgeschmolzen wird. Die Nebenzeiten verursachenden Vorgänge, wie das Absenken der Bauplattform oder das Beschichten, sind wie das Rüsten der Anlage verfahrensbedingt zwar erforderlich, aber nicht wertschöpfend im Sinne einer Erhöhung des Nutzens beim Endkunden. Eine Erhöhung des Anteils der Belichtungszeit an der insgesamt erforderlichen Herstellzeit führt demnach unmittelbar zu einer Erhöhung der wertschöpfenden Zeitanteile im Fertigungsprozess.

6.3.2 Gestaltungsmaßnahmen zur Erreichung der produktionslogistischen Ziele (Methodikbaustein G-7)

Bei der Umsetzung der im folgenden Abschnitt beschriebenen Gestaltungsmaßnahmen muss berücksichtigt werden, dass eine Anpassung zur Erreichung eines Ziels immer auch den Erreichungsgrad der übrigen, vom Anwender als nicht oder weniger relevant identifizierten Ziele beeinflusst (siehe Wirkzusammenhänge in 5.2.3). Da die im vorigen Abschnitt genannten Ziele gemäß dem Dilemma der Ablaufplanung (siehe 2.2.1) nicht gleichzeitig erreicht werden können, ist eine produktionslogistische Positionierung im Sinne einer Zielpriorisierung seitens des Anwenders erforderlich. Um die gemäß Zielstellung gewünschte Änderung herbeizuführen, werden im Folgenden zielindividuelle Gestaltungsmaßnahmen aufgezeigt. Jede Gestaltungsmaßnahme weist dabei einen unmittelbaren Bezug zu den im Rahmen der Losbildung als unabhängig bezeichneten Größen (Finalisierungsregel und -parameter, Intervall der Datenaufbereitung und Zuordnungsregel) auf, da diese vom Anwender beeinflussbar sind und somit zur Gestaltung nutzbar sind. Die Bewertung erfolgt auf Grundlage des Referenz-

BTPs I. Qualitativ gelten die gefundenen Zusammenhänge für alle weiteren Referenz-BTPs. Wie bereits erläutert, ist eine quantitative Bewertung nur dann möglich, wenn ein anwenderindividuelles Tabellenwerk erstellt wird.

Jeder Gestaltungsmaßnahme wird ein mittels ihrer Durchführung vorrangig zu erreichendes Ziel zugeordnet.[50] Zur Ermittlung der im Rahmen der Maßnahme zu wählenden Regeln und Parameter der Losbildung werden die im Tabellenwerk enthaltenen Baujobportfolios zunächst gemäß der Ausprägung der zielspezifischen Kennzahl in absteigender bzw. aufsteigender Reihenfolge[51] sortiert. Anschließend werden die ersten zehn Baujobportfolios dieser sortierten Liste ausgewählt und hinsichtlich des Intervalls der Datenaufbereitung, der Zuordnungs- und Finalisierungsregel sowie des Finalisierungsparameters analysiert. Sind im Hinblick auf das Intervall der Datenaufbereitung und den Finalisierungsparametern ausschließlich geringe bzw. hohe Werte zu beobachten, so wird bezogen auf den Betriebspunkt des Anwenders eine Verringerung bzw. Erhöhung des entsprechenden Merkmals der Losbildung empfohlen. Treten sowohl geringe als auch hohe Werte auf den jeweils zulässigen Intervallen auf (vgl. Tabelle 5.11), so wird das entsprechende Merkmal der Losbildung als nicht relevant charakterisiert. Das beschriebene Vorgehen wird analog für die kardinal skalierten Losbildungs-Regeln der Zuordnung und Finalisierung angewendet.

Die identifizierten Maßnahmen sind unter Angabe der hinsichtlich der unabhängigen Größen vorzunehmenden Anpassungen in Tabelle 6.4 dargestellt. Während die maßnahmenspezifisch auszuwählende Zuordnungs- sowie Finalisierungsregel dort unmittelbar benannt wird, werden für das Intervall der Datenaufbereitung sowie den Finalisierungsparameter Handlungen beschrieben, die ausgehend vom gegenwärtigen Betriebspunkt durchzuführen sind.[52]

Die zur Erreichung der Ziele Z3 („Kapazitätsbedarf reduzieren“) und Z4 („Physische Bestandsbindung in der Produktion reduzieren“) durchzuführenden Maßnahmen gleichen sich, da eine Verminderung des physischen Bestands an Halbzeugen und Fertigwaren u.a. durch verringerten Kapazitätsbedarf herbeizuführen ist.

In Tabelle 6.5 sind die Zielsetzungen (siehe Spaltenbeschriftungen) und die im Rahmen der Arbeit untersuchten Gestaltungsmaßnahmen (siehe Zeilenbeschriftungen) dargestellt. Die Zuordnung der Gestaltungsmaßnahmen zum vorrangig zu erreichenden Ziel erfolgt entlang der Hauptdiagonalen (siehe blau hinterlegte Felder).

[50] Die Gestaltungsmaßnahme *n* dient der Erreichung von Zielsetzung *n*.

[51] Aufsteigend (absteigend), falls die Ziel-Kennzahl einen möglichst kleinen (großen) Wert annehmen soll.

[52] Dieses Vorgehen wird angewendet, da sowohl das Intervall der Datenaufbereitung als auch der Finalisierungsparameter als quantitative Merkmale der Losbildung kardinal skaliert sind. Für die nominal skalierten, qualitativen Merkmale der Zuordnungs- und Finalisierungsregel ist lediglich eine explizite Benennung möglich.

Tabelle 6.4: Zielindividuelle Gestaltungsmaßnahmen

		Anpassung hinsichtlich...			
		Intervall Datenaufbereitung	Zuordnungsregel	Finalisierungsregel	Finalisierungsparameter
Gestaltungsmaßnahme	M1	*Reduzieren*	*BT*	*LT*	*Nicht relevant*
	M2	*Erhöhen*	*BT, FF, ZH*	*HZ*	*Nicht relevant*
	M3	*Erhöhen*	*Nicht relevant*	*HZ*	*Erhöhen*
	M4	*Erhöhen*	*Nicht relevant*	*HZ*	*Erhöhen*
	M5	*Erhöhen*	*BT, FF, ZH*	*HZ*	*Erhöhen*

Bei Durchführung der zur jeweiligen Zielerreichung vorrangig geeigneten Gestaltungsmaßnahme wird ebenfalls Einfluss auf die Kennzahlen genommen, die anderen Zielsetzungen zugeordnet sind (siehe Wirkzusammenhänge in 5.2.3). Um diesen Einfluss zu berücksichtigen, wird auf Grundlage der Baujobkennlinien je Gestaltungsmaßnahme bewertet, ob mittels ihrer Durchführung eine Verschlechterung oder Verbesserung hinsichtlich der Kennzahlen herbeigeführt wird, die einer anderen Zielsetzung zugeordnet sind. Hierfür wird die unterhalb von Tabelle 6.5 dargestellte fünffach abgestufte verbale Ratingskala verwendet.

Tabelle 6.5: Bewertung des Einflusses von Gestaltungsmaßnahmen auf produktionslogistische Ziele

		Zielsetzung				
		Z1	Z2	Z3	Z4	Z5
Gestaltungsmaßnahme	M1	+ +	-	+	+	+
	M2	- -	+ +	+	-	+
	M3	- -	+ +	+ +	+ +	+ +
	M4	- -	+ +	+ +	+ +	+ +
	M5	- -	+	+ +	+	+ +

Grad der Beeinflussung

+ +	+	/	-	--
stark positiv	positiv	keiner	negativ	stark negativ

Die Einteilung des Grades der Beeinflussung erfolgt auf Grundlage einer Gegenüberstellung und betragsmäßigen Einordnung der zielspezifischen BJP-Kennzahlen. So werden etwa bei der Untersuchung des Grades der Beeinflussung von Gestaltungsmaßnahme M2 auf die Zielsetzung Z5 der Variationskoeffizient der Herstellzeit VK_{HZ}

(Maßnahmen-Kennzahl) und der relative Anteil der Belichtungszeit $Ø_{BZ}$ (Ziel-Kennzahl) für alle simulativ gebildeten Baujobportfolios in einem Streudiagramm gegenübergestellt (siehe Bild 6.5). Die Ziel-Kennzahl wird dabei auf der y-Achse dargestellt, die Maßnahmen-Kennzahl auf der x-Achse.

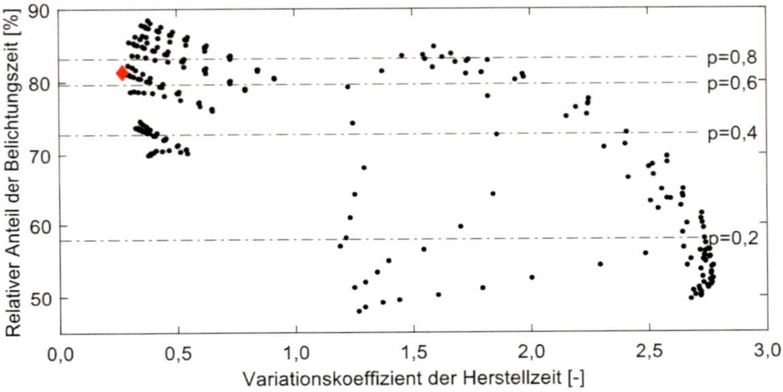

Bild 6.5: Streudiagramm zur Gegenüberstellung von Maßnahmen- und Ziel-Kennzahl

Im Streudiagramm wird sodann das Minimum bzw. Maximum der Maßnahmen-Kennzahl identifiziert (rote Raute in Bild 6.5). Zusätzlich werden in das Schaubild die Quintilsgrenzen[53] der Ziel-Kennzahl eingezeichnet. Liegt die dem Minimum bzw. Maximum der Maßnahmen-Kennzahl zugehörige Ziel-Kennzahl im untersten bzw. obersten Quintil, so ergibt sich je nach angestrebter Ausprägung der Maßnahmen-Kennzahl ein stark positiver bzw. stark negativer Grad der Beeinflussung. Anschaulich lässt sich dieser Zusammenhang so interpretieren, dass nur eine geringe Anzahl an Betriebspunkten existiert, mittels derer eine weitere Verbesserung bzw. Verschlechterung der Ziel-Kennzahl zu erreichen ist. Im mittleren Quintil ist keine signifikante Beeinflussung der Ziel-Kennzahl festzustellen, da im gleichen Maße Betriebspunkte ober- und unterhalb des identifizierten Optimums vorzufinden sind. Für die beiden übrigen Quintile ergeben sich die Überlegungen analog.

Die Gestaltungsphase gilt als abgeschlossen, sobald der Anwender, basierend auf der initialen Problembeschreibung sowie der Bewertung seines gegenwärtigen produktionslogistischen Betriebspunkts, geeignete Gestaltungsmaßnahmen zur Erreichung der identifizierten Ziele abgeleitet hat. An dieser Stelle sei nochmals darauf hingewiesen, dass die in 6.3.1 genannten Ziele lediglich als repräsentativ für die betriebliche

---

[53] Wird eine Menge in fünf Teilmengen identischer Kardinalität unterteilt, so wird jede davon als Quintil bezeichnet. Quintile sind statistische Lagemaße. Sie dienen der Formalisierung praktischer Aussagen [Geo09].

Praxis zu verstehen sind. Ein Anspruch auf Vollständigkeit kann aufgrund der vielfältigen anwenderindividuellen Zielsetzungen nicht erhoben werden.

7 Zusammenfassung und Ausblick

Bei der Industrialisierung von Verfahren der Additiven Fertigung wie etwa dem Laser Powder Bed Fusion sehen sich Anwender neben der erforderlichen technischen Beherrschung des Fertigungsprozesses zunehmend auch operativen Herausforderungen ausgesetzt. Dazu zählen insbesondere die verfahrensspezifische Befähigung von Methoden und Verfahren der Produktionslogistik, der Fabrikplanung sowie der Produktionsplanung und -steuerung. Werden die operativen Herausforderungen vom Anwender bewältigt, so resultieren wettbewerbsrelevante Alleinstellungsmerkmale, die über eine Erschließung des technischen Leistungsversprechens von Verfahren der Additiven Fertigung hinausgehen. Unternehmen bedürfen

Aufgrund der von konventionellen Verfahren abweichenden Art und Weise der werkzeugungebundenen, schichtweisen Fertigung von Bauteilen aus digitalen Modelldaten sind bereits etablierte Methoden und Verfahren zur Bewältigung operativer Herausforderungen nur eingeschränkt im Umfeld der Additiven Fertigung einsetzbar. So ist neben einem Mangel an Begrifflichkeiten zur Beschreibung von produktionslogistischen Gesetzmäßigkeiten unter Berücksichtigung von Spezifika der Additiven Fertigung insbesondere keine methodische Grundlage zur qualitativen und quantitativen Beschreibung von Zielgrößen und Kennzahlen vorhanden.

In bestehenden Ansätze werden Zielgrößen sowie Kennzahlen voneinander isoliert beschrieben und ermittelt, ohne dabei einen expliziten Bezug zur Produktionslogistik herzustellen (vgl. 3.1). Ferner liegt der Fokus in der Regel auf betriebswirtschaftlichen Kennzahlen und nicht etwa den produktionslogistischen Zielgrößen wie Auslastung, Durchlaufzeit und Bestand. Auch auf die Wirkzusammenhänge der Zielgrößen und Kennzahlen wird kein Bezug genommen.

Das mit der Additiven Fertigung assoziierte Leistungsversprechen der bedarfsgerechten und kurzfristigen Herstellung von Bauteilen beliebiger geometrischer Komplexität ist vom Anwender unter Berücksichtigung wirtschaftlicher Aspekte nur dann erfüllbar, wenn Anwender auf ein systematisches Vorgehen zur Bestimmung der o.g. Zielgrößen und Kennzahlen sowie deren Wirkzusammenhänge zurückgreifen können. Daher ist das Ziel der vorliegenden Arbeit die Schaffung von Grundlagen zur produktionslogistischen Positionierung bei Anwendung des LPBF-Verfahrens. Zur Erreichung des Ziels wird eine Methodik konzeptioniert und entwickelt, welche die erforderlichen Vorgehensweisen, Modelle und Methoden beinhaltet. Die bei der Zielerreichung handlungsleitende Forschungsfrage lautet: „Wie muss eine Methodik zur produktionslogistischen Positionierung im Umfeld des Laser Powder Bed Fusion Verfahrens gestaltet sein?“.

Die Methodik beinhaltet gemäß der in 4.2 beschriebenen Zielsetzung ein Vorgehen zur Bestimmung von Herstellzeiten (siehe 5.1), zur simulationsbasierten Bildung und Beschreibung von Fertigungslosen (siehe 5.2) sowie zur Ermittlung des Einflusses von Eigenschaften der Produktionsumgebung auf die produktionslogistische Zielgröße der Anlagenauslastung (siehe 5.3). Ferner erfolgt im Rahmen der Entwicklung der einzelnen Bestandteile der Methodik eine Definition verfahrensspezifischer produktionslogistischer Begrifflichkeiten zur Beschreibung von Bauteilportfolio (Produktprogramm) und Baujobportfolio (Produktionsprogramm). Schließlich wird die Anwendung der methodischen Grundlagen bei der verfahrensspezifischen produktionslogistischen Positionierung beschrieben.

Bei der in 5.1 beschriebenen Bestimmung von Herstellzeiten wird die verfahrensspezifische geometrische Komplexität der zu fertigenden Bauteile berücksichtigt. Dieses aus der Oberfläche und dem Volumen eines Bauteils herleitbare Maß ist zu jedem Zeitpunkt der Auftragsabwicklung aufwandsarm zu bestimmen und damit besonders gut für Prognosen der Herstellzeit geeignet. Darüber hinaus werden im Sinne der Entwicklung eines ganzheitlichen Modells die baujobspezifischen Neben- und Rüstzeiten bei der Prognose von Herstellzeiten ebenfalls berücksichtigt. Die Berücksichtigung geometrischer Eigenschaften der im Produktprogramm enthaltenen Bauteile ist gemäß dem gezeigten Einfluss auf die Herstellzeit bei der Gestaltung einer Methodik explizit zu berücksichtigen.

Zur Systematisierung der Losbildung wird in 5.2 ein simulationsbasiertes Vorgehen zur Zuordnung von Bauteilen zu Baujobs beschrieben. Hierbei werden verfahrensspezifische Regeln und Parameter der Losbildung berücksichtigt und die zur Charakterisierung von Bauteil- sowie Baujobportfolios erforderlichen Kennzahlen erläutert. Mittels systematischer Variation der Eingangsgrößen des Simulationsmodells (Regeln und Parameter der Losbildung sowie Beschaffenheit des Bauteilportfolios) werden die Einflüsse auf die Ausgangsgrößen (Kennzahlen des Baujobportfolios) ermittelt und in Form von Baujobkennlinien visualisiert. Auf Grundlage der Baujobkennlinien sind erstmalig Wirkzusammenhänge produktionslogistischer Kennzahlen für das LPBF-Verfahren ableitbar. Bei der Gestaltung einer Methodik zur produktionslogistischen Positionierung für das LPBF-Verfahren sind insbesondere die Regeln und Parameter der Losbildung relevant, da diese einen signifikanten Einfluss auf die verfahrensspezifischen produktionslogistischen Kennzahlen haben. Zur Visualisierung der Wirkzusammenhänge dieser Kennzahlen wird in der vorliegenden Arbeit das Konzept der Baujobkennlinien entwickelt. Dieses ist ebenfalls Bestandteil der gestalteten Methodik.

Basierend auf den geschaffenen Grundlagen wird in 5.3 die Ermittlung produktionslogistischer Zielgrößen exemplarisch für die Auslastung einer LPBF-Anlage demonstriert. Hierfür erfolgt eine Untersuchung des Einflusses der Beschaffenheit der Produktionsumgebung auf die Ausprägung der Anlagenauslastung. Mittels einer Sensitivitätsanalyse wird gezeigt, dass insbesondere die Anzahl der Maschinen, die Auftragsfreigaberate und die Verteilung der Herstellzeiten der zu fertigenden Baujobs Einfluss auf die Anlagenauslastung haben und dementsprechend bei einer produktionslogistischen Positionierung zu berücksichtigen sind. Somit ist neben der Berücksichtigung der Beschaffenheit von Produkt- und Produktionsprogramm auch die Beschaffenheit der Produktionsumgebung verfahrensspezifisch bei der Gestaltung einer Methodik zur produktionslogistischen Positionierung zu berücksichtigen.

Mittels der in Kapitel 6 beschriebenen Vorgehensweise werden Anwender des LPBF-Verfahrens erstmalig befähigt, unter Berücksichtigung der individuellen Gegebenheiten des Produktionsszenarios eine produktionslogistische Positionierung hinsichtlich Kennzahlen wie der kumulierten Herstellzeit oder der mittleren Verspätung von Baujobs durchzuführen. Auf Grundlage der durchgeführten Untersuchungen wird gezeigt, dass das Dilemma der Ablaufplanung auch für Verfahren der Additiven Fertigung gültig ist. Produktionslogistische Zielsetzungen wie etwa die Verringerung der mittleren Verspätung bei gleichzeitiger Verringerung der kumulierten Herstellzeit schließen sich demnach gegenseitig aus. Anwender sind daher gezwungen, sich in diesem Spannungsfeld gezielt zu positionieren, um Wettbewerbsvorteile abseits fertigungstechnischer Alleinstellungsmerkmale zu erschließen.

In der vorliegenden Arbeit wird erstmalig eine Methodik zur produktionslogistischen Positionierung unter Berücksichtigung der Spezifika des LPBF-Verfahrens entwickelt. Hierfür werden die erforderlichen Begrifflichkeiten verfahrensspezifisch definiert und Wirkzusammenhänge zwischen den als relevant identifizierten Kennzahlen ermittelt. Neben der Beschreibung des Vorgehens zur gezielten verfahrensspezifischen produktionslogistischen Positionierung gereichen die Ausführungen dem Anwender bei der Bewältigung der eingangs genannten operativen Herausforderungen zum Vorteil. So können einzelne Bestandteile der Methodik, wie etwa die geometrieabhängige Bestimmung von Herstellzeiten, ebenfalls bei der Produktionsplanung und -steuerung eingesetzt werden.

In weiterführenden Forschungsarbeiten müssen zur Erhöhung der Praxisrelevanz der entwickelten Methodik weitere Verfahren der Additiven Fertigung, wie bspw. Selective Laser Sintering, Multi Jet Fusion und Binder Jetting berücksichtigt werden. Hierfür sind insbesondere die Berechnungsvorschriften zur Ermittlung der Vorgabezeiten zu ermitteln und in das entwickelte Simulationsmodell zu integrieren. Darüber hinaus ist bei der simulationsbasierten Zuordnung von Bauteilen zu Baujobs im Rahmen einer kapazitierten Losbildung das aktuelle Geschehen in der Produktionsumgebung zu berücksichtigen. Wird ferner eine durch Berücksichtigung von Verfahren der Auftragsfreigabe zu realisierende Bestandsregelung implementiert, so sind nicht nur verfahrensspezifische produktionslogistische Kennzahlen, sondern ebenfalls Zielgrößen wie Bestand, Anlagenauslastung und Durchlaufzeit vom Anwender in einem ganzheitlichen Ansatz quantifizierbar. Darüber hinaus können mittels systematischer Untersuchungen des Einflusses der Beschaffenheit von Bauteilportfolios auf die Ausprägung der produktionslogistischen Kennzahlen und Zielgrößen im Rahmen einer deduktiv-experimentellen Modellbildung Berechnungsvorschriften zur Quantifizierung von Wirkzusammenhängen ermittelt werden. Für den Anwender entfällt dann die Parametrierung und Validierung von Simulationsmodellen.

8 Anhang

Tabelle 8.1: Geometrische Eigenschaften exemplarischer LPBF-Bauteile

Bauteilbezeichnung	x [mm]	y [mm]	z [mm]	V [mm³]	A [mm²]
Abdeckung 1 Links	201,7	210,0	272,2	82364,6	97264,2
Abdeckung 2 Rechts	224,6	202,5	275,9	82189,9	97822,6
Gehäuse 1	109,2	146,2	116,6	10521,6	21757,0
Gehäuse 2	65,6	84,2	101,0	47223,9	20387,5
Abdeckung 2	87,4	49,3	160,2	20269,7	21414,9
Abstreifer	86,8	96,8	59,4	16985,5	7758,9
Blech 1	115,9	106,2	168,5	21274,4	23380,3
Blech 2	62,3	80,2	101,7	11238,7	11973,0
Öffnungsvorrichtung	34,5	35,1	73,9	1665,2	5815,9
Buchse	96,7	93,8	92,9	56809,5	41689,2
Radträger 1	247,3	255,0	37,1	78341,6	50772,7
Greifer	81,5	74,3	23,0	14028,3	13564,5
Greiferkasten	57,0	63,5	73,7	24090,1	20588,0
Halterung 1	46,1	49,0	34,0	12151,8	8468,3
Halterung 2	126,9	114,8	176,9	89838,5	105020,0
Aufnahme Scharnier 1	77,9	134,3	159,9	17201,5	18330,7
Aufnahme Scharnier 2	45,4	48,7	79,7	5289,4	5790,6
Pumpenrad	106,5	121,5	56,9	12644,4	13879,3
Verschlussklappe 1	227,9	226,0	231,1	40362,9	90264,5
Verschlussklappe 2	196,8	205,9	207,4	44668,0	102521,5
Pedal 1	95,6	127,6	89,4	39702,2	54043,3
Radträger 2	212,2	226,4	45,6	167193,1	65394,2
Schließmechanismus 1	40,9	49,0	120,7	8223,7	9091,9
Werkzeugeinsatz 1	253,7	270,6	140,4	715093,6	205993,8
Werkzeugeinsatz 2	263,5	263,3	247,1	818645,4	280146,2
Seitenblech	110,3	107,0	163,9	43389,5	36543,3
Spoiler	253,1	255,7	298,2	463577,1	397870,8
Träger	80,4	62,4	68,8	9674,4	7539,3
Pedal 2	95,6	127,6	89,4	34537,1	129237,2
Schließmechanismus 2	52,6	36,2	120,7	8217,8	9083,9
Injektor	191,3	106,1	138,3	130502,3	103316,6
Topologieoptimierte Halterung	162,2	193,5	81,8	96343,1	184298,5
Halterung Antriebsstrang	188,1	191,3	76,0	170502,4	55971,0
Verriegelungsmechanismus	105,9	84,3	109,3	43171,1	124789,3
Felgenschloss	29,9	29,9	36,4	10277,5	5508,5
Mischeinheit	61,0	61,0	19,0	7613,8	15661,0
Getriebeeinheit	21,4	18,7	13,8	1775,0	4205,0
Gitterstruktur 1	57,1	60,0	64,0	4186,6	10984,0
Gitterstruktur 2	65,8	65,8	70,2	13888,8	31138,5
Gitterstruktur 3	144,9	145,0	42,0	41707,7	67456,4
Strukturelement	104,1	102,9	140,5	21421,3	45853,9
Sonde	95,5	95,3	21,4	9247,3	16917,1

Gesamtvolumen aller beinhalteten Bauteile (inkl. Stützen): *42.475 mm³*

Größe des Bauraums: *250 x 250 x 280 mm³*

$t_{Scan} + t_{neben} = 25.880\ s$ $t_{Scan} + t_{neben} = 26.208\ s$

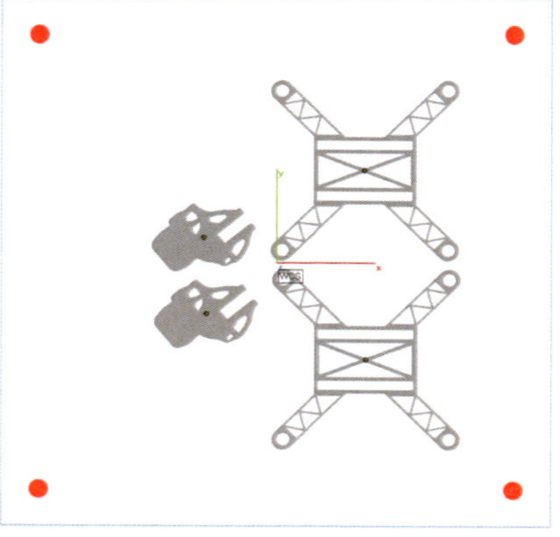

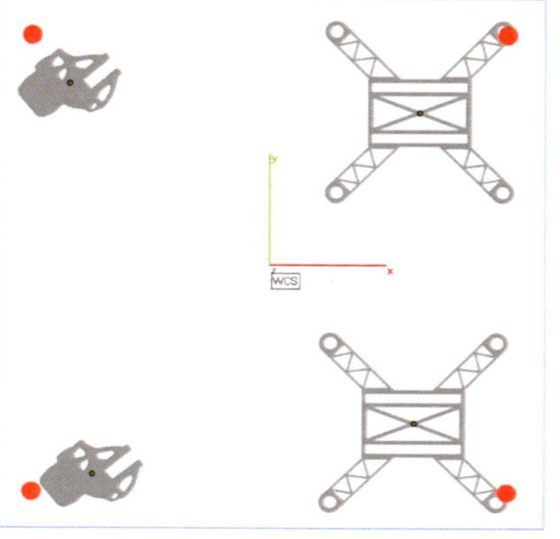

Bild 8.1: Unterschiedliche Positionierung von identischen Bauteilen (unveränderte Orientierung)

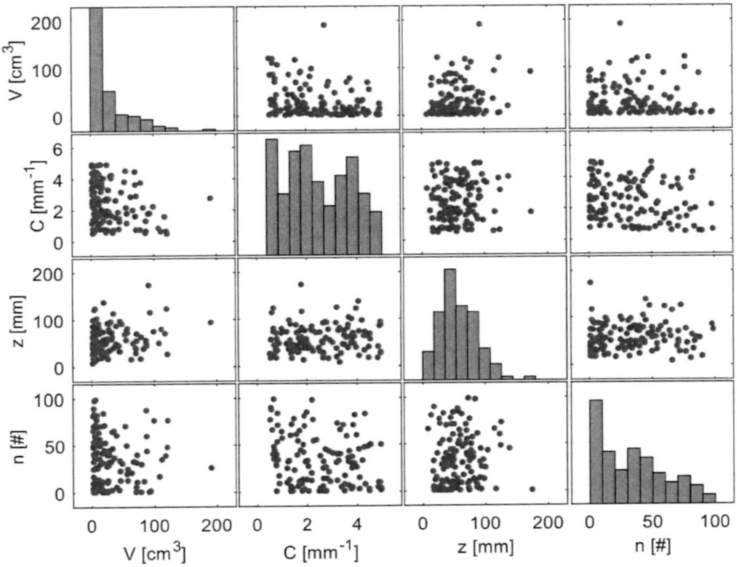

Bild 8.2: Streudiagramme und Histogramme der Merkmalsausprägungen des Referenz-Bauteilportfolios II

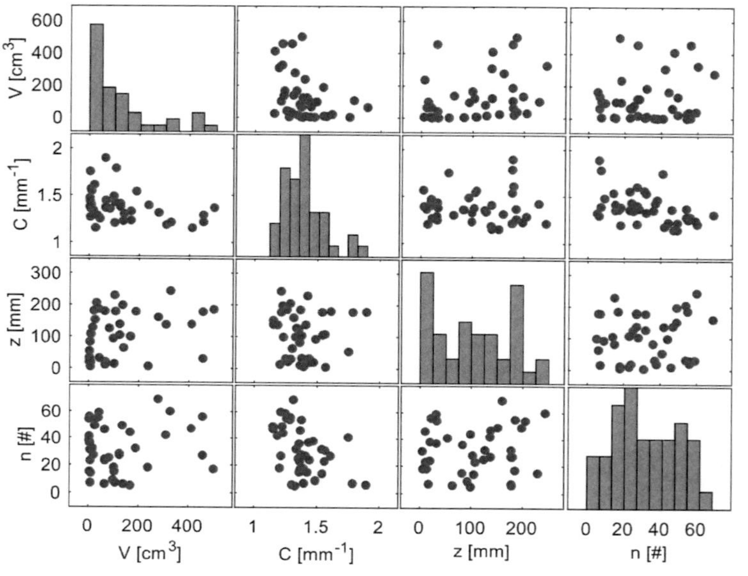

Bild 8.3: Streudiagramme und Histogramme der Merkmalsausprägungen des Referenz-Bauteilportfolios III

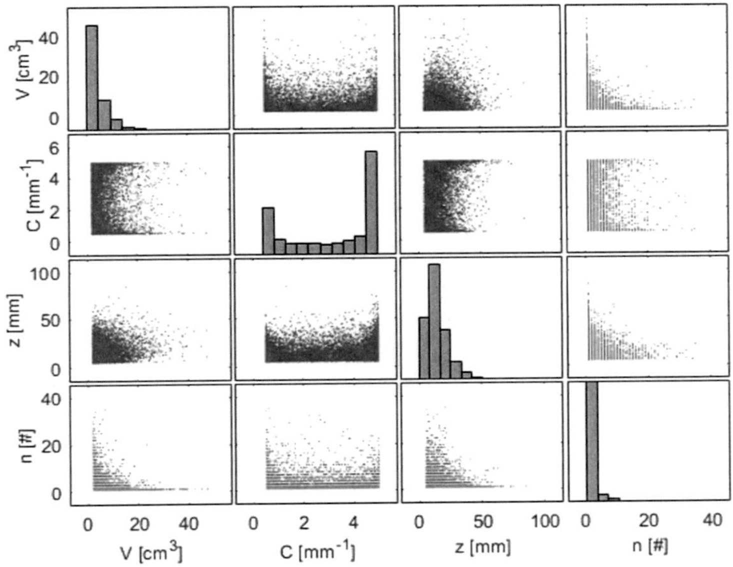

Bild 8.4: Streudiagramme und Histogramme der Merkmalsausprägungen des Referenz-Bauteilportfolios IV

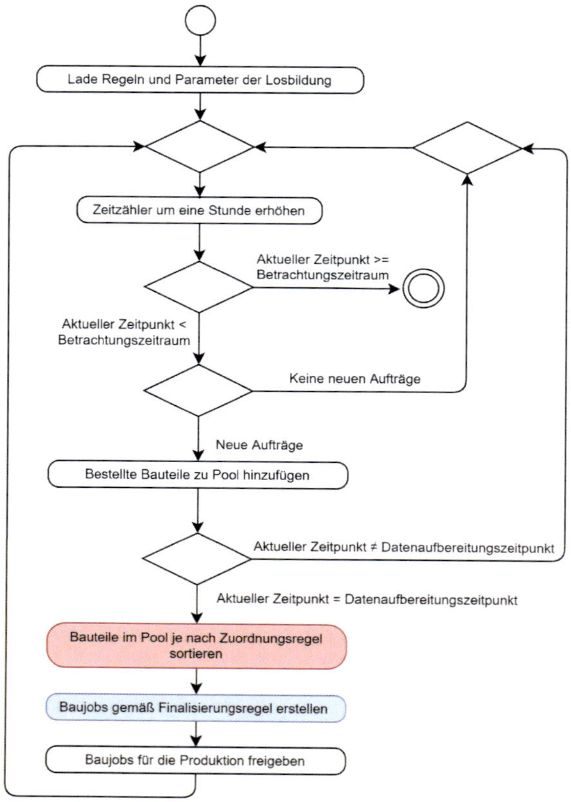

Bild 8.5: UML-Diagramm der simulationsbasierten Zuordnung von Bauteilen zu Baujobs (Hauptprogramm)

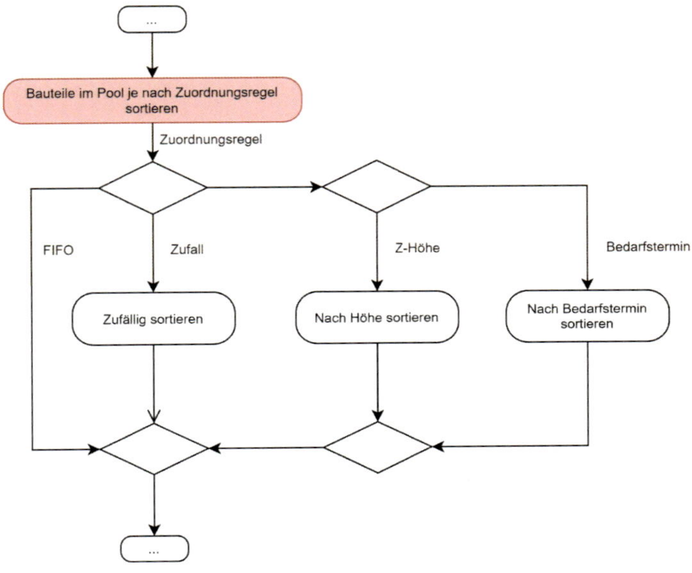

Bild 8.6: UML-Diagramm der simulationsbasierten Zuordnung von Bauteilen zu Baujobs (Anwendung der Zuordnungsregel)

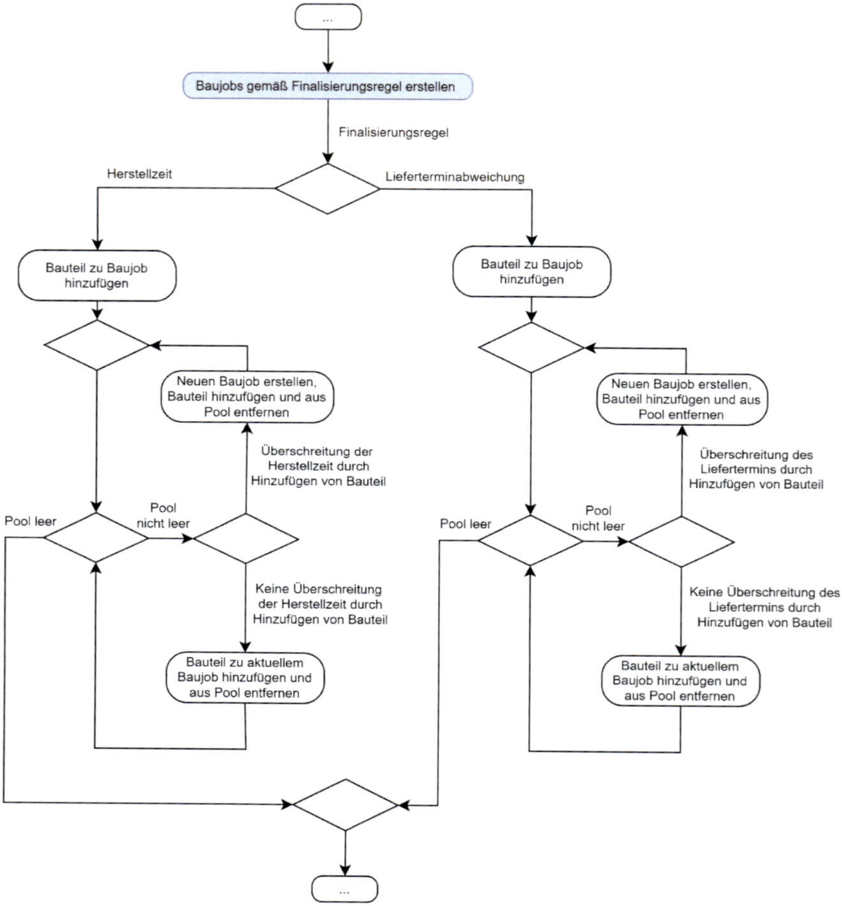

Bild 8.7: UML-Diagramm der simulationsbasierten Zuordnung von Bauteilen zu Baujobs (Anwendung der Finalisierungsregel)

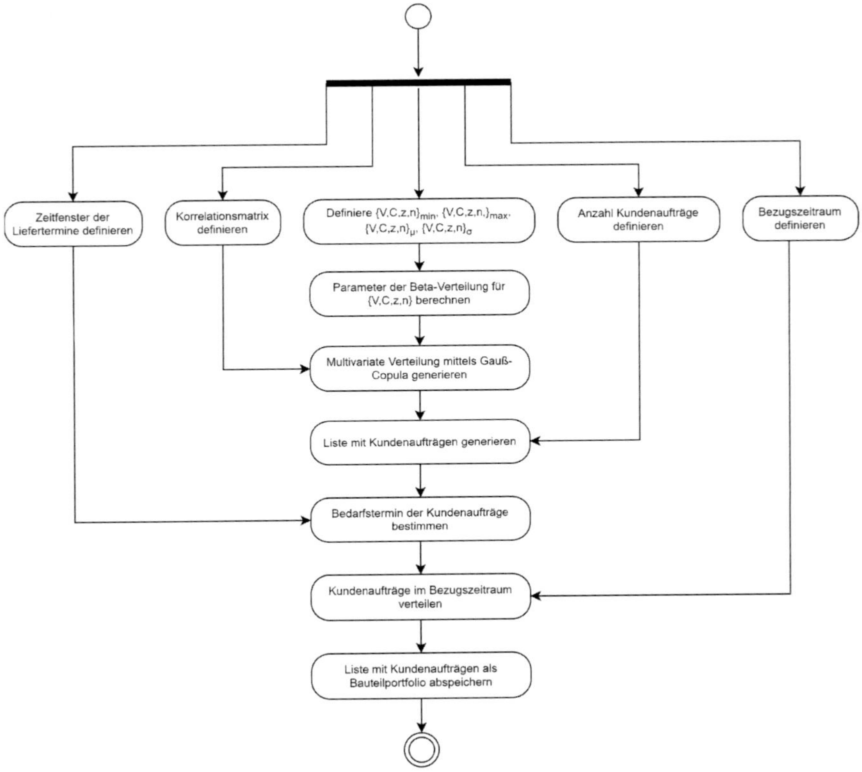

Bild 8.8: UML-Diagramm zur Bildung von Bauteilportfolios basierend auf statistischen Kennzahlen zur Beschreibung der Merkmale

9 Literaturverzeichnis

[Abd01] Abdel-Kader, M. G.; Dugdale, D. Evaluating Investments in Advanced Manufacturing Technology: A Fuzzy Set Theory Approach. In: The British Accounting Review, 33. Jg., 2001, Nr. 4, S. 455–489.

[AMP20] AMPOWER. *Metal Additive Manufacturing Report,* 2020

[Are08] Arens, T. Mathematik. Heidelberg: Spektrum Akad. Verl., 2008 - ISBN: 978-3-8274-1758-9.

[Arn08] Arnold, D.; Isermann, H.; Kuhn, A.; Tempelmeier, H.; Furmans, K. Handbuch Logistik. (Reihe: VDI-Buch. 3., neu bearb. Aufl. Berlin: Springer, 2008 - ISBN: 978-3-540-72928-0.

[Aut21] Autonomous Manufacturing Industrial Applications of 3D Printing: The Ultimate Guide. URL: https://amfg.ai/industrial-applications-of-3d-printing-the-ultimate-guide/ [Stand: 08.04.2021]

[Bar11] Bardmann, M. (Hrsg.) Grundlagen der Allgemeinen Betriebswirtschaftslehre. 1. Aufl. Wiesbaden: Gabler Verlag / Springer Fachmedien Wiesbaden GmbH Wiesbaden, 2011

[Bar19] Barefoot, C. How Materials Solutions is enabling AM for serial production. URL: https://ingenuity.siemens.com/2019/09/how-materials-solutions-is-enabling-am-for-serial-production/ [Stand: 10.08.2020]

[Bau12] Baumers, M.; Tuck, C.; Wildman, R.; Ashcroft, I.; Rosamond, E.; Hague, R. Combined build-time, energy consumption and cost estimation for direct metal laser sintering. In: 23rd Annual International Solid Freeform Fabrication Symposium - An Additive Manufacturing Conference, SFF 2012, 2012, S. 932–944.

[Bec80] Bechte, W. Steuerung der Durchlaufzeit durch belastungsorientierte Auftragsfreigabe bei Werkstattfertigung. Dissertation, 1980

[Bei18] Beiderbeck, D.; Deradjat, D.; Minshall, T. *The Impact of Additive Manufacturing Technologies on Industrial Spare Parts Strategies,* 2018

[Bin96] Binder, V. A.; Kantowsky, J. Technologiepotentiale. Wiesbaden: Deutscher Universitätsverlag, 1996 - ISBN: 978-3-8244-0282-3.

[Blu91] Blum, E. Techniken der Problemanalyse und Alternativensuche (Kritische Würdigung und Synthese). In: Blum, E. (Hrsg.): Betriebsorganisation. Wiesbaden: Gabler Verlag, 1991, S. 277–291.

[Bou19] Bouncken, R. B.; Klement, S.; Pesch, R. Additive Manufacturing Alliances – Dienstleistungskooperationen in der 3D-Druck-Branche. In: Bruhn, M.; Hadwich, K. (Hrsg.): Kooperative Dienstleistungen. Wiesbaden: Springer Fachmedien Wiesbaden, 2019

[Bra19] Bracht; Piller; Marquardt. *Das Potenzial der additiven Fertigung: Digitale Technologien im Unternehmenskontext.* VDI e.V.; RWTH Aachen University, 2019

[Bru91] Bruns, M. Systemtechnik. Ingenieurwissenschaftliche Methodik zur interdisziplinären Systementwicklung. Berlin, Heidelberg: Springer Berlin Heidelberg, 1991 - ISBN: 9783642956461.

[Bul95] Bullinger, H.-J. Organisation der Arbeitszeit. In: Bullinger, H.-J.; Gommel, M. (Hrsg.): Arbeitsgestaltung. Personalorientierte Gestaltung marktgerechter Arbeitssysteme. (Reihe: Technologiemanagement. Stuttgart: Teubner, 1995, S. 265–323.

[Bus12] Busse, T.; Nywlt, J.; Nyhuis, P. ZWF Zeitschrift für wirtschaftlichen Fabrikbetrieb. Belastungsstreuung in der Produktion. In: ZWF Zeitschrift für wirtschaftlichen Fabrikbetrieb, 107. Jg., 2012, Nr. 10, S. 722–726.

[Cal14] Calignano, F. Design optimization of supports for overhanging structures in aluminum and titanium alloys by selective laser melting. In: Materials & Design, 64. Jg., 2014, S. 203–213.

[Car97] Cario, M. C.; Nelson, B. L. *Modeling and Generating Random Vectors with Arbitrary Marginal Distributions and Correlation Matrix,* 1997

[Cer18] Cervellera, P. Mehrwerte schon im Bauteildesign heben. Exploiting Added Value Already in Component Design. In: VDMA Arbeitsgemeinschaft Additive Manufacturing (Hrsg.): Technology Scout. 2nd Edition. Frankfurt am Main: VDMA Verlag GmbH, 2018, 18-21.

[Che18] Chergui, A.; Hadj-Hamou, K.; Vignat, F. Production scheduling and nesting in additive manufacturing. In: Computers & Industrial Engineering, 126. Jg., 2018, S. 292–301.

[Che19] Cheng, L.; To, A. Part-scale build orientation optimization for minimizing residual stress and support volume for metal additive manufacturing: Theory and experimental validation. In: Computer-Aided Design, 113. Jg., 2019, S. 1–23.

[Com10] Comb, J. Designing Parts for Direct Digital Manufacturing. In: Advanced Materials & Processes, 168. Jg., 2010, S. 22–24.

[Dan00] Dannhauser, M. Kostenrechnung und Produktionsplanung und -steuerung. Ansatz für ein integriertes Fertigungscontrolling. (Reihe: Schriften zum Produktionsmanagement. Gabler Edition Wissenschaft. Wiesbaden, s.l.: Deutscher Universitätsverlag, 2000 - ISBN: 9783663079965.

[Das17] Das, P.; Mhapsekar, K.; Chowdhury, S.; Samant, R.; Anand, S. Selection of build orientation for optimal support structures and minimum part errors in additive manufacturing. In: Computer-Aided Design and Applications, 14. Jg., 2017, Nr. sup1, S. 1–13.

[Del19] Deloitte. *Challenges of Additive Manufacturing.* Why companies don't use Additive Manufacturing in serial production, 2019

[Dev19] Devine, D. M. Polymer-Based Additive Manufacturing. Biomedical Applications. 1st ed. 2019, 2019 - ISBN: 978-3-030-24532-0.

[Die19] Diegel, O.; Nordin, A.; Motte, D. Diegel, O.; Nordin, A.; Motte, D.: A Practical Guide to Design for Additive Manufacturing: Springer Singapore. Singapore, 2019

[DIN12] DIN EN ISO DIN EN ISO 10209:2012-11, Technische Produktdokumentation_- Vokabular_- Begriffe für technische Zeichnungen, Produktdefinition und verwandte Dokumentation (ISO_10209:2012); Dreisprachige Fassung EN_ISO_10209:2012

[Din16] Ding, D.; Pan, Z.; Cuiuri, D.; Li, H.; van Duin, S. Advanced Design for Additive Manufacturing: 3D Slicing and 2D Path Planning. In: Shishkovsky, I. V. (Hrsg.): New trends in 3d printing. Rijeka, Croatia: InTech, 2016

[DIN18] DIN EN ISO/ASTM 52900:2018-06, Additive Fertigung_- Grundlagen_- Terminologie (ISO/ASTM DIS_52900:2018); Deutsche und Englische Fassung prEN_ISO/ASTM 52900:2018

[DIN19] DIN SPEC 17071:2019-12, Additive Fertigung_- Anforderungen an qualitätsgesicherte Prozesse für additive Fertigungszentren; Text in Deutsch und Englisch

[Dir19] Dirks, S. Adaption of Cost Calculation Methods for Modular Laser-Powder Bed Fusion (L-PBF) Machine Concepts. In: ASMET (Hrsg.): Proceedings of the Metal Additive Manufacturing Conference 2019, 2019, S. 79–87.

[Dom93] Domschke, W.; Scholl, A.; Voß, S. Produktionsplanung. Ablauforganisatorische Aspekte. (Reihe: Springer-Lehrbuch. Berlin: Springer, 1993 - ISBN: 978-3-540-56585-7.

[Dvo18] Dvorak, F.; Micali, M.; Mathieu, M. Planning and Scheduling in Additive Manufacturing. In: Inteligencia Artificial, 21. Jg., 2018, Nr. 62, S. 40–52.

[Ebe14] Eberlin, S.; Hock, B. Zuverlässigkeit und Verfügbarkeit technischer Systeme. Wiesbaden: Springer Fachmedien Wiesbaden, 2014 - ISBN: 978-3-658-03572-3.

[Ehr14] Ehrlenspiel, K.; Kiewert, A.; Lindemann, U.; Mörtl, M. A. Kostengünstig Entwickeln und Konstruieren. Kostenmanagement bei der integrierten Produktentwicklung. (Reihe: VDI-Buch. 7. Aufl. Berlin: Springer Vieweg, 2014 - ISBN: 978-3-642-41958-4.

[Erl10] Erlach, K. Wertstromdesign. Der Weg zur schlanken Fabrik. (Reihe: VDI-Buch. 2., bearb. und erweiterte Aufl. Berlin, New York: Springer, 2010 - ISBN: 9783540898665.

[Fel99] Feldmann, M.; Kistner, K.-P. Naturanaloge Verfahren. Metaheuristiken zur Reihenfolgeplanung. (Reihe: Gabler Edition Wissenschaft Schriften zur quantitativen Betriebswirtschaftslehre. Wiesbaden: Dt. Univ.-Verl., 1999 - ISBN: 978-3-8244-6890-4.

[Fer17] Fera, M.; Fruggiero, F.; Costabile, G.; Lambiase, A.; Pham, D. T. A new mixed production cost allocation model for additive manufacturing (MiProCAMAM). In: The International Journal of Advanced Manufacturing Technology, 92. Jg., 2017, Nr. 9-12, S. 4275–4291.

[Flo16] Flores Ituarte, I.; Partanen, J.; Khajavi, S. H. Challenges to implementing additive manufacturing in globalised production environments. In: International Journal of Collaborative Enterprise, 5. Jg., 2016, Nr. 3/4, S. 232.

[Fon19] Fontana, F.; Klahn, C.; Meboldt, M. Value-driven clustering of industrial additive manufacturing applications. In: Journal of Manufacturing Technology Management, 30. Jg., 2019, Nr. 2, S. 366–390.

[For16] Ford, S.; Mortara, L.; Minshall, T. The Emergence of Additive Manufacturing: Introduction to the Special Issue. In: Technological Forecasting and Social Change, 102. Jg., 2016, S. 156–159.

[Fri80] Fritsch, F. N.; Carlson, R. E. Monotone Piecewise Cubic Interpolation. In: SIAM Journal on Numerical Analysis, 17. Jg., 1980, Nr. 2, S. 238–246.

[Gao15] Gao, W.; Zhang, Y.; Ramanujan, D.; Ramani, K.; Chen, Y.; Williams, C. B.; Wang, C. C.; Shin, Y. C.; Zhang, S.; Zavattieri, P. D. The status, challenges, and future of additive manufacturing in engineering. In: Computer-Aided Design, 69. Jg., 2015, S. 65–89.

[Gar09] Garey, M. R.; Johnson, D. S. Computers and intractability. A guide to the theory of NP-completeness. (Reihe: A series of books in the mathematical sciences. 27. print. New York u.a: Freeman, ca. 2009 - ISBN: 0716710455.

[Gar13] García A, J. L.; Alvarado I, A. Problems in the implementation process of advanced manufacturing technologies. In: The International Journal of Advanced Manufacturing Technology, 64. Jg., 2013, Nr. 1-4, S. 123–131.

[Geb16] Gebhardt, A. (Hrsg.) Additive Fertigungsverfahren. Additive Manufacturing und 3D-Drucken für Prototyping - Tooling - Produktion. 5., neu bearbeitete und erweiterte Auflage. München: Hanser, 2016

[Gei20] Geitz, E.; Vater, C.; Zimmer-Merkle, S. Black Boxes - Versiegelungskontexte und Öffnungsversuche. Interdisziplinäre Perspektiven. (Reihe: Materiale Textkulturen, 31). Berlin, Boston: De Gruyter, 2020 - ISBN: 9783110701319.

[Gem06] Gemoll, W.; Vretska, K.; Aigner, T.; Wachter, R.; Oswald, R. (Hrsg.) Griechisch-deutsches Schul- und Handwörterbuch. 10., völlig neu bearb. Aufl. München: Oldenbourg, 2006

[Gem98] Gembrys, S.-N. Ein Modell zur Reduzierung der Variantenvielfalt in Produktionsunternehmen. (Reihe: Berichte aus dem Produktionstechnischen Zentrum Berlin. Berlin: IPK, 1998 - ISBN: 3816751997.

[Geo09] Georgii, H.-O. Stochastik. Einführung in die Wahrscheinlichkeitstheorie und Statistik. (Reihe: De-Gruyter-Lehrbuch. 4., überarb. und erw. Aufl. Berlin: De Gruyter, 2009 - ISBN: 978-3-11-021526-7.

[Gib15] Gibson, I.; Rosen, D.; Stucker, B. Additive Manufacturing Technologies. New York, NY: Springer New York, 2015

[Glä19] Gläßner, C.; Yi, L.; Aurich, J. C. Entwicklung von Geschäftsmodellen auf Basis der additiven Fertigung. Ein Vorgehensmodell zur technologiegetriebenen Geschäftsmodellinnovation. In: ZWF, 114. Jg., 2019, Nr. 12, S. 863–868.

[Gra19] Gray, C. M.; McKilligan, S.; Daly, S. R.; Seifert, C. M.; Gonzalez, R. Using creative exhaustion to foster idea generation. In: International Journal of Technology and Design Education, 29. Jg., 2019, Nr. 1, S. 177–195.

[Gub94] Guba, E. G.; Lincoln, Y. S. Chapter 6 Competing Paradigms in Qualitative Research. In: Denzin, N. K.; Lincoln, Y. S. (Hrsg.): Handbook of qualitative research. Thousand Oaks, Calif: Sage Publications, 1994, S. 105–117.

[Gün09] Günther, H.-O.; Tempelmeier, H. Produktion und Logistik. (Reihe: Springer-Lehrbuch. 8., überarb. und erw. Aufl. Berlin: Springer, 2009 - ISBN: 978-3-642-00379-0.

[Gün97] Günter, B. Wettbewerbsvorteile, mehrstufige Kundenanalyse und Kunden-Feedback im Business-to-Business-Marketing. In: Backhaus, K. et al. (Hrsg.): Marktleistung und Wettbewerb. Strategische und operative Perspektiven der marktorientierten Leistungsgestaltung. Wiesbaden, s.l.: Gabler Verlag, 1997, S. 213–231.

[Gut17a] Gutowski, T.; Jiang, S.; Cooper, D.; Corman, G.; Hausmann, M.; Manson, J.-A.; Schudeleit, T.; Wegener, K.; Sabelle, M.; Ramos-Grez, J.; Sekulic, D. P. Note on the Rate and Energy Efficiency Limits for Additive Manufacturing. In: Journal of Industrial Ecology, 21. Jg., 2017a, Nr. S1, S69-S79.

[Gut17b] Gutenschwager, K.; Rabe, M.; Spieckermann, S.; Wenzel, S. Simulation in Produktion und Logistik. Grundlagen und Anwendungen. Berlin: Springer Vieweg, 2017b - ISBN: 978-3-662-55744-0.

[Gut51] Gutenberg, E. Grundlagen der Betriebswirtschaftslehre. Die Produktion. (Reihe: Enzyklopädie der Rechts- und Staatswissenschaft, Abteilung Staatswissenschaft, 2). Achte Auflage. Berlin, Heidelberg, s.l.: Springer Berlin Heidelberg, 1951 - ISBN: 978-3-662-21965-2.

[Hab19] Haberfellner, R.; Weck, O. L. de; Fricke, E.; Vössner, S. Systems engineering. Fundamentals and applications. Cham: Springer International Publishing; Birkhäuser, 2019 - ISBN: 978-3-030-13430-3.

[Hag03] Hague, R. J.; Campbell, I.; Dickens, P. Implications on design of rapid manufacturing. In: Proceedings of the Institution of Mechanical Engineers, Part C: Journal of Mechanical Engineering Science, 217. Jg., 2003, S. 25–30.

[Hah98] Hahn, F. Das einstufige, unkapazitierte Einprodukt-Losgrößenproblem. In: Hahn, F. (Hrsg.): Knappe Kapazitäten in der Losgrößenplanung. Zugl.: Bayreuth, Univ., Diss., 1997. (Reihe: Gabler-Edition Wissenschaft. Wiesbaden: Dt. Univ.-Verl., 1998, S. 14–24.

[Har18] Hartogh, P.; Vietor, T. Vorhersage der Fertigungszeit und -kosten für die additive Serienfertigung. In: Lachmayer, R.; Lippert, R. b.; Kaierle, S. (Hrsg.): Additive Serienfertigung. Berlin, Heidelberg: Springer Berlin Heidelberg, 2018, S. 69–87.

[Hed13] Hedtstück, U. Simulation diskreter Prozesse. Berlin, Heidelberg: Springer Berlin Heidelberg, 2013

[Hei17] Heinicke, M. Resilienzorientierte Beurteilung von Produktionsstrukturen. Magdeburg, 2017

[Hei19] Heiden, M. J.; Deibler, L. A.; Rodelas, J. M.; Koepke, J. R.; Tung, D. J.; Saiz, D. J.; Jared, B. H. Evolution of 316L stainless steel feedstock due to laser powder bed fusion process. In: Additive Manufacturing, 25. Jg., 2019, S. 84–103.

[Hei92] Heinen, E. Einführung in die Betriebswirtschaftslehre. Wiesbaden: Gabler Verlag, 1992 - ISBN: 978-3-322-82929-0.

[Hei99] Heina, J. Variantenmanagement. Kosten-Nutzen-Bewertung zur Optimierung der Variantenvielfalt. (Reihe: Gabler-Edition Wissenschaft. Wiesbaden: Dt. Univ.-Verl., 1999 - ISBN: 978-3-8244-7064-8.

[Hel18] Helbing, K. W.; Mund, H.; Reichel, M. Handbuch Fabrikprojektierung. 2., aktualisierte und ergänzte Auflage. Berlin: Springer Vieweg, 2018 - ISBN: 9783662555514.

[Her14] Herwig, H.; Moschallski, A. Wärmeübertragung. Wiesbaden: Springer Fachmedien Wiesbaden, 2014 - ISBN: 978-3-658-06207-1.

[Her59] Herzberg, F.; Mausner, B.; Snyderman, B. B. The motivation to work. 2. ed. New York, London: Wiley; Chapman & Hall, 1959 - ISBN: 0471373893.

[Hop11] Hopp, W. J.; Spearman, M. L. Factory Physics: Third Edition: Waveland Press, 2011 - ISBN: 9781478609049.

[Hua18] Huang, J.; Qin, Q.; Wang, J.; Fang, H. Two Dimensional Laser Galvanometer Scanning Technology for Additive Manufacturing. In: International Journal of Materials, Mechanics and Manufacturing, 6. Jg., 2018, Nr. 5, S. 332–336.

[Hub18] Huber, W. Industrie 4.0 kompakt – Wie Technologien unsere Wirtschaft und unsere Unternehmen verändern. Wiesbaden: Springer Fachmedien Wiesbaden, 2018 - ISBN: 978-3-658-20798-4.

[IDA19] IDAM-Konsortium. *Projektsteckbrief IDAM (Industrialisierung und Digitalisierung von Additive Manufacturing für automobile Serienprozesse).* Bundesministerium für Bildung und Forschung, 2019

[Imb08] Imboden, D. M.; Koch, S. Systemanalyse. Einführung in die mathematische Modellierung natürlicher Systeme. 3., korrigierter Nachdruck der 1. Auflage. Berlin, Heidelberg, New York: Springer, 2008 - ISBN: 9783540439356.

[Jav18] Javaid, M.; Haleem, A. Additive manufacturing applications in medical cases: A literature based review. In: Alexandria Journal of Medicine, 54. Jg., 2018, Nr. 4, S. 411–422.

[Jes18] Jesse Coors-Blankenship Challenges Associated With Additive Manufacturing. URL: https://www.forbes.com/sites/forbestechcouncil/2018/03/28/challenges-associated-with-additive-manufacturing/ [Stand: 23.12.2020]

[Jün89] Jünemann, R. Materialfluß und Logistik. Systemtechnische Grundlagen mit Praxisbeispielen. Berlin: Springer-Verl., 1989 - ISBN: 978-3-540-51225-7.

[Ken09] Kenmochi, M.; Imamichi, T.; Nonobe, K.; Yagiura, M.; Nagamochi, H. Exact algorithms for the two-dimensional strip packing problem with and without rotations. In: European Journal of Operational Research, 198. Jg., 2009, Nr. 1, S. 73–83.

[Ken53] Kendall, D. G. Stochastic Processes Occurring in the Theory of Queues and their Analysis by the Method of the Imbedded Markov Chain. In: The Annals of Mathematical Statistics, 24. Jg., 1953, Nr. 3, S. 338–354.

[Kho20] Khorasani, A.; Gibson, I.; Veetil, J. K.; Ghasemi, A. H. A review of technological improvements in laser-based powder bed fusion of metal printers. In: The International Journal of Advanced Manufacturing Technology, 108. Jg., 2020, Nr. 1-2, S. 191–209.

[Kia15] Kianian, B.; Tavassoli, S.; Larsson, T. C. The Role of Additive Manufacturing Technology in Job Creation: An Exploratory Case Study of Suppliers of Additive Manufacturing in Sweden. In: Procedia CIRP, 26. Jg., 2015, S. 93–98.

[Kin98] Kinkel, S.; Lay, G. Kinkel, S.; Lay, G.: Der Leistungsstand der deutschen Investitionsgüterindustrie: wo liegen Verbesserungsmöglichkeiten für Ihren Betrieb?: Fraunhofer ISI. Karlsruhe, 1998

[Kis11] Kistner, K.-P. Warteschlangen-Modelle in der Produktionsplanung – Möglichkeiten und Grenzen. In: Zeitschrift für Betriebswirtschaft, 81. Jg., 2011, Nr. S4, S. 55–79.

[Kis14] Kissel, M. Mustererkennung in komplexen Produktportfolios. München, Technische Universität München, Diss., 2014. München, 2014

[Kla18] Klahn, C.; Meboldt, M.; Fontana, F.; Leutenecker-Twelsiek, B.; Jansen, J. (Hrsg.) Entwicklung und Konstruktion für die Additive Fertigung. Grundlagen und Methoden für den Einsatz in industriellen Endkundenprodukten. 1. Auflage. Würzburg: Vogel Business Media, 2018

[Kni15] Knight, R. Convincing Skeptical Employees to Adopt New Technology. URL: https://hbr.org/2015/03/convincing-skeptical-employees-to-adopt-new-technology [Stand: 10.04.2021]

[Kon89] Konegen, N.; Sondergeld, K. Was ist eine Methode? In: Bellers, J.; Woyke, W. (Hrsg.): Analyse internationaler Beziehungen. Methoden - Instrumente - Darstellungen. Wiesbaden, s.l.: VS Verlag für Sozialwissenschaften, 1989, S. 11–15.

[Kor20] Korpela, M.; Riikonen, N.; Piili, H.; Salminen, A.; Nyrhilä, O. Additive Manufacturing—Past, Present, and the Future. In: Collan, M.; Michelsen, K.-E. (Hrsg.): Technical, Economic and Societal Effects of Manufacturing 4.0. Cham: Springer International Publishing, 2020, S. 17–41.

[Kos20] Kose, H.; Jin, M.; Peng, T. Quality and productivity trade-off in powder-bed additive manufacturing. In: Progress in Additive Manufacturing, 5. Jg., 2020, Nr. 2, S. 199–210.

[Kri11] Krish, S. A practical generative design method. In: Computer-Aided Design, 43. Jg., 2011, Nr. 1, S. 88–100.

[Kub76] Kubicek, H. Heuristische Bezugsrahmen und heuristisch angelegte Forschungsdesign als Elemente einer Konstruktionsstrategie empirischer Forschung. (Reihe: Arbeitspapier / Institut für Unternehmungsführung im Fachbereich Wirtschaftswissenschaft der Freien Universität Berlin, Nr. 16). Berlin: Inst. für Unternehmungsführung im Fachbereich Wirtschaftswiss. d. Freien Univ, 1976 - ISBN: 3-88398-016-1.

[Kuc19] Kucukkoc, I. MILP models to minimise makespan in additive manufacturing machine scheduling problems. In: Computers & Operations Research, 105. Jg., 2019, S. 58–67.

[Kuh70] Kuhn, T. S.; Dewey, J. The structure of scientific revolutions. (Reihe: A Phoenix book, 411). 2. ed., enlarged. Chicago: The Univ. of Chicago Press, 1970 - ISBN: 0-226-45803-2.

[Lak15] Lakomiec, M. Wirtschaftliche und technische Bewertung additiv hergestellter Triebwerkskomponenten für die Serienfertigung. Dissertation. Universität Duisburg-Essen, 2015

[Las19] Laser Systems Europe Additive manufacturing to be established for automotive series production. URL: https://www.lasersystemseurope.com/news/additive-manufacturing-be-established-automotive-series-production [Stand: 10.08.2020]

[Let19] Letenneur, M.; Kreitcberg, A.; Brailovski, V. Optimization of Laser Powder Bed Fusion Processing Using a Combination of Melt Pool Modeling and Design of Experiment Approaches: Density Control. In: Journal of Manufacturing and Materials Processing, 3. Jg., 2019, Nr. 1, S. 21.

[Li19] Li, Q.; Zhang, D.; Wang, S.; Kucukkoc, I. A dynamic order acceptance and scheduling approach for additive manufacturing on-demand production. In: The International Journal of Advanced Manufacturing Technology, 105. Jg., 2019, Nr. 9, S. 3711–3729.

[Lit61] Little, J. A proof for the queuing formula. In: Operations Research, 1961, S. 383–387.

[Löb13] Löber, L.; Flache, C.; Petters, R.; Kühn, U.; Eckert, J. Comparison of different post processing technologies for SLM generated 316l steel parts. In: Rapid Prototyping Journal, 19. Jg., 2013, Nr. 3, S. 173–179.

[Löd08] Lödding, H. Verfahren der Fertigungssteuerung. Grundlagen, Beschreibung, Konfiguration. (Reihe: VDI-Buch. 2., erw. Aufl. Berlin, Heidelberg: Springer-Verlag, 2008

[Luf19] Luft, A.; Gebhardt, A.; Balc, N. Challenges of additive manufacturing in production systems. In: MATEC Web of Conferences, 299. Jg., 2019, S. 1003.

[Mak18] Makoana, N.; Yadroitsava, I.; Möller, H.; Yadroitsev, I. Characterization of 17-4PH Single Tracks Produced at Different Parametric Conditions towards Increased Productivity of LPBF Systems—The Effect of Laser Power and Spot Size Upscaling. Metals, 8(7), 475. In: 2018

[Man16] Mancisidor, A. M.; Garciandia, F.; Sebastian, M. S.; Álvarez, P.; Díaz, J.; Unanue, I. Reduction of the Residual Porosity in Parts Manufactured by Selective Laser Melting Using Skywriting and High Focus Offset Strategies. In: Physics Procedia, 83. Jg., 2016, S. 864–873.

[Man19] Manco, P.; Macchiaroli, R.; Maresca, P.; Fera, M. The Additive Manufacturing Operations Management Maturity: a Closed or an Open Issue? In: Procedia Manufacturing, 41. Jg., 2019, S. 98–105.

[Mar17] Marchese, G.; Garmendia Colera, X.; Calignano, F.; Lorusso, M.; Biamino, S.; Minetola, P.; Manfredi, D. Characterization and Comparison of Inconel 625 Processed by Selective Laser Melting and Laser Metal Deposition. In: Advanced Engineering Materials, 19. Jg., 2017, Nr. 3, S. 1600635.

[McK79] McKay, M. D.; Beckman, R. J.; Conover, W. J. Comparison of Three Methods for Selecting Values of Input Variables in the Analysis of Output from a Computer Code. In: Technometrics, 21. Jg., 1979, Nr. 2, S. 239–245.

[Mel14] Mellor, S.; Hao, L.; Zhang, D. Additive manufacturing: A framework for implementation. In: International Journal of Production Economics, 149. Jg., 2014, S. 194–201.

[Mer12] Merkt, S.; Hinke, C.; Schleifenbaum, H.; Voswinckel, H. Geometric complexity analysis in an integrative technology evaluation model (ITEM) for selective laser melting (SLM). In: The South African Journal of Industrial Engineering, 23. Jg., 2012, Nr. 2

[Moh03] Mohan Pandey, P.; Venkata Reddy, N.; Dhande, S. G. Slicing procedures in layered manufacturing: a review. In: Rapid Prototyping Journal, 9. Jg., 2003, Nr. 5, S. 274–288.

[Möh18] Möhrle, M. Gestaltung von Fabrikstrukturen für die additive Fertigung. (Reihe: SpringerLink Bücher. Berlin: Springer Vieweg, 2018 - ISBN: 9783662577073.

[Mon94] Monden, Y. Toyota Production System. An Integrated Approach to Just-In-Time. Second Edition. Boston, MA: Springer US, 1994 - ISBN: 978-1-4615-9716-2.

[Mug18] Mugwagwa, L.; Dimitrov, D.; Matope, S.; Yadroitsev, I. Influence of process parameters on residual stress related distortions in selective laser melting. In: Procedia Manufacturing, 21. Jg., 2018, S. 92–99.

[Nar13] Narr, C. Kooperatives Lieferantenmanagement im Maschinen- und Anlagenbau. 1. Aufl. s.l.: Apprimus Wissenschaftsverlag, 2013 - ISBN: 3863590570.

[Nyh12] Nyhuis, P.; Wiendahl, H.-P. Logistische Kennlinien. Grundlagen, Werkzeuge und Anwendungen. (Reihe: VDI-Buch. 3. Aufl. 2012. Berlin, Heidelberg: Springer, 2012 - ISBN: 978-3-540-92838-6.

[Nyh14] Nyhuis, P.; Seitz, K.-F. Steigerung der logistischen Leistungsfähigkeit durch die Entwicklung eines kybernetischen Systemdenkens. In: Schuh, G.; Stich, V. (Hrsg.): Enterprise -Integration. Berlin, Heidelberg: Springer Berlin Heidelberg, 2014, S. 77–89.

[Nyh18] Nyhuis, P. (Hrsg.) PPS-Report 2017/18. Studienergebnisse. (Reihe: Berichte aus dem IFA, 2018). 1. Erstausgabe. Garbsen: TEWISS, 2018

[Oh20] Oh, Y.; Witherell, P.; Lu, Y.; Sprock, T. Nesting and scheduling problems for additive manufacturing: A taxonomy and review. In: Additive Manufacturing, 36. Jg., 2020, S. 101492.

[Pat82] Patzak, G. Systemtechnik - Planung komplexer innovativer Systeme. Grundlagen, Methoden, Techniken. Berlin, Heidelberg: Springer Berlin Heidelberg, 1982 - ISBN: 9783642818936.

[Pfa20] Pfaff, A.; Jäcklein, M.; Schlager, M.; Harwick, W.; Hoschke, K.; Balle, F. An Empirical Approach for the Development of Process Parameters for Laser Powder Bed Fusion. In: Materials (Basel, Switzerland), 2020

[Pfo77] Pfohl, H.-C. Problemorientierte Entscheidungsfindung in Organisationen. (Reihe: Mensch und Organisation, v.5). Berlin/Boston: De Gruyter, 1977 - ISBN: 9783110853711.

[Pic19] Pichler, T.; Schleifenbaum, H. Geometriespezifische Prozessführung zur Steigerung der Effizienz beim Laser Powder Bed Fusion (LPBF). In: Kynast, M.; Eichmann, M.; Witt, G. (Hrsg.): Rapid.Tech + FabCon 3.D International Hub for Additive Manufacturing: exhibition + conference + networking. Proceedings of the 16th Rapid.Tech Conference Erfurt, Germany, 25–27 June 2019: Hanser, 2019, S. 303–317.

[Pil18] Piller, F. T.; Poprawe, R.; Schleifenbaum, H. J.; Schuh, G.; Barg, S.; Dolle, C.; Hinke, C.; Jank, M.-H.; Jiang, R.; Meiners, W.; Riesener, M.; Schrage, J.; Ziegler, S. Introducing a Holistic Profitability Model for Additive Manufacturing: An Analysis of Laser-powder Bed Fusion. In: 2018 IEEE International Conference on Industrial Engineering and Engineering Management (IEEM): IEEE, 16.12.2018 - 19.12.2018, S. 1730–1735.

[Pli93] Plinke, W. Industrielle Kostenrechnung. Eine Einführung. (Reihe: Springer-Lehrbuch. 3. Aufl. Berlin: Springer, 1993 - ISBN: 978-3-540-56165-1.

[Plo73] Plossl, G. W. Manufacturing Control. The last frontiers for profits. Reston, Va.: Reston Publ. Co, 1973 - ISBN: 0879094834.

[Por98] Porter, M. E. Competitive strategy. Techniques for analyzing industries and competitors ; with a new introduction. New York, NY: Free Press, 1998 - ISBN: 0-684-84148-7.

[Rau19] Rausch, A. M.; Markl, M.; Körner, C. Predictive simulation of process windows for powder bed fusion additive manufacturing: Influence of the powder size distribution. In: Computers & Mathematics with Applications, 78. Jg., 2019, Nr. 7, S. 2351–2359.

[REF11] REFA-Lexikon. Industrial Engineering und Arbeitsorganisation: Hanser. München, 2011

[Ren07] Renner, I. Methodische Unterstützung funktionsorientierter Baukastenentwicklung am Beispiel Automobil. (Reihe: Produktentwicklung. 1. Aufl. München: Hut, 2007 - ISBN: 9783899635676.

[Ric13] Rickenbacher, L.; Spierings, A.; Wegener, K. An integrated cost-model for selective laser melting (SLM). In: Rapid Prototyping Journal, 19. Jg., 2013, Nr. 3, S. 208–214.

[Ros12] Rosemann, M.; Schwegmann, A.; Delfmann, P. Vorbereitung der Prozessmodellierung. In: Becker, J.; Kugeler, M.; Rosemann, M. (Hrsg.): Prozessmanagement. Ein Leitfaden zur prozessorientierten Organisationsgestaltung. Siebte, korrigierte und erweiterte Auflage. Berlin, Heidelberg: Springer Gabler, 2012, S. 47–111.

[Rud18] Rudolph, J.-P. Cloudbasierte Potentialerschließung in der additiven Fertigung. Berlin, Heidelberg: Springer Berlin Heidelberg, 2018 - ISBN: 978-3-662-58262-6.

[Ruf06] Ruffo, M.; Tuck, C.; Hague, R. Cost estimation for rapid manufacturing - laser sintering production for low to medium volumes. In: Proceedings of the Institution of Mechanical Engineers, Part B: Journal of Engineering Manufacture, 220. Jg., 2006, Nr. 9, S. 1417–1427.

[Run99] Runzheimer, B. Operations-Research. Lineare Planungsrechnung, Netzplantechnik, Simulation und Warteschlangentheorie. (Reihe: Moderne Wirtschaftsbücher. 7., aktualisierte und erw. Aufl. Wiesbaden: Gabler, 1999 - ISBN: 978-3-409-30717-8.

[Sac99] Sachs, L. Angewandte Statistik. Anwendung statistischer Methoden ; mit 317 Tabellen und 98 Übersichten. 9., überarb. Aufl. Berlin: Springer, 1999 - ISBN: 9783540653714.

[Sal08] Saltelli, A. Global sensitivity analysis. The primer. Chichester: Wiley, 2008 - ISBN: 978-0-470-05997-5.

[Sch06] Schuh, G.; Westkämper, E. (Hrsg.) Liefertreue im Maschinen- und Anlagenbau. Stand, Potenziale, Trends. Stuttgart, 2006

[Sch07] Schuh, G. (Hrsg.) Produktionsplanung und -steuerung. Grundlagen, Gestaltung Und Konzepte. (Reihe: VDI-Buch. 3. Dordrecht: Springer, 2007

[Sch10] Schöffer, J. Durchgängige Methodik zur Kostenbewertung – Die Grundlage zur Erzielung von optimalen Verhandlungsergebnissen beim Lieferanten. In: Fröhlich, L.; Lingohr, T. (Hrsg.): Gibt es die optimale Einkaufsorganisation? Wiesbaden: Gabler, 2010, S. 131–145.

[Sch15] Schröder, M.; Falk, B.; Schmitt, R. Evaluation of Cost Structures of Additive Manufacturing Processes Using a New Business Model. In: Procedia CIRP, 30. Jg., 2015, S. 311–316.

[Sch17] Schmidt, M.; Merklein, M.; Bourell, D.; Dimitrov, D.; Hausotte, T.; Wegener, K.; Overmeyer, L.; Vollertsen, F.; Levy, G. N. Laser based additive manufacturing in industry and academia. In: CIRP Annals, 66. Jg., 2017, Nr. 2, S. 561–583.

[Sch18a] Schilp, J. Zielpunkt AM für die Smart Factory. Destination AM for Smart Factory. In: VDMA Arbeitsgemeinschaft Additive Manufacturing (Hrsg.): Technology Scout. 2nd Edition. Frankfurt am Main: VDMA Verlag GmbH, 2018a, S. 46–49.

[Sch18b] Schuh, G.; Riesener, M. Produktkomplexität managen. Strategien - Methoden - Tools. 3., vollständig überarbeitete Auflage. München: Hanser, 2018b - ISBN: 978-3-446-45334-0.

[Sch97] Scholtes, P. R.; Ackoff, R. L. Leader's Handbook. Blacklick, USA: McGraw-Hill Professional Publishing, 1997 - ISBN: 9780071386883.

[Sha19] Shahrubudin, N.; Lee, T. C.; Ramlan, R. An Overview on 3D Printing Technology: Technological, Materials, and Applications. In: Procedia Manufacturing, 35. Jg., 2019, S. 1286–1296.

[Shi16] Shi, X.; Ma, S.; Liu, C.; Chen, C.; Wu, Q.; Chen, X.; Lu, J. Performance of High Layer Thickness in Selective Laser Melting of Ti6Al4V. In: Materials (Basel, Switzerland), 9. Jg., 2016, Nr. 12

[Sie17] Siebertz, K.; van Bebber, D.; Hochkirchen, T. Sensitivitätsanalyse. In: Siebertz, K.; van Bebber, D.; Hochkirchen, T. (Hrsg.): Statistische Versuchsplanung. Design of Experiments (DoE). (Reihe: VDI-Buch. 2. Auflage. Berlin: Springer Vieweg, 2017, S. 415–430.

[Sou21] Souza Melo, G. M. de; Lukas, G.; Willkomm, J.; Ziegler, S.; Schuh, G.; Schleifenbaum, J. H. Structured Approach for Changing Designer's Mindset Towards Additive Manufacturing: From Theory to Practice. In: Meboldt, M.; Klahn, C. (Hrsg.): Industrializing Additive Manufacturing. Cham: Springer International Publishing, 2021, S. 17–25.

[Sta73] Stachowiak, H. Allgemeine Modelltheorie. Vienna: Springer Vienna, 1973 - ISBN: 978-3-7091-8328-1.

[Ste88] Steimle, F.; Stephan, K.; Haaf, S.; Hirschberg, H. G.; Hofmann, E.; Lotz, H.; Nawothnig, H.; Paikert, P.; Slipčević, B.; Schnell, H.; Schuster, A.; Schütz, A. (Hrsg.) Wärmeaustauscher. (Reihe: Handbuch der Kältetechnik, Unter Mitarbeit Zahlreicher Fachleute, 6 / B). Berlin, Heidelberg: Springer, 1988

[Sti20a] Stittgen, T.; Schleifenbaum, J. H. Towards Operating Curves of Additive Manufacturing Equipment: Production Logistics and its Contribution to Increased Productivity and Reduced Throughput Time. In: Procedia CIRP, 93. Jg., 2020a, S. 14–19.

[Sti20b] Stittgen, T.; Schleifenbaum, J. H. Simulation of utilization for LPBF manufacturing systems. In: Production Engineering, 2020b

[Sti21] Stittgen, T. Forschungsdaten zum Promotionsvorhaben "Grundlagen der produktionslogistischen Positionierung im Umfeld der Additiven Fertigung am Beispiel des Laser Powder Bed Fusion". URL: 10.5281/zenodo.4761374 [Stand: 02.12.2021]

[Stu21] Stute, M.; Sardesai, S.; Parlings, M.; Senna, P. P.; Fornasiero, R.; Balech, S. Technology Scouting to Accelerate Innovation in Supply Chain. In: Fornasiero, R. et al. (Hrsg.): Next Generation Supply Chains. (Reihe: Lecture Notes in Management and Industrial Engineering. Cham: Springer International Publishing, 2021, S. 129–145.

[Suz89] Suzaki, K. Modernes Management im Produktionsbetrieb. Strategien, Techniken, Fallbeispiele. München: Hanser, 1989 - ISBN: 3446153055.

[Tom92] Tomczak, T. Forschungsmethoden in der Marketingwissenschaft: Ein Plädoyer für den qualitativen Forschungsansatz. In: Marketing: Zeitschrift für Forschung und Praxis, 14. Jg., 1992, Nr. 2, S. 77–87.

[Tso20] Tsoukalas, I.; Kossieris, P.; Makropoulos, C. Simulation of Non-Gaussian Correlated Random Variables, Stochastic Processes and Random Fields: Introducing the anySim R-Package for Environmental Applications and Beyond. In: Water, 12. Jg., 2020, Nr. 6, S. 1645.

[Ulr71] Ulrich, H. Der systemorientierte Ansatz in der Betriebswirtschaftslehre. In: Kortzfleisch, G. von (Hrsg.): Wissenschaftsprogramm und Ausbildungsziele der Betriebswirtschaftslehre. Bericht von der wissenschaftlichen Tagung in St. Gallen vom 2. - 5. Juni 1971. (Reihe: Tagungsberichte des Verbandes der Hochschullehrer für Betriebswirtschaft e.V. 1). Berlin: Duncker & Humblot, 1971, S. 43–60.

[Ulr76] Ulrich, P.; Hill, W. Wissenschaftstheoretische Grundlagen der Betriebswirtschaftslehre (Teil I). In: WiSt, 1976, Nr. 7, S. 304–309.

[Ulr84] Ulrich, H.; Dyllick, T.; Probst, G. J. B. Management. Hrsg. von Thomas Dyllick u. Gilbert J. B. Probst. (Reihe: (Schriftenreihe Unternehmung und Unternehmungsführung, 13)). Bern & Stuttgart: Haupt, 1984 - ISBN: 325803446x.

[Ulr95] Ulrich, H.; Probst, G. J. B. Anleitung zum ganzheitlichen Denken und Handeln. Ein Brevier für Führungskräfte. 4., unveränd. Aufl. Bern: Haupt, 1995 - ISBN: 3258051828.

[VDI19] VDI Verein Deutscher Ingenieure e.V. *VDI-Statusreport Additive Fertigung,* 2019

[Wal16] Waldmann, K.-H.; Helm, W. E. Simulation stochastischer Systeme. Berlin, Heidelberg: Springer Berlin Heidelberg, 2016

[Wei14] Weiber, R.; Mühlhaus, D. Strukturgleichungsmodellierung. Eine anwendungsorientierte Einführung in die Kausalanalyse mit Hilfe von AMOS, SmartPLS und SPSS. (Reihe: Springer-Lehrbuch. 2., erw. und korrigierte Aufl. Berlin, Heidelberg: Springer Gabler, 2014 - ISBN: 978-3-642-35011-5.

[Wie02] Wiendahl, H.-P. Erfolgsfaktor Logistikqualität. Vorgehen, Methoden und Werkzeuge zur Verbesserung der Logistikleistung. (Reihe: VDI-Buch. Zweite Auflage. Berlin, Heidelberg: Springer, 2002 - ISBN: 9783642562860.

[Wie12] Wiendahl, H.-H. Auftragsmanagement der industriellen Produktion. Grundlagen, Konfiguration, Einführung. (Reihe: VDI-Buch. 2011. Berlin, Heidelberg: Springer Berlin Heidelberg, 2012 - ISBN: 9783642191497.

[Wie14] Wiendahl, H.-P. Betriebsorganisation für Ingenieure. Mit 3 Tabellen. 8., überarb. Aufl. München: Hanser, 2014 - ISBN: 978-3-446-44053-1.

[Wil04] Wildemann, H. Entwicklungstrends in der Automobil- und Zulieferindustrie. Empirische Studie. München: TCW, 2004 - ISBN: 3934155855.

[Woh20] Wohlers, T.; Campbell, R. I.; Diegel, O. Wohlers report 2020. 3D printing and additive manufacturing state of the industry, 2020 - ISBN: 9780991333264.

[Yan17] Yang, L.; Hsu, K.; Baughman, B.; Godfrey, D.; Medina, F.; Menon, M.; Wiener, S. Additive Manufacturing of Metals: The Technology, Materials, Design and Production. Cham: Springer International Publishing, 2017 - ISBN: 978-3-319-55127-2.

[Zam92] Zammuto, R. F.; O'Connor, E. J. Gaining Advanced Manufacturing Technologies' Benefits: The Roles of Organization Design and Culture. In: Academy of Management Review, 17. Jg., 1992, Nr. 4, S. 701–728.